U0174063

技术预见2035
中国科技创新的未来

本书出版受中国科学院科技战略咨询研究院重大咨询项目
"支撑创新驱动转型关键领域技术预见与发展战略研究"资助

Technology Foresight Towards 2035 in China:
Ocean

中国海洋领域2035技术预见

中国科学院创新发展研究中心 ◎ 著
中国海洋领域技术预见研究组

科学出版社

北 京

内 容 简 介

本书面向 2035 年，对海洋环境保障、海洋开发、海洋防灾减灾、海洋信息化、海洋探测 5 个海洋技术子领域进行预见分析。邀请国内权威海洋科技专家系统展望各子领域的发展趋势和前景，遴选出中国海洋领域未来最重要的 16 项关键技术并进行详细述评。本书对我国海洋技术预见研究、关键技术选择、重大科技政策及产业政策制定具有重要的现实意义与理论价值。

本书适合科技决策部门工作人员和管理者、广大科学技术工作者及科技政策人员阅读，有助于其了解海洋技术发展的现状与热点，科学判断和前瞻把握海洋技术发展的前沿与趋势，有效支撑科技战略决策与科技规划的研究编制。

图书在版编目（CIP）数据

中国海洋领域 2035 技术预见/中国科学院创新发展研究中心，中国海洋领域技术预见研究组著. —北京：科学出版社，2020.7
（技术预见 2035：中国科技创新的未来）
ISBN 978-7-03-065478-6

Ⅰ.①中… Ⅱ.①中… ②中… Ⅲ.①海洋学-技术预测-研究-中国 Ⅳ.①P7

中国版本图书馆 CIP 数据核字（2020）第 099101 号

丛书策划：侯俊琳 牛 玲
责任编辑：张 莉 姚培培 / 责任校对：韩 杨
责任印制：吴兆东 / 封面设计：有道文化

科 学 出 版 社 出版
北京东黄城根北街 16 号
邮政编码：100717
http://www.sciencep.com
北京虎彩文化传播有限公司印刷
科学出版社发行 各地新华书店经销
＊
2020 年 7 月第 一 版 开本：720×1000 B5
2024 年 1 月第三次印刷 印张：16
字数：260 000
定价：**98.00 元**
（如有印装质量问题，我社负责调换）

技术预见 2035：中国科技创新的未来

丛 书 编 委 会

中国海洋领域 2035 技术预见

研 究 组

组　　　长：穆荣平

副 组 长：樊永刚　张久春

成　　　员：任志鹏　赵彦飞　池康伟　程嘉颖　陈经伟

赵　君　谭　鹏　李兆魁　宋秀贤　瞿逢重

专 家 组

专家组顾问：苏纪兰　胡敦欣　管华诗

组　　　长：孙　松　于志刚

专家组成员（按照姓氏拼音排序）：

陈　戈　陈　鹰　李　硕　李超伦　李凤华

李铁刚　连　琏　林霄沛　阮国岭　王　凡

杨红生　俞志明　张训华

子领域专家组名单

海洋环境保障子领域

王　凡　林霄沛　朱　江　齐义泉　仇天宇
柴　扉　李整林

海洋开发子领域

张训华　杨红生　阮国岭　于广利　相建海
常　旭　符力耘

海洋防灾减灾子领域

俞志明　李铁刚　阮国岭　王宗灵　王东晓
周名江　周　青　李　萍　宋秀贤

海洋信息化子领域

李风华　陈　戈　李超伦　李　硕　张艾群
练树民　姜晓轶　黄冬梅　杨燕明　张　鑫

海洋探测子领域

陈　鹰　连　琏　李　硕　胡　震　宋士吉
郑荣儿　陶春辉　杨灿军　田纪伟　林明森
万步炎　瞿逢重

加强技术预见研究 提升科技创新发展能力
（总序）

新一轮科技革命和产业变革加速了全球科技竞争格局重构，世界主要国家和地区纷纷调整科技发展战略和政策，面向未来重大战略需求，布局实施重大科技计划，力图把握国际科技竞争主动权。我国政府提出了 2035 年跻身创新型国家前列和 2050 年建成世界科技强国的宏伟目标 [①]，对于细化国家科技创新发展目标、精准识别科技创新战略重点领域和优先发展技术清单提出了新的更高的要求，迫切需要大力开展科学前瞻和技术预见活动，支撑科技创新发展宏观决策和政策制定，把握新技术革命和产业变革引发的新机遇，全面提升国家科技创新发展能力和水平。

技术预见活动是一个知识开发的过程，借助多种方法对科学、技术、经济、社会和环境的远期未来进行系统分析并形成发展愿景。技术预见活动是一个对远期未来技术需求认知进行动态调整和修正的过程。技术预见是一个利益相关者共同选择未来的沟通、协商与交流过程。自 20 世纪 90 年代以来，技术预见活动已经成为世界潮流。世界主要国家和地区纷纷开展技术预见实践，力图通过系统研究科学、技术、经济和社会发展的远期趋势，识别并选择有可能带来最大经济效益、社会效益的战略领域或通用新技术。21 世纪初，世界主要国家和地区先后将技术预见活动纳入科技发展规划和政策制定过程中，为加强国家宏观科技管理、提高科技战略规划能力、实现创新资源高效配置提供支撑。同一时期，我国也组织开展了一系列技术预测和关键技术选择等着眼于未来技术选择的调查研究工作，并将技术预测作为研究编制《"十三五"国家科技创新规划》中优先技术选择的重要依据，标志着技术预见已经成为我国政策制定过程的重要环节。

---

① 习近平. 2017. 决胜全面建成小康社会 夺取新时代中国特色社会主义伟大胜利——在中国共产党第十九次全国代表大会上的报告. http://www.xinhuanet.com/2017-10/27/c_1121867529.htm［2017-10-27］.

从 2000 年开始"技术预见与政策选择方法研究"到 2003 年开展"中国未来 20 年技术预见研究"①，我们亲身经历了技术预见从一个概念、一种方法到一个识别未来技术的系统工程的演化过程，出版了《中国未来 20 年技术预见》《中国未来 20 年技术预见（续）》《技术预见报告 2005》《技术预见报告 2008》等研究报告。值得指出的是，2003 年提出的 2020 年中国社会发展愿景的六个画面——"全球化、信息化、工业化、城市化、消费型和循环型"在很大程度上已经变成了现实，遴选的重要技术课题中的多数已经实现。

新时代"中国未来 20 年技术预见研究"是 2015 年中国科学院科技战略咨询研究院启动的重大咨询项目"支撑创新驱动转型关键领域技术预见与发展战略研究"②的重要内容，延续了 2003 年"中国未来 20 年技术预见研究"的工作思路和主要方法论，聚焦先进能源、空间、信息、生命健康、生态环境、海洋等重点领域，在分析世界创新发展格局演进趋势的基础上，从创新全球化、制造智能化、服务数字化、城乡一体化、消费健康化和环境绿色化六个方面勾勒了 2035 年中国创新发展愿景，引导技术选择。为保障技术选择过程的专业化，技术预见研究组专门邀请了国内著名专家担任领域专家组组长，组建了领域专家组和研究组。

技术预见活动是一项系统工程，需要综合系统地考虑影响技术预见结果的各种因素。一是方法论复杂，既包括开发人们创造力的方法，也包括开发利用人们专业知识能力的方法，前者提出可能的未来，后者判断可行的未来；二是利益相关者复杂多元，未来是社会各界共同的未来，社会各界有效参与对技术预见结果有重要影响；三是技术预见是科技、经济、社会、环境发展等领域的知识开发过程，对研究者的知识综合能力具有挑战性。因此，技术领域专家组与技术预见研究组精诚合作和有效参与德尔菲调查的 4200 多位专家的奉献成为本丛书质量的重要保障。限于研究组目前的认知水平和研究能力，本丛书一定存在许多值得进一步研究的问题，欢迎学界同仁批评指正。

穆荣平

2019 年 5 月

---

① 2003 年中国科学院组织"中国未来 20 年技术预见研究"，穆荣平研究员任首席科学家兼研究组组长。项目涉及信息、通信与电子技术，能源技术，材料科学与技术，生物技术与药物技术，先进制造技术，资源与环境技术，化学与化工技术，空间科学技术 8 个技术领域 63 个子领域，遴选出了 734 项技术课题。

② 穆荣平研究员担任"支撑创新驱动转型关键领域技术预见与发展战略研究"项目和"中国未来 20 年技术预见研究"项目负责人。

前　言

"中国海洋领域 2035 技术预见研究"是 2015 年中国科学院科技战略咨询研究院布局的重大咨询项目"支撑创新驱动转型关键领域技术预见与发展战略研究"中新时代"中国未来 20 年技术预见研究"的重要内容，总体上延续了 2003 年中国科学院组织开展的"中国未来 20 年技术预见研究"的工作思路和主要方法论。本次海洋领域技术预见研究由中国科学院创新发展研究中心组织实施，穆荣平研究员担任项目总负责人，邀请国内著名专家苏纪兰、胡敦欣和管华诗院士担任顾问，孙松研究员和于志刚教授担任海洋领域技术预见专家组（以下简称领域专家组）组长，组建了海洋领域技术预见专家组和海洋领域技术预见研究组。

领域专家组将海洋领域划分为 5 个子领域，包括：海洋环境保障、海洋开发、海洋防灾减灾、海洋信息化和海洋探测。领域专家组成员担任子领域专家组负责人，负责组建子领域专家组。领域专家组和子领域专家组负责提出面向 2035 中国海洋领域需要发展的重要技术课题备选清单。在两轮大规模德尔菲调查的基础上，领域专家组最终遴选出面向 2035 中国海洋领域需要优先发展的 16 项重要关键技术课题清单。

本报告主要包括五部分内容，各部分内容和主要执笔人如下：引言（穆荣平、杨捷、陈凯华）；第一章（樊永刚、张久春、任志鹏）；第二章（任志鹏、樊永刚、张久春）；第三章第一节（孙松、于志刚），第二节（王凡、林霄沛、赵君），第三节（张训华、杨红生、阮国岭），第四节（俞志明、李铁刚），第五节（李风华、陈戈、李超伦、谭鹏），第六节（陈鹰、瞿逢重、万步炎）；第四章第一节（吴宏东、马超光、齐义泉），第二节（刘怀山、李倩倩），第三节（张训华、耿威），第四节（张立斌、茹小尚、杨红生），第五节（杨红生），第六节（李鹏程、秦玉坤），第七节（阮国岭），第八节（王宗灵、杨建强、魏皓、刘东艳、李超伦、傅明珠、张芳、于仁成、胡伟），第九节（王宗灵、张朝晖、屈佩、曲方圆），第十节（王秋良），第十一节（武岩波、朱敏），第十二节（陈戈、田丰林、钱程程），第十三节（姜晓轶、康林冲、王漪、符昱），第十四节（李红志、田纪伟、瞿逢重、郭金家、张文涛），第十五节（徐志伟、宋春毅、朱世强），第十六节（焦国华、周志盛、陈巍、张亮）。

"中国海洋领域 2035 技术预见研究"是一项系统工程，不但需要大量的组织协调工作，更需要多方面专业知识支撑，没有高水平专家的有效参与，就很难保证技术预见结果的质量。在课题研究实施过程中，中国科学院海洋研究所、中国海洋大学等单位给予了大力支持；赵君、谭鹏、李兆魁、宋秀贤、瞿逢重等作为各子领域联系人开展了大量的组织协调工作，在此一并表示感谢。此外，我们也衷心感谢领域专家组和各子领域专家组专家为本报告做出的重要贡献，衷心感谢来自大学、企业、科研院所、政府部门近500名参与德尔菲调查的专家学者。

中国海洋领域技术预见研究组

2020 年 1 月

技术预见历史回顾与展望（引言）

穆荣平　杨　捷　陈凯华

（中国科学院科技战略咨询研究院）

人类对未来社会的推测和预言活动早已有之。科技政策与管理研究领域在探索和完善各种技术预测方法的同时，逐步形成了以德尔菲调查、情景分析和技术路线图等为核心的技术预见方法，同时在技术预见实践过程中不断探索出与文献计量、专利分析、环境扫描、头脑风暴等方法相结合的技术预见综合方法。技术预见研究已把未来学、战略规划和政策分析有机结合起来，为把握技术发展趋势和选择科学技术优先发展领域或方向提供了重要支撑。随着科技政策和管理环境的不断复杂，面向未来的技术分析从最初简单、确定性环境下的技术预测，逐渐转向复杂、不确定性环境下的技术预见。近几年，技术预见的方法和应用趋于系统性的综合集成，其网络化、智能化和可视化的特征逐渐显现。

科技在经济社会发展规划和发展战略中的作用越来越重要，因此对科技发展方向和重点领域的选择与战略布局已成为世界主要国家和地区规划的重要内容。科技发展方向的不确定性日益增加，科技发展突破需要利益相关者之间达成共识及公众的参与，这就为技术预见的兴起与发展提供了必要条件。作为创造和促进公众参与的重要方法，技术预见不仅在当今世界主要国家和地区制定科技政策过程中发挥着越来越重要的作用，未来也将在全球创新治理与超智能社会建设中发挥重要作用。

一、技术预见历史回顾

技术预见由德尔菲调查为核心的技术预测活动演变而来。20 世纪 40 年代技术预测兴起，第二次世界大战期间，技术预测在美国海军和空军科技计划制定方面得到了广泛的应用，促进了技术预测方法的发展。尽管如此，技术预测仍然多表现为已有技术发展轨迹的外推，影响科学技术发展的外界因素较少得到关注。20 世纪 70～80 年代，技术预测在美国商业领域备受争议，主要是因为 20 世纪 60 年代末以后，科技、经济、社会发展越来越复杂多变，传统的技术预测已不能适应瞬息万变的发展节奏，基于定量方法的技术预测的整体关注度呈下滑趋势 [①]。80 年代，基于德尔菲法的技术预见逐渐受到政府和学术界的关注。

1983 年，J. Irvine 和 B. R. Martin 研究了英国政府部门、研究资助机构、科技公司和技术咨询机构展望科学未来、识别长期研究优先领域的方法 [②]。在 1984 年出版的《科学中的预见：挑选赢家》(*Foresight in Science: Picking the Winners*)提出了"预见"(foresight)概念。目前比较主流的观点认为，技术预见是对科学、技术、经济和社会的远期未来进行有步骤的探索过程，其目的是选定可能产生最大经济效益和社会效益的战略研究领域与通用新技术 [③]。按照牛津词典的解释，"foresight"是发现未来需求并为这些需求做准备的能力。在"技术预见 2035：中国科技创新的未来"这套丛书中，我们将"技术预见"定义为：发现未来技术需求并识别可能产生最大经济效益和社会效益的战略技术领域与通用新技术的能力。技术预见成功与否在很大程度上取决于预见能力。在具体实践中，许多研究没有对技术预见和技术预测进行严格的区分，很多文献中提及的关键技术选择、技术预测和技术路线图等都可以视为广义的技术预见活动。

在 20 世纪 90 年代，技术预见迅速成为世界潮流，尤其是在 20 世纪 90 年代后期，"technology foresight"在文献中使用的频率远超"technology forecasting"和

---

① Coates J F. Boom time in forecasting [J]. Technological Forecasting and Social Change, 1999, 62 (1-2): 37-40.

② Martin B R. Foresight in science and technology [J]. Technology Analysis and Strategic Management, 1995, 7 (2), 139-168.

③ Martin B R. Matching Social Needs and Technological Capabilities: Research Foresight and the Implications for Social Science. (Paper Presented at the OECD Workshop Social Sciences and Innovation) [Z]. Tokyo: United Nationals University, 2000.

"technological forecasting"①。这一时期，不仅德国、英国、法国、荷兰、意大利、加拿大、奥地利、西班牙等发达国家广泛开展技术预见活动，新兴工业化国家和发展中国家，如韩国、以色列、印度、泰国、匈牙利等也陆续开展技术预见，技术预见成为主要国家相关政策制定的主要工具。

技术预见成为世界潮流有着深刻的国际背景。首先，经济全球化加剧了国际竞争，技术能力和创新能力已成为一个企业乃至一个国家竞争力的决定性因素，从而奠定了战略高技术研究与开发的基础性和战略性地位。技术预见恰好提供了一个系统的技术选择工具，可用于确定优先支持项目，将有限的公共科研资金投入关键技术领域中。其次，技术预见提供了一个强化国家和地区创新体系的手段。国家和地区创新体系的效率不仅取决于某个创新单元的绩效，更取决于各创新单元之间的耦合水平。基于德尔菲调查的技术预见过程本身既是加强各单元之间联系与沟通的过程，也是共同探讨长远发展战略问题的过程。它可以使人们对技术的未来发展趋势达成共识，并据此调整各自的战略乃至达成合作意向。再次，技术预见活动是一项复杂的系统工程，不是一般中小企业所能承担的，政府组织的国家技术预见活动有利于中小企业把握未来技术的发展机会，制定正确的投资战略。最后，现代科学技术是一把双刃剑，在为人类创造财富的同时也带来了一系列问题，政府组织的国家技术预见活动有利于引导社会各界认识技术发展可能带来的社会、环境问题，从而起到一定的预警作用②。

技术预见在一定程度上可以认为是在技术预测基础上发展起来的。狭义的技术预测主要指探索性预测，广义的技术预测包括探索性预测和规范性预测两类③。探索性预测主要解决的问题包括：①未来可能出现什么样的新机器、新技术、新工艺；②怎样对它们进行度量，或者说它们可能达到什么样的性能水平；③什么时候可能达到这样的性能水平；④它们出现的可能性如何、可靠性怎样。我们可以据此概括出探索性预测所包含的四个因素：定性因素、定量因素、定时因素、概率因素。规范性预测方法主要建立在系统分析的基础上，将预测系统分解为各个单元，并且对各个单元的相互联系进行研究。规范性预测

① Miles I. The development of technology foresight: A review [J]. Technological Forecasting and Social Change, 2010, 77: 1448-1456.
② Martin B R, Johnston R. Technology foresight for wiring up the national innovation system: Experiences in Britain, Australia and New Zealand [J]. Technological Forecasting and Social Change, 1999, 60 (1): 37-54.
③ 王瑞祥，穆荣平. 从技术预测到技术预见：理论与方法 [J]. 世界科学，2003, (4): 49-51.

常用的方法有：矩阵分析法、目标树法、统筹法、系统分析法、技术关联分析预测法、产业关联分析预测法等，规范性预测方法在系统工程、运筹学等学科中均有所涉及。

值得指出的是，技术预测往往是考虑相对短期的未来，力图准确地预言、推测未来的技术发展方向。技术预见则旨在通过识别未来可能的发展趋势及带来这些发展变化的因素，为政府和企业决策提供支撑。穆荣平认为，技术预见有两个基本假定：一是未来存在多种可能性，二是未来是可以选择的。就对未来的态度而言，预见比预测更积极。它所涉及的不仅仅是"推测"，更多的则是对我们（从无限多的可能之中）所选择的未来进行"塑造"乃至"创造"①。需要进一步指出的是，技术预见的兴起并不意味着技术预测会退出历史舞台，技术预测的方法（如趋势预测）仍然可以作为技术预见的辅助手段。

技术预见是一个知识收集、整理和加工的过程，是一种不断修正对未来发展趋势认识的动态调整机制。定期开展基于大型德尔菲调查的技术预见活动，有利于把握未来中长期技术发展趋势和识别重要技术发展方向，不断修正对远期技术发展趋势的判断。因此，技术预见活动的影响不仅体现在预见结果对现实的指导意义，还体现在预见活动过程本身所产生的溢出效应②。通常认为技术预见收益主要体现在五个方面：一是沟通（communication），技术预见活动促进了企业之间、产业部门之间及企业、政府和学术界之间的沟通和交流；二是集中于长期目标（concentration on the longer term），技术预见活动有助于促使政产学研各方共同将注意力集中在长期性、战略性问题上，着眼于国家和企业的可持续发展；三是协商一致（consensus），技术预见活动有助于技术预见参与各方就未来社会发展图景达成一致认识；四是协作（co-ordination），技术预见活动有助于各参与者相互了解，协调企业与企业、企业与科研部门为共同发展图景而努力；五是承诺（commitment），技术预见活动有助于大家在协商一致的基础上，不断调整各自的发展战略，将创意转化为行动。

技术预见已经成为科技政策研究与制定的重要支撑。技术预见通过系统地研究科学、技术、经济和社会的未来发展趋势及其主要驱动力，识别和选择有可能带来最大经济效益和社会效益的战略研究领域或通用新技术，为国家宏观

① 《技术预见报告》编委会. 技术预见报告 2005 ［M］. 北京：科学出版社，2005.
② 穆荣平，王瑞祥. 技术预见的发展及其在中国的应用 ［J］. 中国科学院院刊，2004，（4）：259-263.

科技管理、科技战略规划提供决策依据。Da Costa 等[①]认为，技术预见在政策制定过程中有 6 项功能：一是为政策设计提供信息（informing policy）；二是促进政策实施（facilitating policy implementation）；三是参与政策过程（embedding participation in policy-making）；四是支持政策定义（supporting policy definition）；五是重构政策体系（reconfiguring the policy system）；六是传递政策信号（symbolic function）。日本、韩国等国家的技术预见实践证明，技术预见已经融入公共政策过程并发挥着重要作用。

二、中国技术预见实践

1. 中国政府有关部门组织技术预见

我国技术预见实践始于 20 世纪 90 年代初国家计划委员会（简称国家计委）和国家科学技术委员会（简称国家科委）组织开展的关键技术选择活动。关键技术选择既是对美国发布《国家关键技术清单》的一种响应，更是在由计划经济体制向市场经济体制转型时期政府宏观科技管理模式的一种改革性探索，关键技术选择与国家科技攻关组织和国家科技规划制定结合比较紧密。国家计委于 1993 年 3 月组织开展关键技术选择，并于 1993 年 8 月发布了 "九十年代我国经济发展的关键技术"[②]，从农业、能源与环境、交通运输、原材料与资源、信息与通信、制造技术、生物技术七大领域遴选了 35 项关键技术。1997 年 4 月，国家计委在分析 "九十年代我国经济发展的关键技术" 实施效果和未来 15 年经济社会发展目标与世界科技发展趋势基础上，发布了《未来十年中国经济发展关键技术》[③]，从农业、能源、交通运输、制造、电子信息、生物工程、材料、石化与化工、轻工与纺织、城镇建设十大领域遴选了 29 个主题 134 项关键技术。1992 年，国家科委组织开展 "国家关键技术选择" 研究，并于 1995 年 5 月将主要成果编辑出版[④]，遴选出信息、生物、制造和材料四大领域 24 项关键技术和 124 个重点技术项目。在关键技术选择实践中，有关国家关键技术选择的方法

① Da Costa O，Warnke P，Cagnin C，et al. The impact of foresight on policy-making：Insights from the FORLEARN mutual learning process [J]．Technology Analysis & Strategic Management，2008，20：369-387.
② 国家计划委员会科技司. 国家计划委员会科技报告选编 [M]．北京：中国计划出版社，1994.
③ 国家计划委员会科技司. 国家计划委员会科技报告选编 [M]．北京：中国计划出版社，1998.
④ 周永春，李思一. 国家关键技术选择——新一轮技术优势争夺战 [M]．北京：科学技术文献出版社，1995.

得到了试验和发展，为此后的国家技术预见和区域技术预见实践提供了借鉴。限于篇幅，本文没有综述区域技术预见实践。

国家科委组织开展的"国家重点领域技术预测"研究（1997~1999年）被认为是第三次国家技术预测，也是我国技术预见活动的方法系统化、国际化的开端。本次技术预测选择农业、信息和先进制造三大领域，采用德尔菲调查方法，组织了1200名专家对技术发展进行咨询调查。通过两轮调查、分析评价及反复论证，最终选择出128项国家关键技术。这次技术预见活动积累了技术预见理论方法与实践经验，培养了一批专门从事技术预测研究的人才队伍和专家网络。

2003~2006年，科技部组织开展了第四次国家技术预测，涉及信息、生物、新材料、先进制造、资源环境、能源、农业、人口与健康、公共安全九大领域。本次技术预测借鉴日本、德国、英国和韩国等国家开展技术预见的经验，主要开展了三方面的工作：一是分析经济社会发展趋势、中长期国家总体战略目标和基本国情，确定技术需求；二是组织科技、经济和社会领域专家开展大规模德尔菲调查；三是在德尔菲调查基础上，综合运用文献调查、专家会议、国际比较等方法，组织专家研讨、论证，根据国情选择未来10年我国经济和社会发展急需的重大关键技术群，提出可能的重大科技专项，该次技术预测遴选出794项关键技术，出版了《中国技术前瞻报告：信息、生物和新材料2003》①和《中国技术前瞻报告：国家技术路线图研究2006—2007》等一系列研究成果②。

2013年，科技部组织开展第五次国家技术预测，按照"技术摸底、技术预见、关键技术选择"三个阶段推进，采用文献计量与德尔菲调查等定性和定量相结合的方法，完成了包括信息、生物、新材料、制造、地球观测与导航、能源、资源环境、人口健康、农业、海洋、交通、公共安全、城镇化13个领域的调查，选出100项核心技术和280项领域（行业）关键技术。从科技整体状况、领域发展状况和重大科技典型案例等方面，分析了中国与世界先进水平的差距，客观评价了中国技术发展水平，为国家"十三五"科技创新规划制定提供

---

① 技术预测与国家关键技术选择研究组. 中国技术前瞻报告：信息、生物和新材料 2003 [M]. 北京：科学技术文献出版社，2004.
② 国家技术前瞻研究组. 中国技术前瞻报告：国家技术路线图研究 2006—2007 [M]. 北京：科学技术文献出版社，2008.

了支撑。2019年，科技部启动第六次国家技术预测，旨在支撑新一轮国家中长期科学技术发展规划纲要研究编制。此次技术预测的重点工作包括技术竞争评价、重大科技需求分析、科技前沿趋势分析、领域技术调查、关键技术选择5个方面，涉及信息、新材料、制造、空天、能源、交通、现代服务业、农业农村、食品、生物、资源、环境、人口健康、海洋、公共安全、城镇化与城市发展、前沿交叉17个领域。

2. 中国学术咨询机构组织实施预见

2003～2005年，中国科学院组织开展"中国未来20年技术预见研究"[①]，涉及信息、通信与电子技术，先进制造技术，生物技术与药物技术，能源技术，化学与化工技术，资源与环境技术，空间科学与技术，材料科学与技术在内的8个技术领域，63个技术子领域。研究主要包括4方面内容：一是构建了系统化技术预见方法论，包括"未来20年社会发展情景构建与科技需求分析流程"、"德尔菲调查技术路径"和"优先技术课题和技术子领域选择方法"等；二是首次[②]将"愿景构建"纳入技术预见过程，从全球化社会、信息化社会、城市化社会、工业化社会、循环型社会和消费型社会6个方面构建了2020年中国全面小康社会发展愿景，研究提出了全面建设小康社会的科技需求，为技术选择提供依据；三是聘请70余名著名专家组成8个技术预见领域专家组，聘请400余名专家组成63个技术预见子领域专家组，结合主要国家和地区技术预见结果和技术发展趋势分析结果，提出技术课题备选清单；四是设计德尔菲调查问卷并邀请2000余名专家参与德尔菲调查，对技术课题的重要性、预计实现时间、实现可能性、当前我国研究开发水平、国际领先国家或地区、发展制约因素等进行独立判断，确定了中国面向2020年最重要的737项技术课题，遴选出200个重要技术课题，20个重要发展技术子领域，83个优先发展技术课题，公开出版了《中国未来20年技术预见》[③]、《中国未来20年技术预见（续）》[④]、

---

① 穆荣平任"中国未来20年技术预见"研究组组长兼首席科学家，曾主持2000年国家软科学研究计划资助的"技术预见与政策选择方法论研究"和北京市资助的"若干领域技术预见与政策选择研究"。
② 穆荣平，王瑞祥. 全面建设小康社会的科技需求//中国未来20年技术预见研究组. 中国未来20年技术预见[M]. 北京：科学出版社，2006.
③ 中国未来20年技术预见研究组. 中国未来20年技术预见[M]. 北京：科学出版社，2006.
④ 中国未来20年技术预见研究组. 中国未来20年技术预见（续）[M]. 北京：科学出版社，2008.

《技术预见报告 2005》①和《技术预见报告 2008》②。

2015 年，中国科学院科技战略咨询研究院启动"支撑创新驱动转型关键领域技术预见与发展战略研究"重大咨询项目，展开了新时代"中国未来 20 年技术预见研究"，由穆荣平研究员担任组长。此次技术预见中，使用了文献计量法、专家研讨、情景分析法和德尔菲调查法。首先，项目组系统梳理了主要国家和国际组织近年来发布的面向中远期的科技和创新战略规划、研究报告等，总结分析中国经济、社会和国家安全等领域的中长期发展规划中对未来发展目标的设定，综合采用情景分析、专家研讨等方法，分析未来经济、社会和国家安全重大需求，从创新全球化、制造智能化、服务数字化、城乡一体化、消费健康化和环境绿色化 6 个方面系统描绘 2035 年中国创新发展愿景，提出未来经济、社会发展面临的若干重大问题，明确相应的科技需求。其次，项目组开展主要学科领域文献计量分析，并把结果用于支撑技术课题的遴选、专家选择及德尔菲调查等技术预见的关键环节。再次，项目组组织开展两轮大规模德尔菲调查，聚焦先进能源、空间、信息、生命健康、生态环境、海洋等事关国家长远发展的重点领域，精炼出 2035 年关键领域重大技术课题及其发展趋势。这次技术预见活动的预见周期较长，面向中远期科技发展目标，领域专家选择涵盖多方的利益相关者；由于不与科技规划、计划等直接利益挂钩，在重点领域和技术课题选择等方面受专家自身利益的影响相对较小。

2015 年，中国工程院与国家自然科学基金委员会共同组织开展"中国工程科技 2035 发展战略研究"项目，应用文献计量、专利分析、德尔菲调查和技术路线图等方法（图 1），提出了面向 2035 年中国工程科技的发展目标、重点发展领域、需要突破的关键技术、需要建设的重大工程及需要优先开展的基础研究方向，为国家工程科技及相关领域基础研究的系统谋划和前瞻部署提供了有力支撑③。在这个项目中，技术预见问卷针对 5 个方面进行了调查：技术本身的重要性、技术应用的重要性、预期实现时间、技术基础与竞争力、技术发展的制约因素。其中，技术本身的重要性包括技术核心性、通用性、带动性和非

---

① 《技术预见报告》编委会. 技术预见报告 2005 [M]. 北京：科学出版社，2005.
② 《技术预见报告》编委会. 技术预见报告 2008 [M]. 北京：科学出版社，2008.
③ "中国工程科技 2035 发展战略研究"项目组. 中国工程科技 2035 发展战略：技术预见报告 [M]. 北京：科学出版社，2019.

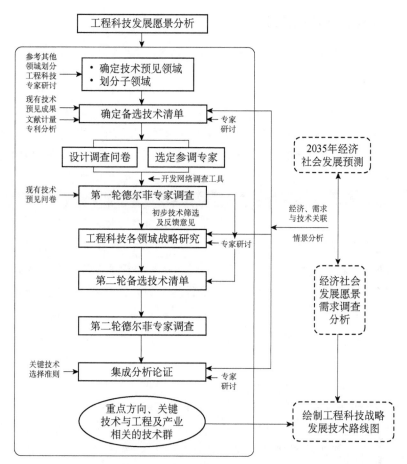

图 1　基于战略研究方法体系的中国工程科技 2035 技术预见流程图

资料来源：《中国工程科技 2035 发展战略. 技术预见报告》，作者整理

连续性四个方面；技术应用的重要性包括技术对经济发展、社会发展、国防安全三方面的作用；在预期实现时间方面，为突出工程科技可用性的判断和纵横向比较分析，设置了世界技术实现时间、中国技术实现时间及中国社会实现时间三个问题。为进一步征集专家对未来技术发展的判断，调查中设置了开放性问题，包括备选技术清单之外的重要技术方向、2035 年可能出现的重大产品，以及需要提前部署的基础研究方向等。项目还针对此次技术预见的调查需求开发了在线问卷调查系统，加强了问卷调查的直观性、灵活性，有效提高了调查效率和轮次间反馈的有效性。同时，网上调查系统开设了技术预见调查管理模块，各领域组技术预见专员可以实时查询、监测专家调查进展情况，及时采取推进措施。

三、国外技术预见实践

1. 日本和韩国技术预见

日本是开展国家层面技术预见最系统和最成功的国家之一，经历了从技术预测到技术预见的转变。1971 年，日本科学技术厅（Science and Technology Agency）①组织实施了第一次基于德尔菲调查的技术预测，并确定每五年实施一次基于德尔菲调查的技术预测，2000 年改为技术预见活动 ②，截至 2019 年底共完成了 11 次技术预见。日本前 6 次技术预见均以德尔菲调查为主，第 7 次技术预见在德尔菲调查的基础上增加了经济社会需求分析，第 8 次技术预见又新增了情景分析和用于分析新兴技术的文献计量方法，第 9 次技术预见综合采用重大挑战分析、德尔菲调查、情景分析和专家会议等方法，第 10 次技术预见综合采用未来社会分析、在线德尔菲调查、情景分析、交叉分析等多种方法，第 11 次技术预见引入了水平扫描和人工智能方法。值得指出的是，日本从制定第三期科技基本计划开始将技术预见纳入政策制定过程，预见结果作为编制科技基本计划的重要研究基础。第 8 次技术预见为第三期科技基本计划优先科技领域选择提供了依据，为日本《创新 25 战略》（Innovation 25）提供了有力支撑。第 9 次技术预见为日本第四期科技基本计划和日本文部科学省的 "Japan Vision 2020"（日本 2020 愿景）均提供了重要支撑。第 10 次技术预见主要支撑了日本第五期科技基本计划。

第 11 次技术预见侧重于构建社会愿景，综合水平扫描、愿景构建、专家研讨等构建了未来理想社会情景。在此目标下进行德尔菲调查，并且使用人工智能技术（以机器学习和自然语言处理为中心的智能和相关技术），对德尔菲关键技术进行聚类，提出了面向未来的交叉融合领域和重点发展领域及技术 ③。日本第 11 次技术预见由日本文部科学省科学技术政策研究所负责实施，分为四部分。一是从现有资料中收集、整理、提取未来趋势的有关信息，然后组织专家研讨未来世界的可能情形及国内各地区的可能变化，以把握未来发展趋势。二是邀请各领域、各专业研究人员参与展望未来的研讨会，通过小组讨论和整体讨论的方式，提取了 50 幅社会未来图及 4 种社会价值。三是组织成立技术预见专家组，筛选并提取了健康、医疗和生命科学，农业水产、食品和生物技

---

① 自 1992 年第 5 次技术预见起，日本科学技术政策研究所（National Institute of Science and Technology Policy，NISTEP）开始负责组织实施日本的技术预见。

② 2000 年日本将技术预测德尔菲调查改为技术预见的德尔菲调查。

③ National Institute of Science and Technology Policy. Close-up science and technology areas for the future［R］. Tokyo，2019.

术，环境、资源和能源，ICT 分析和服务，材料、设备和工艺，城市、建筑、土木和交通，宇宙、海洋、地球和科学基础七大领域，59 个子领域的 702 项关键技术开展两轮德尔菲调查。四是以"社会 5.0"（Social 5.0）为基础，探讨了社会未来发展的基本情形，总结了支撑日本社会未来发展的科学技术并且提出了相关科技政策①（图 2）。

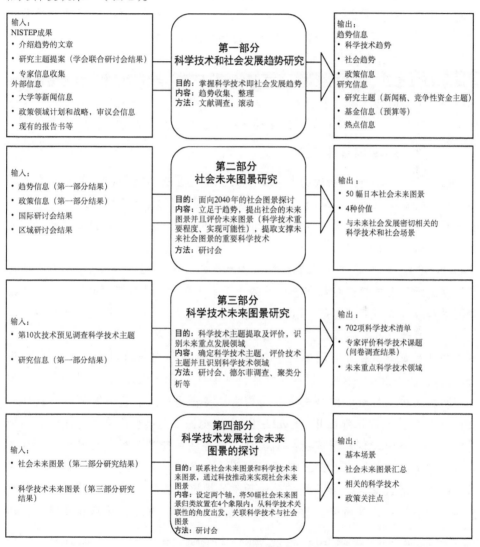

图 2　日本第 11 次技术预见实施流程

资料来源：日本第 11 次技术预见报告，作者翻译整理

---

① National Institute of Science and Technology Policy. Science and Technology Foresight 2019［R］. Tokyo，2019.

韩国于 1993 年启动第一次技术预见（面向 2015 年），1998～1999 年启动第二次技术预见（面向 2025 年），2003 年启动第三次技术预见（面向 2030 年），2010 年启动第四次技术预见（面向 2035 年），2015 年启动第五次技术预见（面向 2040 年）。前两次技术预见运用了德尔菲调查法和头脑风暴，第三次和第四次技术预见采用情景分析、横向扫描、德尔菲调查等方法，第五次技术预见采用水平扫描、德尔菲调查、网络调查、大数据网络分析和临界点分析等方法。第五次技术预见（图 3）综合采用多种方法分析社会关注的热点问题，形成"热点问题群"，采用知识图谱分析方法研究技术领域之间的关联性，把握各研究领域发展趋势，遴选出面向 2040 年的社会基础设施、生态环保、机器人、生命与医疗、信息通信和制造融合 6 个领域 267 项未来技术。韩国第三次、第四次和第五次技术预见成果分别应用于第二期、第三期和第四期《科学技术基本计划》制定工作[1]。

2. 德国和英国技术预见

1992 年，德国联邦研究与技术部资助弗劳恩霍夫协会系统与创新研究所和日本科学技术政策研究所联合开展第一次技术预见（Delphi'93），1994 年进一步合作开展了小型德尔菲调查（mini Delphi），涉及第一次德尔菲调查中最重要或新兴技术领域。1998 年弗劳恩霍夫协会系统与创新研究所完成第二次技术预见（Delphi'98），提出了 19 个未来科技发展大趋势，针对 12 个技术领域 1070 项技术课题进行了大规模德尔菲调查，并遴选了最重要的九大创新领域[2]。2001 年，德国联邦教育与研究部发起"Futur 计划"，采用德尔菲调查、情景分析、专家座谈等方法，通过社会各界广泛对话来识别未来技术需求和优先领域[3]。2007 年，德国联邦教育与研究部启动着眼于 2030 年技术预见"Foresight Process"，分两个阶段实施[4]。2007～2009 年实施技术预见阶段 I（Cycle I），通过专家访谈方式调研传统技术领域，结合未来社会需求，得出了未来研究关键领域。2012～2014 年实施技术预见阶段 II（Cycle II），由德国工程师联合会技术中心和弗劳恩霍夫协会系统与创新研究所共同实施，综合使用情景分析、文献计量、专家会议、访谈等方法，并且聘请了国际顾问小组参与。本次技术预见包括三个方面：一是研究 2030 年社会发展趋势和面临的挑战，识别出未来 60 个社会发展趋势和七大挑战；二是研究生物、服务、能源、健康和营养、信息和通信、流动

① Korea Institute of Science and Technology Evaluation and Planning. The 5th Science and Technology Foresight (2016-2040) [R]. Republic of Korea: Korea Institute of S & T Evaluation and Planning, 2017.
② Cuhls K. Foresight in Germany. The Handbook of Technology Foresight: Concepts and Practice [M]. Cheltenham: Edward Elgar Publishing, 2008: 131-153.
③ Federal Ministry of Education and Research. Future: future lead visions complete document [R]. Berlin, 2002.
④ Zweck A, Holtmannspötter D, Braun M, et al. Stories from the future 2030 Volume 3 of results from the search phase of BMBF Foresight Cycle II (Vol. Future Technologies Vol. 104) [R]. Germany, Department for Innovation Management and Consultancy, 2017.

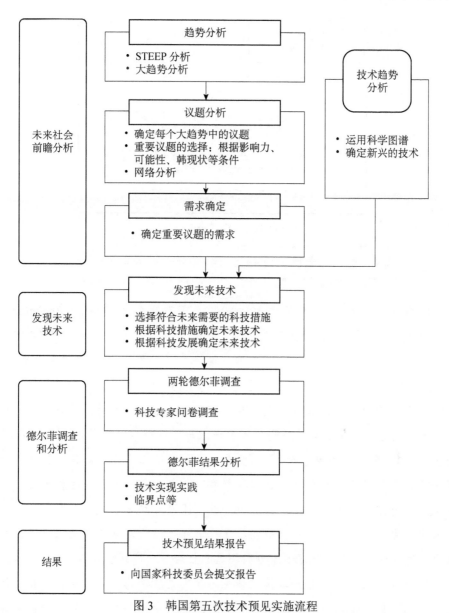

图 3　韩国第五次技术预见实施流程

资料来源：Choi M J. Foresight activities in Korea［C］. The 7th International Conference of the Government Foresight
Organization. Network, 2016. 作者翻译整理

性、纳米技术、光子、生产、安全、材料科学技术 11 个技术领域未来发展趋势；三是综合分析社会挑战和技术趋势，识别出 2030 年九大创新领域。技术预见工作流程如图 4 所示，技术预见活动结果有效支撑了德国高技术战略制定。

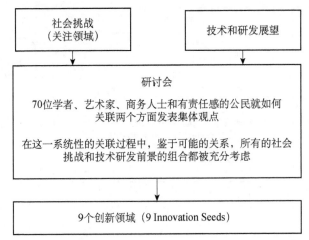

图 4　德国联邦教育与研究部技术预见阶段 Ⅱ（Cycle Ⅱ）研究框架

资料来源：德国联邦教育与研究部 2017 年技术预见报告，作者翻译整理

1993 年，英国政府科学技术白皮书《实现我们的潜力》（*Realizing Our Potential*）宣布启动英国技术预见计划。1994 年英国科学技术办公室（Office of Science and Technology，OST）组织实施第一次技术预见，采用德尔菲法对 16 个领域 1207 项技术课题开展调查，关注技术负面影响和预见结果的扩散和应用。1999 年英国启动第二次技术预见，相较前一次技术预见活动，其方法和组织形式有很大改变，并将重点转移到"实现技术与经济社会全面整合"。一是将原来的 16 个技术研究领域整合为 10 个技术领域，并新增人口老龄化、预防犯罪和 2020 年的制造业 3 个主题小组，以及教育、技能及培训和可持续发展 2 个支撑主题；二是强调采用专家会议、情景分析、座谈会等方法，充分利用计算机网络和知识库，通过互联网交流平台广泛收集社会公众对技术发展的看法，是技术预见过程从一个基于技术专家判断拓展到社会公众广泛参与的过程。

2002 年，英国开展第三次技术预见。与前两次相比，第三次技术预见活动又有较大变化，采取专题滚动项目的形式，重点在为公共政策制定提供支撑，采用情景分析、德尔菲调查、专家座谈等方法。英国科学技术办公室在前三次技术预见活动中担当重要角色，后更名为英国政府科学办公室（Government Office for Science，GOS），主要负责支持和推动公共领域的科学研究。2010 年，英国政府科学办公室发布了第三次技术预见第一轮技术预见报告，提出了面向 2030 年的材料和纳米技术、能源和低碳技术、生物和制药技术及数字和网络技术四大领域的 53 项关键技术 ①。2012 年底发布第二轮技术预见报告，更新了上一轮 53 项关键技术，遴选出 3 个新兴主题以及生物能源和"负排放"、备用间歇性电源、实时电网模拟和高压直流电网、服务机器人、智能服装、传感器技术 6 项相关技术 ②。2017 年，英国发布第三轮技术预见报告，采用情景分析、德尔菲调查、专家座谈等方法展望未来产业融合的数字世界，探讨了传感器、数据、自动化和使用者之间的互动，提出了未来健康、食品、生活、交通、能源领域的场景，报告指出，已有技术和新兴技术之间的交互是未来发展的重要方向③。

3. 俄罗斯和印度技术预见

1998 年，俄罗斯组织开展第一次基于德尔菲调查的技术预见，1000 多名专家参与调查，评估科学技术长期发展前景，确定优先支持技术领域 ④。2004 年，俄罗斯教育与科学部组织新一轮关键技术选择，遴选出信息通信系统，纳米产业和材料，生活系统，资源合理使用，电力工程和节能，运输、航空和空间系统，安全和应对反恐，未来军备和军事特种设备 8 个优先领域关键技术 ⑤，技术预见结果支撑了"2007—2012 年俄罗斯科学技术综合优先发展方向研究开发"⑥的制定。

2007 年，俄罗斯教育与科学部再次启动国家层面的技术预见。第一轮技术预见面向 2025 年，针对俄罗斯宏观经济、科学技术和工业发展进行研究，2000 多名专家参与德尔菲调查，遴选出 10 个领域 800 多项技术课题。2008～2009 年，俄罗斯启动面向 2030 年的第二轮技术预见，对上一次技术预见遴选的关键技术清单进行德尔菲调查，识别了 250 个关键技术集群，遴选出信息通信技术、

---

① Government Office for Science. Technology and Innovation Futures：UK Growth Opportunities for the 2020s ［R］. The United Kingdom，Foresight Horizon Scanning Centre，2010.

② Government Office for Science. Technology and Innovation Futures: UK Growth Opportunities for the 2020s—2012 Refresh ［R］. The United Kingdom，Foresight Horizon Scanning Centre，2012.

③ Government Office for Science. Technology and Innovation Futures 2017 ［R］. The United Kingdom: Foresight Horizon Scanning Centre，2017.

④ Alexander V，Sokolov，Alexander A，et al. Long-term Science and Technology Policy—Russia Priorities for 2030 ［R］. Moscow，Series：Science，Technology and Innovation，2013.

⑤ Sokolov A. Russia Critical Technologies 2015 ［R］//European Foresight Monitoring Network Brief：313-318.

⑥ Shashnov S，Poznyak A. S&T priorities for modernization of Russian economy ［J］. Foresight-Russia，2011，5（2），48-56.

纳米产业与材料、生活系统、自然资源合理利用、运输和航空航天、能源 6 个领域 25 个重要技术子领域。2011～2013 年，俄罗斯启动面向 2030 年的第三轮技术预见，研究了全球有关组织机构的 200 余份技术预见相关材料[1]，采用专利文献计量、情景分析、技术路线图、全球挑战分析、水平扫描、弱信号等多种方法，识别了俄罗斯未来发展中面临的关键性问题、巨大挑战和"窗口发展机遇"，遴选出信息和通信技术、生物技术、医药和健康、新材料和纳米技术、自然资源合理利用、运输和空间系统、能效与节能 7 个领域 53 项优先发展的技术[2]。

"俄罗斯 2030：科学和技术预见"[3]结果被俄罗斯电信和大众通信部、卫生部、交通部、财政部、经济发展部、工业和贸易部、自然资源和环境部、能源部、俄罗斯联邦航天局和俄罗斯科学院认同并采纳，支撑了俄罗斯"2030 年社会经济长期发展预测"、"2020 年科技发展"和"2035 年俄罗斯能源战略"等多项规划的制定[4]。"俄罗斯 2030：科学和技术预见"指导了俄罗斯社会、经济、科学和技术发展战略，对俄罗斯发展产生了深远影响[5]。

1993 年，印度技术信息、预测和评估委员会（Technology Information，Forecasting and Assessment Council，TIFAC）组织实施了印度第一次技术预见（Technology Vision 2020）[6]，选择了食品和农业、农产品加工、生命科学与生物技术、医疗保健、电子通信、电信、陆路运输、水路航道、民用航空、工程工业、材料与加工、化学加工工业、电力、战略产业、先进传感器和服务 16 个领域 100 多项子领域技术，技术预见结果服务于印度政府有关部门远景规划，并在农业和渔业、农业食品加工、道路建设和运输设备、纺织品、医疗保健和教

---

[1] 包括经济合作与发展组织（OECD）、欧盟（EU）、联合国（UN）、联合国工业发展组织（UNIDO）、世界银行（WB）等国际组织，英国、德国、日本、美国、中国等国家，壳牌、英国石油公司、西门子、微软等企业，兰德公司、曼彻斯特大学、韩国科技评估与规划研究院等顶尖预见机构的技术预见报告及分析材料，并且检索分析了美国、欧洲、世界知识产权组织等主要国家、地区和机构的专利数据库，WOS、SCOPUS 等国际期刊数据库等，共计 200 余份相关信息材料。

[2] Gokhberg L. Russia 2030：Science and Technology Foresight [R]. Ministry of Education and Science of the Russian Federation，National Research University Higher School of Economics，2016.

[3] "俄罗斯 2030：科学技术预见"包括 2007 年的面向 2025 年的技术预见。

[4] Gokhberg L. Russia 2030：Science and Technology Foresight [R]. Ministry of Education and Science of the Russian Federation, National Research University Higher School of Economics，2016.

[5] President R F. Message from the President of the Russian Federation to Federal Assembly [EB/OL]. Retrieved from http://kremlin.ru/news/17118.

[6] 印度将此类技术前瞻性预见活动称为"Technology Vision"，但其本质仍然为技术预见，本文不做详细区分，统一称为"技术预见"。

育等领域与企业和研发机构合作培育了一批优势产业。

2012 年，印度技术信息、预测和评估委员会启动了新一轮技术预见（Technology Vision 2035）。本次技术预见进行大规模的专家调查，5000 余名专家参与直接调查，20 000 余名专家参与到间接调查中，选择出 12 个技术子领域[①]的 196 项关键支撑技术。本次技术预见主要分为五部分：一是识别印度社会需求；二是遴选出技术子领域和关键技术（四个阶段）[②]；三是分析技术子领域实现的必要条件，强调发展基础性技术（材料、制造和信息通信技术），建设支撑性基础设施以及加大基础研究；四是分析印度技术能力和制约因素，从技术领先、技术独立、技术创新、技术应用、技术依赖、技术限制 6 个方面分析了印度技术发展能力，认为现阶段应该采用有针对性的方法来推进印度国家技术能力建设；五是分析了印度研究机构、大学、政府部门等主体在技术转型过程中应采取的行动和举措。Technology Vision 2035 技术预见绘制了教育、医学和保健、食物和农业、水、能源、环境、生活环境、交通运输、基础设施、制造业、材料、信息通信技术 12 个领域技术路线图[③]。

4. 美国国家关键技术选择

1990 年，美国总统办公厅科技政策办公室成立国家关键技术委员会，从 1991 年开始向总统和国会提交双年度的《国家关键技术报告》。1992 年，美国国会命令创建关键技术研究所，由国家科学基金会主持，兰德公司管理，参与制定《国家关键技术报告》。1998 年，该研究所更名为科技政策研究所，主要任务更改为协助美国政府改进公共政策。1991~1998 年，美国共发布过四个《国家关键技术报告》，对美国科技政策的制定和科技界产生了巨大影响。《国家关键技术报告》列出了美国关键技术发展清单，为各级政府科技投入提供了指南，加强了联邦政府在科技投入方面的宏观调控作用；《国家关键技术报告》为美国企业研发投资指明了方向，加强了企业之间、企业与政府、企业与研发机构之间的合作；《国家关键技术报告》重视技术评估，对于全社会了解未来技术发展

---

① 12 个技术子领域指清洁的空气和饮用水；粮食和营养安全；全民保健和公共卫生；全天候能源；体面的居住环境；优质教育、生计和机会；安全和迅速的移动；公共安全和国家安全；文化的多样性；透明高效的政府治理；灾害和气候应对能力以及自然资源和生态保护。

② 四个阶段分为：可以广泛应用、产业化、研究、仍然处于想象阶段。

③ Technology Information，Forecasting and Assessment Council. Technology Vision 2035 [R]. New Deli，2015.

趋势,了解美国技术发展现状有重要作用。美国关键技术研究所也曾发布《国际关键技术清单》,该清单汇集美国、日本、英国、法国、德国和经济合作与发展组织 6 个国家和组织的 8 份技术预测报告,在对近年来各国技术预测方法、准则、具体技术项目进行比较分析的基础上发布,提出了面向未来 10 年的在信息和通信,环境,能源,生命健康,制造,材料,运输,金融、海啸、建筑、空间等在内的 8 个技术领域,38 个技术类别,130 个技术子列,375 个能够实现的重点技术。美国产业界为了应对国际化竞争和争取政府的研发支持等,也开展了许多"类预见"活动,预见活动的时间范围主要是未来 5~10 年,所运用的方法主要包括情景分析、德尔菲调查、技术情报、技术路线图等,专家在"类预见"活动中发挥了重要的作用。

四、未来技术预见展望

从 1970 年日本开展基于德尔菲调查方法的技术预测,到 20 世纪 90 年代初美国发布《国家关键技术报告》,越来越多的国家和企业关注技术发展趋势及其带来的战略机遇,使得技术预见取代技术预测最终成为世界潮流。进入 21 世纪以来,创新发展逐步成为世界潮流,世界主要国家和地区纷纷提出建设创新型国家,2006 年中国政府提出 2020 年进入创新型国家行列目标,美国通过《美国创新与竞争力法案》、英国发布《创新型国家白皮书》、欧盟发布《创造一个创新型欧洲》、日本发布《面向创新的日本》等,技术预见活动逐步融入科技创新政策形成过程,并且在科学决策与政策制定过程中发挥越来越重要的作用,例如日本、韩国将技术预见纳入国家科学技术基本计划制定过程。

50 年技术预见持续不断的大规模实践,在塑造未来科技、经济、社会和环境发展新格局方面成效显著,成就了一批战略家和预言家。50 年技术预见理论方法持续不断地探索与创新,丰富完善了系统化技术预见思想体系和工作体系,实现了从技术预见向科学技术预见的转变,催生了一批预见理论和方法集成创新。在新技术革命和产业变革关键历史时期,在创新全球化与区域一体化双向作用引发的全球竞争格局动态演化的关键历史时期,迫切需要强化"愿景驱动与需求拉动"共同塑造未来、创造未来的功能。科学技术预见作为构建社会发展愿景、识别科学技术需求、凝聚社会各界共识、协调创新主体行为的综合集成平台作用将会进一步加强,并将向着专业化、模块化、网络化、智能化、数字化方向发展，成为决策科学化的重要支撑力量。

1. 科学技术预见平台化发展趋势加速

创新发展政策的复杂性导致科学技术预见平台化发展趋势加速。科学技术预见平台化是指科学技术预见从服务国家科学技术发展规划和政策制定的支撑工作向服务国家创新发展规划和政策制定的综合集成平台转变的过程。创新发展规划和政策制定涉及科技、经济、社会和环境发展等方面，受到政治、法律、伦理、人口以及国际发展环境等众多因素影响，具有影响因素多、不确定性高等特点，对未来科学技术预见工作提出了更新更高的要求。未来的科学技术预见平台化发展需要将技术预见活动嵌入政策过程，重点加强五个方面的工作。一是加强国家经济、社会、环境发展与数字转型趋势分析，构建社会发展愿景，识别发展主要驱动力；二是加强全球科学技术发展趋势分析和科研数字转型趋势分析，识别国际合作伙伴，把握科学技术发展和数字转型机遇；三是加强未来科学技术课题德尔菲调查方法创新与网络建设，识别重要科学技术课题，分析相关伦理、法规和政策制约因素；四是加强技术选择方法创新与能力建设，确定优先发展科学技术课题和优先发展科学技术子领域，支撑科技发展规划和政策制定；五是加强科学技术发展动态监测能力建设，识别优先发展科学技术课题和子领域发展存在的重大问题，支撑科技创新资源配置与学科布局动态调整。

2. 科学技术预见模块化发展趋势加速

科学技术预见平台化发展导致科学技术预见活动目标多元化、问题复杂化、知识专业化、主体多样化，加速了科学技术预见活动模块化发展趋势。未来的科学技术预见平台主要包括四个模块。一是世界科技趋势模块，致力于综合集成全球科学家专业知识，分析世界科学技术发展趋势，识别科学技术发展机遇，选择国际科技合作伙伴；二是社会发展愿景模块，致力于综合集成已有情报资源和理论方法，研究全球政治经济竞争格局演进及其主要驱动力，分析国家经济、社会、环境发展趋势，整合利益相关者的创造力、专业能力和沟通能力，有效参与构建社会发展愿景，识别社会发展愿景驱动力；三是科学技术选择模块，致力于动员创新主体参与未来科学技术课题大规模德尔菲调查，分析相关伦理、法规和政策制约因素,确定优先发展科学技术课题和优先发展科学技术子领域;四是创新发展政策模块,致力于分析优先发展科学技术课题和子领域对经济、社会、环境发展的影响,动员创新主体进行科学技术和创新发展政策实验,定期评估国家(区域)创新发展水平和能力,支撑科技创新资源配置战略调整与动态优化。

3. 科学技术预见数字化转型趋势加速

科学技术预见平台化发展导致科学技术预见系统利益相关者数量和相关数据量呈几何级数增长,科学技术预见数字化转型趋势明显并呈加速演化态势。未来的科学技术预见数字化转型趋势主要体现在五个方面。一是科学技术预见工作平台数字化,统领科学技术预见各个模块的数字化。建立数字化、网络化、智能化平台工作机制和大数据中心,扩大政产学研等创新主体有效参与技术预见活动范围,提升数据获取和处理以及分析结果可视化的智能化水平。二是全球发展趋势分析评价系统的数字化。建立全球政治、经济、社会、环境发展大趋势信息获取与处理数字化模拟系统,提高大趋势及其驱动力数字化分析能力。三是国家社会发展愿景分析系统的数字化。建立国家经济、社会、环境发展趋势信息获取与处理数字化模拟系统,有效整合不同创新主体和利益相关者的创造力、专业能力和沟通能力,推动创新主体就社会发展愿景进行多视角沟通并达成共识。四是科学技术选择的数字化。建立优先发展科学技术课题和优先发展科学技术子领域选择辅助系统,支持利益相关者在线研讨,精准识别创新主体的创造力、专业能力和沟通能力,动态遴选优先发展科学技术课题并提供合法合规判断。五是创新发展政策模拟系统的数字化。建立创新发展数字化政策模拟系统和政策实验室,迭代支撑科技创新资源配置战略调整与动态优化。

目 录
CONTENTS

第一章
中国海洋领域 2035 技术
预见研究简介

新时代"中国未来 20 年技术预见研究"是"支撑创新驱动转型关键领域技术预见与发展战略研究"项目的成果之一,是继 2003 年中国科学院成功组织"中国未来 20 年技术预见研究"项目后,再次根据新时代国家重大科技战略需求启动的重大研究项目。

"中国海洋领域 2035 技术预见研究"是新时代"中国未来 20 年技术预见研究"的重要组成部分,由中国科学院科技战略咨询研究院穆荣平研究员担任研究组组长,中国科学院海洋研究所孙松研究员和中国海洋大学于志刚教授担任专家组组长,邀请国内海洋领域著名专家担任领域专家组成员。

中国海洋领域 2035 技术预见着眼于未来海洋领域的技术发展趋势,旨在提出未来海洋领域符合国家战略需求的技术清单,即结合经济、社会和国家安全需求,遴选出 2035 年前最重要的技术领域和关键技术。研究成果将提供给国家相关部门参考,为制定新一轮国家中长期科技发展规划(2021—2035 年)和推动创新驱动发展提供重要的战略支撑。

第一节 技术预见方法设计

技术预见常用的方法包括德尔菲法、情景分析法、相关树法、趋势外推法、技术投资组合法、专利分析、文献计量和交叉影响矩阵法等[1]。本次技术预见聚焦于海洋领域，结合海洋领域发展的战略需求，对未来社会的发展情景进行构建，以勾勒出 2035 年海洋领域技术发展的可能需求。通过多轮会议研讨，在广泛听取技术专家的意见和建议的基础上，划分子领域，筛选出海洋领域重要技术课题。再开展大规模德尔菲问卷调查，以集成专家的集体智慧，确定海洋领域的关键技术课题。最后，针对调查所得的成果，组织专家组成员进行专题研讨，依据关键技术课题的选择原则，分析并遴选出 2035 年前海洋领域最重要的技术子领域和关键技术。技术预见流程如图 1-1-1 所示。

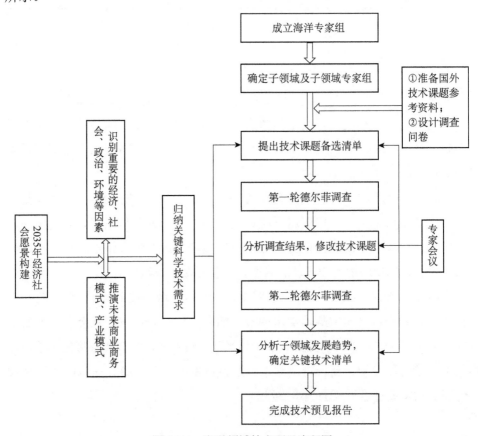

图 1-1-1　海洋领域技术预见流程图

本次技术预见延续"中国未来 20 年技术预见研究"技术课题的产生方法，综合采用情景分析法和专家提名法确定技术课题，具体过程如下。第一步，研究组提出面向 2035 年的中国创新发展的愿景。在中国创新发展阶段定位与国内外相关研究的基础上，结合全球竞争格局，重构与中国创新发展战略研究相关的成果，并从全球化、工业化、城市化、智能化、绿色化、健康化等发展趋势出发，构建 2035 年中国创新发展愿景。在 2035 年中国创新发展愿景分析的基础上，提出实现 2035 年全球化、工业化、城市化、智能化、绿色化、健康化等发展目标需要解决的重大技术问题。第二步，为提高技术课题准确性，防止遗漏国际前沿问题，研究组广泛收集整理了国内外主要国家和地区、国际组织、大学和研究机构等关于海洋领域未来发展趋势的重要战略规划、研究报告等，组织翻译了韩国第四次和第五次技术预见、日本第九次和第十次技术预见及英国第三次技术预见等相关材料，供专家和研究组参考。第三步，结合当前中国海洋技术的发展水平，在考虑未来战略发展需求的基础上，各子领域专家经讨论提出初步的技术课题清单。第四步，研究组汇总各子领域技术课题清单，经与子领域专家沟通，删除不符合选择原则的技术课题，合并重复的技术课题。第五步，召开专家组会议，对技术课题清单进行审核，讨论并确定第一轮德尔菲调查备选技术课题清单，随后进行第一轮大规模德尔菲问卷调查。第六步，汇总整理第一轮德尔菲调查中获得的大量的专家意见，交由专家组在会议上进行讨论，确定需要修订的技术课题清单，形成第二轮德尔菲调查的备选技术课题清单，进行第二轮德尔菲问卷调查，并在调查结果数据分析和专家讨论的基础上形成最终结果。

第二节　成立技术预见专家组

中国海洋领域 2035 技术预见专家组主要负责技术课题的筛选、修改和审定，并为问卷设计等提供咨询和建议。专家组组长首先应当具备极高的专业知识水平，能够把握海洋领域的技术发展趋势；其次应当熟悉技术预见方法，准确把控技术预见过程；最重要的是，应具有高度的责任感与使命感，能够从国家未来战略角度出发，客观公正地选择对未来发展至关重要的海洋技术。依据以上原则，新时代"中国未来 20 年技术预见"研究组组长穆荣平研究员聘请孙松研究员和于志刚教授共同担任中国海洋领域 2035 技术预见专家组组长。

一般来说，领域专家组成员应当由来自政府、企业、高校及研究机构的知名专家构成。本次技术预见着重从以下几个方面选择专家组成员：①专家组成员必须是在各个子领域中有相当知名度的专家，必须在工作中努力保证公平公正，具有责任感和使命感；②专家组成员整体上应当有合理的知识结构；③专家组成员应当熟悉或了解技术预见；④专家组成员必须保证全程参与和必要的时间精力投入。根据以上原则，经过与专家组组长商定，最终确定中国海洋领域 2035 技术预见专家组的成员。

第三节　技术预见子领域的划分

在技术预见中，子领域的划分对后续工作的开展至关重要，必须遵循科学合理的原则。本次海洋领域子领域的划分主要考虑以下几个方面。

（1）强调学科属性，尽可能涵盖所有重点领域。

（2）相近的技术方向合并到同一子领域，同时尽可能地避免不同子领域间的交叉重复。

（3）关注热点和交叉前沿领域，充分考虑未来学科融合的趋势。

借鉴国内以往技术预见海洋领域的划分及国外相关成果，经过专家组成员讨论，最终确定将海洋领域划分为 5 个子领域：海洋环境保障、海洋开发、海洋防灾减灾、海洋信息化和海洋探测。在此基础上，成立子领域专家组。

第四节　提出技术课题备选清单

技术课题的遴选必须坚持全面、客观、公开、公正的原则[1]。以往经验表明，备选技术课题的描述会影响调查结果的准确性，因此，备选的技术课题必须符合以下原则[2]。

（1）唯一性。技术课题必须严格按照原理阐明、开发成功、实际应用和广泛应用四个阶段描述，不允许一个技术课题同时处于多个发展阶段。

（2）前瞻性。技术课题应是在远期未来（10～20 年）最重要的，并且能够解决未来经济社会发展所面临的关键问题。

（3）战略性。战略性体现了技术在未来的重要程度。技术课题的选择应优先着眼于未来能够产生最大经济效益、社会效益的战略研究领域和通用新技术。

（4）可行性。技术课题除了要考虑技术上是否可行（技术可能性）外，还应具备商业价值（商业可行性），且不能忽视对社会的影响（社会可行性）。

（5）一致性。技术课题的遴选要尽可能保持在同一层次上。

（6）完备性。遴选技术课题时，要尽可能保证重大技术课题无遗漏，同时避免不同领域间的重复。

第五节　德尔菲调查

一、德尔菲调查问卷

德尔菲调查问卷的设计必须坚持全面、简洁、准确、客观、可行、一致原则[3]。本次技术预见项目沿用"中国未来 20 年技术预见研究"项目调查问卷格式（表 1-5-1），设置了 8 栏、27 个选项，旨在通过调查获取专家对备选技术课题的五大判断：未来技术的重要性、未来技术的可能性、未来技术的可行性、未来技术的合作与竞争对手、未来技术的优先发展领域[1]。

表 1-5-1　德尔菲调查问卷示例

技术子领域	技术课题编号	您对该技术课题的熟悉程度（仅选择一项）				在中国①预计实现时间（仅选择一项）						对促进经济增长的重要程度	对提高生活质量的重要程度	对保障国家安全的重要程度	当前中国①的研究开发水平（仅选择一项）			技术水平领先国家（地区）（可多选）					当前制约该技术课题发展的因素（可多选）					
		很熟悉	熟悉	一般	不熟悉	2020年前	2021~2025年	2026~2030年	2031~2035年	2035年以后②	无法预见				国际领先	接近国际水平	落后国际水平③	美国	日本	欧盟	俄罗斯	其他（请填写）	技术可行性	商业可行性	法规政策和标准	人力资源	研究开发投入	基础设施
				√				√				C	C	A			√	√	√							√	√	

注：①此处不含中国香港、澳门、台湾地区情况。

②即 2036~2040 年。

③这里的"国际水平"指"国际先进水平"，下同。

调查问卷有 8 个需要被调查专家回答的问题，具体如下。

（1）您对该技术课题的熟悉程度：A.很熟悉；B.熟悉；C.一般；D.不熟悉。

（2）在中国预计实现时间（仅选择一项）：A.2020 年前；B.2021～2025 年；C.2026～2030 年；D.2031～2035 年；E.2035 年以后；F.无法预见。其中，"2035 年以后"指 2036～2040 年，"无法预见"指 2040 年以后。

（3）对促进经济增长的重要程度：A.很重要；B.重要；C.一般；D.不重要。

（4）对提高生活质量的重要程度：A.很重要；B.重要；C.一般；D.不重要。

（5）对保障国家安全的重要程度：A.很重要；B.重要；C.一般；D.不重要。

（6）当前中国的研究开发水平（仅选择一项）：A.国际领先；B.接近国际水平；C.落后国际水平。

（7）技术水平领先国家（地区）（可多选）：A.美国；B.日本；C.欧盟；D.俄罗斯；E.其他（请填写）。

（8）当前制约该技术课题发展的因素（可多选）：A.技术可能性；B.商业可行性；C.法规、政策和标准；D.人力资源；E.研究开发投入；F.基础设施。

考虑到被调查专家的年龄分布及作答习惯，在两次德尔菲调查中，采用纸质版+电子版的形式有针对性地发放调查问卷。最终的调查取得满意的效果，第一轮、第二轮德尔菲调查问卷回收率分别达到 36.9% 和 35.9%。

二、德尔菲调查专家筛选

被调查专家在很大程度上影响着德尔菲调查的结果。海洋领域技术预见项目吸取以往技术预见的经验，在专家筛选上严格把关。

首先，被调查专家的数量必须达到一定规模。专家群体的规模太小，采集的数据无法反映真实的技术发展情况；规模太大，又不便操作。本次海洋领域技术预见项目共征集到 490 名专家的信息，为调查提供了有效的保障。

其次，被调查专家的组成结构要全面。专家筛选的机构要尽可能涵盖政府、企业、高校和科研院所等，以保证调查的全面。当前，我国的研发力量主要分布在大学和科研院所中[4]。他们对当前技术的发展状况及趋势有着更深入的了解。考虑到这种情况，参与本次技术预见的调查专家来自高校和科研院所的人数相较于来自政府和企业的来说更多。

最后，被调查专家必须具有权威性。专家的权威性是保证调查结果质量的先决条件。本次技术预见所要求的专家均具有高级职称。

依据以上原则，本次技术预见项目采用专家推荐制来确定德尔菲调查专家。具体来说，首先，由专家组成员和子领域专家组推荐一批专家；其次，由这些专家滚动推荐；最后，项目组核查被推荐的专家名单，剔除不合格人选，最终形成德尔菲调查专家库。

三、第一轮德尔菲调查

经典的德尔菲调查一般需要经过四轮，直至调查结果趋于一致。但在实际操作中，由于成本、周期等限制，调查过程往往会根据具体情况进行调整。本次技术预见调查规模大、涉及范围广、课题数量多，难以采取四轮调查的方法。所以，在操作过程中对预见程序进行合理调整，将部分操作程序合并，并加入多轮专家审核以保证结果的可信度。

第一轮德尔菲调查涉及 5 个子领域、67 项技术课题，共发放问卷 490 份，回收 181 份。参与作答的专家来自高等院校、科研院所、政府部门和企业的比例分别为 26.0%、49.2%、9.9% 和 7.2%（图 1-5-1）。在回收的问卷中，对技术课题"很熟悉""熟悉"的专家人数占回函专家总数的 58.5%，对技术课题"不熟悉"的专家占 7.0%（图 1-5-2）。除去"不熟悉"的作答（回答"不熟悉"的技术课题在做统计分析时不予考虑），平均每项技术课题的回答人数为 60.8 人。

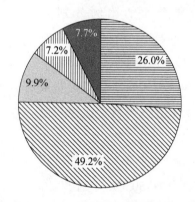

□高等院校 ▨科研院所 ▣政府部门 ▫企业 ■其他
图 1-5-1　第一轮德尔菲调查专家构成情况

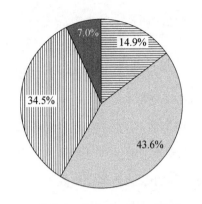

图 1-5-2　第一轮德尔菲调查专家对技术课题的熟悉情况

第一轮德尔菲调查结束后，项目组共收到 26 位专家提出的各种意见和建议。按照子领域进行整理、分析和汇总后，参与调查专家的意见被及时反馈给专家组。针对这些建议，专家组经过讨论，对原有技术课题做出一定程度上的修正，删减、合并了部分技术课题，并修改了对部分技术课题的描述。

总体来看，第一轮德尔菲调查得到广大专家的肯定。专家提出的意见主要是针对技术课题的描述，对所选技术本身的质疑很小。从这个角度上看，本轮调查的结果是客观、可信的。

四、第二轮德尔菲调查

第二轮德尔菲调查涉及 5 个子领域、65 项技术课题，共发放问卷 490 份，回收问卷 176 份。参与作答的专家来自高等院校、科研院所、政府部门和企业的比例分别为 29.3%、49.4%、10.9% 和 6.3%（图 1-5-3）。相较于第一轮调查，来自高等院校和政府部门的专家比例有所上升，来自企业和其他的专家比例有所下降。对技术课题"很熟悉""熟悉"的专家占回函专家总数的 50.5%，比例有所下降（图 1-5-4）。

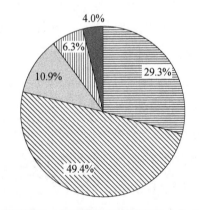

图 1-5-3　第二轮德尔菲调查专家构成情况

在第二轮德尔菲调查中，每项技术课题的平均有效作答人数达 53 人；相较于第一轮，专家平均作答课题数量减少。总体来看，第二轮德尔菲调查所得数据样本量大、可信度高，取得了满意的效果。

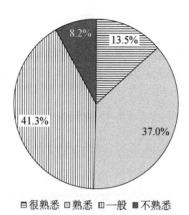

图 1-5-4　第二轮德尔菲调查专家对技术课题的熟悉情况

第六节　专家会议

　　在两轮德尔菲调查结束后，项目组将技术预见调查结果向专家组汇报，并组织召开专家会议对其进行深入分析研讨。专家组结合国家重大战略需求，讨论后筛选出面向 2035 年最重要的 16 项关键技术：面向防灾减灾的高海况低成本快速自组网技术，深水油气开采技术，海洋天然气水合物开采技术，集约化、智能化绿色海水养殖技术，近海渔业资源养护及智能化海洋牧场技术，海洋生物基资源炼制技术，大型反渗透海水淡化技术及成套装备，近海生态灾害长效预测预报技术，近海关键生态功能区恢复与生态廊道保护技术，水下非声导航定位技术，水声通信组网技术，海洋大数据智能挖掘与知识发现技术，海洋"互联网+"关键技术，声学及非声学海洋传感器国产化，海洋电子技术体系，水下无人平台集群技术。根据专家会议达成的一致意见，项目组邀请子领域专家撰写各子领域未来发展趋势，由专家组推荐合适人选撰写 16 项关键技术的展望。

　　本书汇总了德尔菲调查结果、各子领域发展趋势及 16 项关键技术的展望，以期对制定未来海洋领域的发展规划提供战略性支持。

参 考 文 献

［1］中国未来 20 年技术预见研究组.中国未来 20 年技术预见［M］.北京：科学出版社，2006.

［2］穆荣平，任中保. 技术预见德尔菲调查中技术课题选择研究［J］. 科学学与科学技术管理，2006，27（3）：22-27.

［3］穆荣平，任中保，袁思达，等. 中国未来 20 年技术预见德尔菲调查方法研究［J］.科研管理，2006，27（1）：1-7.

［4］袁志彬，任中保. 德尔菲法在技术预见中的应用与思考［J］.科技管理研究，2006，(10)：217-219.

第二章
德尔菲调查结果综合分析

第一节 德尔菲调查概述

"支撑创新驱动转型关键领域技术预见与发展战略研究"之海洋领域技术预见研究组组织开展了两轮大规模的德尔菲调查。根据第一轮调查专家的反馈意见，第二轮调查对技术课题做了适当修改。两轮德尔菲调查专家回函情况对比见表 2-1-1。

表 2-1-1 海洋领域德尔菲调查专家回函情况

轮次	子领域数/个	课题数/项	发放问卷数/份	回收问卷数/份	回收率/%	技术课题平均有效作答人数/人	专家平均作答课题数/项
第一轮	5	67	490	181	36.9	60.8	22.5
第二轮	5	65	490	176	35.9	53.0	19.7

回函专家构成对比见图 2-1-1。总的来说，回函专家主要分布在科研院所和高等院校，来自企业和政府部门的专家比例相对较低，这也较符合当前我国海洋领域高水平科技专家的分布现状。

德尔菲调查回函专家的专业背景对调查结果有重要影响，因此德尔菲调查表中特别区分了专家对技术课题的熟悉程度。从调查结果看，在第一轮德尔菲调查中，对技术课题"很熟悉""熟悉"的专家分别占回函专家总数的 14.9%和43.6%，对技术课题"不熟悉"的专家占 7.0%。第二轮德尔菲调查中对技术课题"很熟悉""熟悉""一般""不熟悉"的专家分别占 13.5%、37.0%、41.3%

和 8.2%（图 2-1-2）。两轮调查中专家对技术课题的熟悉程度总体相当，反映出调查回函专家群体相对稳定，专家对技术课题认知情况前后较为一致，调查结论较为客观。

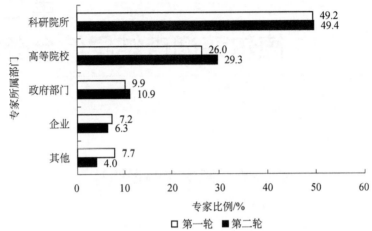

图 2-1-1　海洋领域德尔菲调查回函专家构成情况

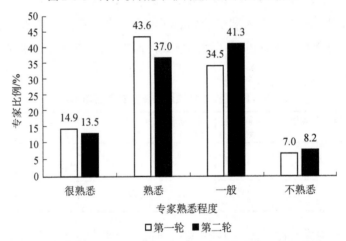

图 2-1-2　海洋领域德尔菲调查回函专家对技术课题的熟悉情况

第二节　德尔菲调查统计方法

本研究中德尔菲调查有两个基本假设。基本假设 1："很熟悉"技术课题的专家对技术课题重要程度的判断要比"熟悉"技术课题的专家的判断更精准，

"不熟悉"技术课题的专家的判断可以忽略不计。基本假设 2：促进经济增长、提高生活质量、保障国家安全对判定技术课题的重要程度具有同等重要性。

基本假设 1 是由技术的专有属性决定的。技术的专有属性决定了对技术重要程度的判断在很大程度上依赖于专家的专业知识水平。长期从事某项技术课题研究开发的高水平专家对该技术课题的重要程度、目前领先国家和地区、国内目前研究开发水平、实现可能性、制约因素和预计实现时间等问题的判断，显然要比对该技术课题熟悉程度更低的专家的判断更可靠。相应地，一个对技术课题根本不熟悉的专家对该技术未来的发展趋势的判断是很难令人信服的。因此，在处理德尔菲调查问卷中"很熟悉""熟悉""一般""不熟悉"技术课题四类专家的判断时，分别赋予权重4、2、1 和 0，用加权回函专家人数取代实际回函专家人数，统计对某一问题的认同度，使结果更趋向于熟悉技术课题的专家的判断。

从促进经济增长、提高生活质量、保障国家安全三者之间的关系来看，促进经济增长能够为提高生活质量和保障国家安全奠定重要的物质基础；提高生活质量能够凝聚人心，增强全社会的创造活力；保障国家安全能够为经济发展和人民生活创造稳定的环境与和谐的社会氛围，是实现前两者发展的根本。因此，可以认为促进经济增长、提高生活质量和保障国家安全三者具有同等重要地位；在进行德尔菲问卷统计分析时，上述 3 项指标按照等权处理。

一、单因素重要程度指数

单因素重要程度指数包括 3 项，即技术课题对促进经济增长的重要程度指数、对提高生活质量的重要程度指数和对保障国家安全的重要程度指数。其计算公式如下：

$$I = \frac{I_1 \times T_1 \times 4 + I_2 \times T_2 \times 2 + I_3 \times T_3 \times 1}{T_1 \times 4 + T_2 \times 2 + T_3 \times 1}$$

其中，

$$I_i = \frac{100 \times N_{i1} + N_{i2} \times 50 + N_{i3} \times 25 + N_{i4} \times 0}{N_{i1} + N_{i2} + N_{i3} + N_{i4}}; \quad i = 1, 2, 3, 4$$

式中，I_1、I_2、I_3、I_4 分别代表根据对技术课题"很熟悉""熟悉""一般""不熟悉"专家作答情况，计算得出的技术课题重要程度指数。当所有专家都认为该技术课题的重要性为"很重要"时，其指数为 100；当所有专家都认为该技术课题的重要性为"重要"时，其指数为 50；当所有专家都认为该技术课题"一般"时，其指数为25；当所有专家都认为该技术课题"不重要"时，其指数为 0。N_{i1}、N_{i2}、N_{i3}、N_{i4} 分别代表某种熟悉程度的专家中选择技术课题"很重要""重要""一般""不重要"的作答数。T_i 代表第 i 熟悉程度的作答人数（表 2-2-1）。

表 2-2-1　重要程度和熟悉程度交叉变量的定义

熟悉程度　　　重要程度	很重要	重要	一般	不重要	总计
很熟悉	N_{11}	N_{12}	N_{13}	N_{14}	T_1
熟悉	N_{21}	N_{22}	N_{23}	N_{24}	T_2
一般	N_{31}	N_{32}	N_{33}	N_{34}	T_3
不熟悉	N_{41}	N_{42}	N_{43}	N_{44}	T_4

二、三因素综合重要程度指数

本研究在德尔菲调查结果的统计分析过程中，除了分别计算技术课题对促进经济增长的重要程度指数、对提高生活质量的重要程度指数和对保障国家安全的重要程度指数外，还需要综合考虑促进经济增长、提高生活质量和保障国家安全 3 个指标，以确定技术课题的综合重要程度指数。为此，需要找出合理的三因素综合重要程度指数的计算方法，以确定优先发展技术课题。从遴选优先发展技术课题出发，本研究提出，在计算三因素综合重要程度指数时需要"适度强调拔尖"，即充分考虑对某一因素（如促进经济增长、提高生活质量和保障国家安全）的重要程度指数的边际贡献率呈非线性递增趋势，以便选择单项指标突出而不是各项指标平均的技术课题。值得指出的是，三因素综合重要程度指数计算方法的选择必须充分考虑本研究的假设，即对技术课题"很熟悉""熟悉""一般""不熟悉" 4 类专家判断的权重分别为 4、2、1 和 0；促进经济增长、提高生活质量和保障国家安全 3 个指标权重相等。

三因素综合重要程度指数计算属于典型的多目标决策问题，因此选择三因素综合重要程度指数的计算方法时，重点考察了线性加权和法、逼近理想解的排序方法（TOPSIS 法）、平方和加权法三种解决多目标决策问题的常用计算方法。

线性加权和法比较直观，容易理解和接受，但必须满足 3 个基本假设条件：

一是指标之间必须具有完全可补偿性；二是指标之间价值相互独立；三是单项指标边际价值是线性的。因此，线性加权和法不能够满足"单因素重要程度指数的边际贡献率呈非线性递增"的要求，因而不适合本研究。

TOPSIS 法是根据技术课题到正负理想点的距离来判定技术课题的优劣，体现了存在最优方向的思想。最优方向为负理想点到正理想点的连线方向。具体计算时，首先，将单因素指数进行向量规范化处理；其次，在属性空间中确定正负理想点；最后，计算技术课题与正理想点之间的距离 D_n'，与负理想点之间的距离 D_n''，则课题综合评价指数（I_n）为

$$I_n = \frac{D_n''}{D_n' + D_n''}$$

由于 TOPSIS 法较多地强调样本不同维度指标之间的均衡，所以它不适用于解决本研究所面临的问题。

平方和加权法与线性加权和法相比，在一定程度上突出了单项指标作用显著的技术课题。具体计算时，需要在属性空间中确定由单因素指数最小值构成的负理想点，然后分别计算每项技术课题由若干项指标确定的空间点到负理想点之间的距离，并根据距离对技术课题进行排序，与负理想点之间的距离越大，其重要程度的排名越靠前。

基于对上述 3 种方法的分析，本研究决定采用平方和加权法计算技术课题的三因素综合重要程度指数。它满足了本研究提出的"单因素重要程度指数的边际贡献率呈非线性递增"的要求，计算公式如下：

$$I_{综合} = \sqrt{I_{增}^2 + I_{质}^2 + I_{安}^2}$$

式中，$I_{增}$、$I_{质}$、$I_{安}$ 分别代表 3 项单因素重要程度指数，即对促进经济增长的重要程度指数、对提高生活质量的重要程度指数和对保障国家安全的重要程度指数。

三、技术课题的预计实现时间

中位数法是国内外德尔菲调查计算预计实现时间的最常用方法。本研究也采用该方法计算某一技术课题的预计实现时间。在德尔菲调查问卷中，技术课题"在中国预计实现时间"调查栏目设置了 6 个选项：①2020 年前；②2021～2025 年；③2026～2030 年；④2031～2035 年；⑤2035 年以后；⑥无法预见。

在采用中位数法计算每个技术课题的预计实现时间过程中，先将各位专家

的预测结果在时间轴上按先后顺序排列，并将考虑专家熟悉程度的加权专家人数分为四等分，则：中分值点的预测结果称为中位数（M），表示专家中有一半人（加权专家人数）预测实现的时间早于它，而另一半人预测的时间晚于它；先于中分点的四分点为下四分点（Q_1）；后于中分点的四分点为上四分点（Q_2）；技术课题预计实现时间 $T_i = M$（图 2-2-1）。

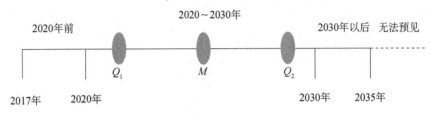

图 2-2-1 技术课题预计实现时间

四、技术课题实现可能性指数

技术课题的实现可能性主要取决于该技术课题自身的技术推动力（技术可能性）和市场拉动力（商业可行性）。为此，我们把技术课题实现可能性指数定义为技术可能性指数和商业可行性指数的乘积。如果我们用 T_i 和 B_i 分别表示技术课题编号为 i 的技术课题受技术可能性和商业可行性制约的专家认同度，那么，技术课题 i 的实现可能性指数 R_i 就可以表示为 $R_i = (1-T_i)(1-B_i)$，其中 $i = (1,2,3,\cdots,n)$，表示技术课题编号。

五、技术课题的我国目前研究开发水平指数

回函专家对技术课题中我国"国际领先"的认同度普遍很低，因此可以将"国际领先"认同度和"接近国际水平"认同度简化处理为技术课题的我国目前研究开发水平指数，即用回函专家对技术课题的"国际领先"和"接近国际水平"认同度，表征我国的研究开发水平。技术课题的我国目前研究开发水平指数定义如下：

$$RI = \frac{R_{LX} + 0.5R_{JJ}}{R_{LX} + R_{JJ} + R_{LH}}$$

式中，RI 为技术课题的我国目前研究开发水平指数；R_{LX} 为"国际领先"选项专家选择人数；R_{JJ} 为"接近国际水平"选项专家选择人数；R_{LH} 为"落后国际水

平”选项专家选择人数。

技术课题的我国目前研究开发水平指数越高，说明该技术课题我国目前的研究开发水平越高；反之，说明我国目前的研究开发水平越低。

六、专家认同度

专家认同度是指回函专家选择某选项的人数（考虑专家熟悉程度影响的加权人数）占回函专家总数（考虑专家熟悉程度影响的加权人数）的比例。具体计算公式如下：

$$I = \frac{Q_{i1} \times 4 + Q_{i2} \times 2 + Q_{i3} \times 1 + Q_{i4} \times 0}{E_1 \times 4 + E_2 \times 2 + E_3 \times 1 + E_4 \times 0}$$

式中，I 代表专家认同度；Q_{i1}、Q_{i2}、Q_{i3} 和 Q_{i4} 分别代表选择 i 选项"很熟悉""熟悉""一般""不熟悉"的专家人数；E_1、E_2、E_3 和 E_4 分别代表回函专家中选择"很熟悉""熟悉""一般""不熟悉"的专家人数。

第三节　海洋领域中国最重要的技术课题

为了确定有关技术课题的重要程度，本研究在德尔菲调查问卷设计的过程中，提出了促进经济增长、提高生活质量和保障国家安全 3 个判据，并在分别判断技术课题重要程度的基础上，用改进后的平方和加权法将技术课题促进经济增长、提高生活质量和保障国家安全的重要程度指数加以综合，得到技术课题的综合重要程度排序。利用单因素重要程度指数计算方法和三因素综合重要程度指数计算方法对第二轮德尔菲调查结果进行数据处理，分别确定对促进经济增长、对提高人民生活质量和对保障国家安全最重要的 10 项技术课题，以及综合考虑上述 3 项指标的对中国未来发展最重要的 10 项技术课题。

一、对促进经济增长最重要的 10 项技术课题

根据技术课题对促进经济增长的重要程度，遴选出未来对促进经济增长最重要的 10 项技术课题，其中以"深水油气开采技术得到广泛应用"最重要，其他依次是"海洋天然气水合物开采技术得到广泛应用""集约化、智能化绿色海水养殖

技术得到广泛应用""近海渔业资源养护及智能化海洋牧场技术得到广泛应用"
"海洋生物基资源炼制技术得到广泛应用""大型反渗透海水淡化技术及成套装备
得到广泛应用""海洋电子技术体系形成并得到广泛应用""深远海与极地重要生
物资源勘采技术得到广泛应用""海洋天然气水合物开采环境检测与保护技术得到
实际应用""风暴潮长期预测预报技术得到实际应用"（表 2-3-1）。

表 2-3-1   海洋领域对促进经济增长最重要的 10 项技术课题*

排名	技术课题名称	子领域	预计实现年份	实现可能性指数	目前领先国家（地区）		制约因素	
					第一	第二	第一	第二
1	深水油气开采技术得到广泛应用	海洋开发	2024	0.34	美国	欧盟	研究开发投入	人力资源
2	海洋天然气水合物开采技术得到广泛应用	海洋开发	2028	0.15	日本	美国	研究开发投入	基础设施
3	集约化、智能化绿色海水养殖技术得到广泛应用	海洋开发	2024	0.37	欧盟	美国	研究开发投入	基础设施
4	近海渔业资源养护及智能化海洋牧场技术得到广泛应用	海洋开发	2025	0.43	日本	美国	研究开发投入	法规、政策和标准
5	海洋生物基资源炼制技术得到广泛应用	海洋开发	2027	0.33	美国	日本	研究开发投入	人力资源
6	大型反渗透海水淡化技术及成套装备得到广泛应用	海洋开发	2023	0.36	美国和欧盟	日本	研究开发投入	法规、政策和标准
7	海洋电子技术体系形成并得到广泛应用	海洋探测	2027	0.49	美国	欧盟	研究开发投入	人力资源
8	深远海与极地重要生物资源勘采技术得到广泛应用	海洋开发	2024	0.31	美国	欧盟	研究开发投入	基础设施
9	海洋天然气水合物开采环境检测与保护技术得到实际应用	海洋防灾减灾	2028	0.30	日本	美国	研究开发投入	人力资源
9	风暴潮长期预测预报技术得到实际应用	海洋防灾减灾	2024	0.50	美国	日本	研究开发投入	基础设施

*表中数据经过四舍五入处理，全书余同。

在上述 10 项技术课题中，从子领域分布来看，有 7 项技术课题属于海洋开
发子领域，有 2 项属于海洋防灾减灾子领域，有 1 项属于海洋探测子领域。这表
明，对于促进经济增长而言，海洋开发最重要，其次是海洋防灾减灾。从预计
实现时间来看，有 6 项技术课题预计在近中期（2021～2025 年）实现，有 4 项
技术课题预计在中长期（2026～2030 年）实现。从实现可能性指数来看，"风暴
潮长期预测预报技术得到实际应用"实现的可能性最大，"海洋天然气水合物开
采技术得到广泛应用"实现的可能性最小。从制约因素来看，各项技术课题的

第一制约因素均是研究开发投入，第二制约因素是基础设施和人力资源的技术课题各有 4 项。从目前领先国家（地区）来看，美国有 5 项技术课题排名世界第一位，日本有 3 项居世界第一位，欧盟有 1 项居世界第一位，此外，美国和欧盟还有 1 项并列世界第一位；同时，美国有 4 项技术课题排名世界第二位，欧盟和日本各有 3 项技术课题排名世界第二位。

二、对提高生活质量最重要的 10 项技术课题

根据技术课题对提高生活质量的重要程度，遴选出未来对提高生活质量最重要的 10 项技术课题，其中以"近海渔业资源养护及智能化海洋牧场技术得到广泛应用"最重要，其他依次是"集约化、智能化绿色海水养殖技术得到广泛应用""海洋生物基资源炼制技术得到广泛应用""海洋天然气水合物开采技术得到广泛应用""近海关键生态功能区恢复与生态廊道保护技术得到广泛应用""近海生态灾害长效预测预报技术开发成功""深水油气开采技术得到广泛应用""大型反渗透海水淡化技术及成套装备得到广泛应用""海洋生物组学及其转化技术得到实际应用""海洋电子技术体系形成并得到广泛应用"（表 2-3-2）。

表 2-3-2　海洋领域对提高生活质量最重要的 10 项技术课题

排名	技术课题名称	子领域	预计实现年份	实现可能性指数	目前领先国家（地区）		制约因素	
					第一	第二	第一	第二
1	近海渔业资源养护及智能化海洋牧场技术得到广泛应用	海洋开发	2025	0.43	日本	美国	研究开发投入	法规、政策和标准
2	集约化、智能化绿色海水养殖技术得到广泛应用	海洋开发	2024	0.37	欧盟	美国	研究开发投入	基础设施
3	海洋生物基资源炼制技术得到广泛应用	海洋开发	2027	0.33	美国	日本	研究开发投入	人力资源
4	海洋天然气水合物开采技术得到广泛应用	海洋开发	2028	0.15	日本	美国	研究开发投入	基础设施
5	近海关键生态功能区恢复与生态廊道保护技术得到广泛应用	海洋防灾减灾	2028	0.49	美国	欧盟	研究开发投入	人力资源
6	近海生态灾害长效预测预报技术开发成功	海洋防灾减灾	2026	0.40	美国	欧盟	研究开发投入	人力资源
7	深水油气开采技术得到广泛应用	海洋开发	2024	0.34	美国	欧盟	研究开发投入	人力资源
8	大型反渗透海水淡化技术及成套装备得到广泛应用	海洋开发	2023	0.36	美国和欧盟	日本	研究开发投入	法规、政策和标准

续表

排名	技术课题名称	子领域	预计实现年份	实现可能性指数	目前领先国家（地区）		制约因素	
					第一	第二	第一	第二
9	海洋生物组学及其转化技术得到实际应用	海洋开发	2026	0.37	美国	日本	研究开发投入	人力资源
10	海洋电子技术体系形成并得到广泛应用	海洋探测	2027	0.49	美国	欧盟	研究开发投入	人力资源

在上述 10 项技术课题中，从子领域分布来看，有 7 项技术课题属于海洋开发子领域，有 2 项属于海洋防灾减灾子领域，有 1 项属于海洋探测子领域。这表明，对于提高生活质量而言，海洋开发技术最重要，其次是海洋防灾减灾技术，再次是海洋探测技术。从预计实现时间来看，有 4 项技术课题预计在近中期（2021～2025 年）实现，有 6 项预计在中长期（2026～2030 年）实现。从实现可能性指数来看，"近海关键生态功能区恢复与生态廊道保护技术得到广泛应用"实现的可能性最大，"海洋天然气水合物开采技术得到广泛应用"实现的可能性最小。从制约因素来看，各项技术课题的第一制约因素均是研究开发投入，第二制约因素是人力资源的技术课题有 6 项，第二制约因素为基础设施，法规、政策和标准的技术课题分别有 2 项。可见，研究开发投入因素对实现这 10 项技术课题十分重要，值得关注。从目前领先国家（地区）来看，美国有 6 项技术课题排名世界第一位，日本有 2 项居第一位，欧盟有 1 项居第一位。此外，美国和欧盟还有 1 项并列世界第一位，同时欧盟有 4 项技术课题排名第二位。

三、对保障国家安全最重要的 10 项技术课题

根据技术课题对保障国家安全的重要程度，遴选出未来对保障国家安全最重要的 10 项技术课题，其中以"水下非声导航定位技术开发成功"最重要，其他依次是"水下无人平台集群开发成功""水下声通信组网技术得到实际应用""全球海洋环境噪声预报技术得到实际应用""机动式深远海立体观测技术得到实际应用""全水深监测实时通信技术得到实际应用""海洋电子技术体系形成并得到广泛应用""AUV①自主作业技术得到实际应用""深远海智能自主移动观测平台开发成功""声学及非声学海洋传感器国产化并得到广泛应用"（表 2-3-3）。

———————————

① 自治式潜水器（autonomous underwater vehicle, AUV）。

表 2-3-3 海洋领域对保障国家安全最重要的 10 项技术课题

排名	技术课题名称	子领域	预计实现年份	实现可能性指数	目前领先国家（地区）		制约因素	
					第一	第二	第一	第二
1	水下非声导航定位技术开发成功	海洋信息化	2027	0.27	美国	欧盟	研究开发投入	人力资源
2	水下无人平台集群开发成功	海洋探测	2027	0.35	美国	欧盟	研究开发投入	人力资源
3	水下声通信组网技术得到实际应用	海洋信息化	2024	0.43	美国	欧盟	研究开发投入	人力资源
4	全球海洋环境噪声预报技术得到实际应用	海洋环境保障	2027	0.49	美国	俄罗斯	研究开发投入	基础设施
5	机动式深远海立体观测技术得到实际应用	海洋环境保障	2026	0.43	美国	欧盟	研究开发投入	人力资源
6	全水深监测实时通信技术得到实际应用	海洋环境保障	2024	0.43	美国	欧盟	研究开发投入	基础设施
7	海洋电子技术体系形成并得到广泛应用	海洋探测	2027	0.49	美国	欧盟	研究开发投入	人力资源
8	AUV 自主作业技术得到实际应用	海洋探测	2024	0.40	美国	欧盟	研究开发投入	人力资源
9	深远海智能自主移动观测平台开发成功	海洋环境保障	2026	0.49	美国	欧盟	研究开发投入	人力资源
10	声学及非声学海洋传感器国产化并得到广泛应用	海洋探测	2027	0.33	美国	欧盟	研究开发投入	人力资源

在上述 10 项技术课题中，从子领域分布来看，有 4 项技术课题属于海洋探测子领域，4 项属于海洋环境保障子领域，2 项属于海洋信息化子领域。这表明，对保障我国国家安全而言，海洋探测技术和海洋环境保障技术至关重要，其次是海洋信息化技术。从预计实现时间来看，有 3 项技术课题预计在近中期（2021～2025 年）实现，有 7 项预计在中长期（2026～2030 年）实现。从实现可能性指数来看，"深远海智能自主移动观测平台开发成功"实现的可能性最大，"水下非声导航定位技术开发成功"实现的可能性最小。从制约因素来看，各项技术课题的第一制约因素均是研究开发投入，第二制约因素是人力资源的技术课题有 8 项，第二制约因素为基础设施的技术课题有 2 项。可见，除研究开发投入因素外，人力资源对实现上述技术课题也十分重要，不能忽视。从目前领先国家（地区）来看，美国有 10 项技术课题排名世界第一位，欧盟有 9 项排名世界第二位，俄罗斯有 1 项排名世界第二位。

四、对中国未来发展最重要的 10 项技术课题

根据技术课题在促进经济增长、提高生活质量和保障国家安全三个方面的

重要程度，采用三因素综合重要程度指数计算方法，遴选出对中国未来发展最重要的 10 项技术课题，依次是"深水油气开采技术得到广泛应用""海洋天然气水合物开采技术得到广泛应用""海洋电子技术体系形成并得到广泛应用""近海渔业资源养护及智能化海洋牧场技术得到广泛应用""集约化、智能化绿色海水养殖技术得到广泛应用""声学及非声学海洋传感器国产化并得到广泛应用""水下声通信组网技术得到实际应用""近海关键生态功能区恢复与生态廊道保护技术得到广泛应用""海洋'互联网+'关键技术开发成功""海洋数据标准化与云存储技术得到实际应用"（表 2-3-4）。

表 2-3-4　海洋领域对中国未来发展最重要的 10 项技术课题（三因素综合判断）

排名	技术课题名称	子领域	预计实现年份	实现可能性指数	目前领先国家（地区）		制约因素	
					第一	第二	第一	第二
1	深水油气开采技术得到广泛应用	海洋开发	2024	0.34	美国	欧盟	研究开发投入	人力资源
2	海洋天然气水合物开采技术得到广泛应用	海洋开发	2028	0.15	日本	美国	研究开发投入	基础设施
3	海洋电子技术体系形成并得到广泛应用	海洋探测	2027	0.49	美国	欧盟	研究开发投入	人力资源
4	近海渔业资源养护及智能化海洋牧场技术得到广泛应用	海洋开发	2025	0.43	日本	美国	研究开发投入	法规、政策和标准
5	集约化、智能化绿色海水养殖技术得到广泛应用	海洋开发	2024	0.37	欧盟	美国	研究开发投入	基础设施
6	声学及非声学海洋传感器国产化并得到广泛应用	海洋探测	2027	0.33	美国	欧盟	研究开发投入	人力资源
7	水下声通信组网技术得到实际应用	海洋信息化	2024	0.43	美国	欧盟	研究开发投入	人力资源
8	近海关键生态功能区恢复与生态廊道保护技术得到广泛应用	海洋防灾减灾	2028	0.49	美国	欧盟	研究开发投入	人力资源
9	海洋"互联网+"关键技术开发成功	海洋信息化	2027	0.47	美国	欧盟	研究开发投入	人力资源
10	海洋数据标准化与云存储技术得到实际应用	海洋信息化	2024	0.52	美国	欧盟	研究开发投入	法规、政策和标准

在上述 10 项技术课题中，从子领域分布来看，有 4 项技术课题属于海洋开发子领域，有 3 项属于海洋信息化子领域，有 2 项属于海洋探测子领域，有 1 项属于海洋防灾减灾子领域。这表明，面向 2035 年的经济、社会和国家安全目标，海洋开发技术对我国至关重要，其次是海洋信息化技术，此外海洋探测技术也值得关注。从预计实现时间来看，有 5 项预计在近中期（2021～2025 年）实现，有 5 项预计在中长期（2026～2030 年）实现。从实现可能性指数来看，海洋信息化子领域的"海洋数据标准化与云存储技术得到实际应用"技术课题实现的可能性最

大，海洋开发子领域的"海洋天然气水合物开采技术得到广泛应用"实现的可能性最小。从制约因素来看，第一制约因素均是研究开发投入，第二制约因素是人力资源的技术课题有 6 项，第二制约因素为基础设施及"法规、政策和标准"的技术课题各有 2 项。可见，研究开发投入、人力资源对实现上述 10 项技术课题均十分重要，不应忽视。从目前领先国家（地区）来看，美国较为领先，日本、欧盟也各具特色，美国有 7 项技术课题排名世界第一位，日本有 2 项技术课题排名第一位，欧盟有 1 项技术课题排名第一位，同时欧盟有 7 项技术课题排名世界第二位，美国有 3 项技术课题居世界第二位。

第四节　技术课题的预计实现时间

一、预计实现时间概述

从预计实现时间来看，海洋领域多数技术课题的预计实现时间相对集中在近中期，其中预计在 2024～2027 年实现的技术课题约占全部 65 项技术课题的 81.54%，仅有 1 项技术课题的预计实现时间在 2030 年（图 2-4-1）。

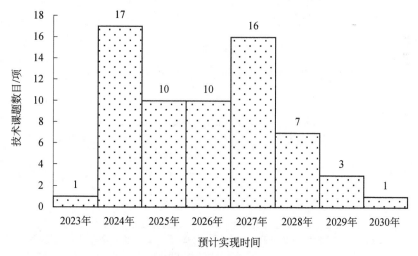

图 2-4-1　海洋领域技术课题预计实现时间分布

二、技术课题预计实现时间与实现可能性

技术课题的预计实现时间与技术课题的实现可能性有一定的相关性。预计实现

时间越晚的技术课题实现的可能性也越小，少数技术课题的情况相反（图2-4-2）。

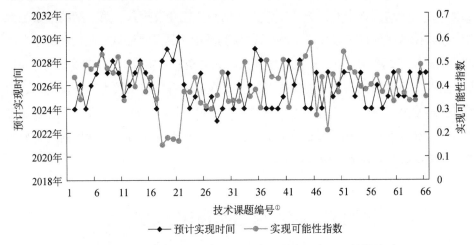

图 2-4-2　海洋领域技术课题预计实现时间与实现可能性关系

三、技术课题预计实现时间和发展阶段分布

从技术课题预计实现时间与发展阶段之间的关系看，处于广泛应用、实际应用和开发成功阶段的技术课题预计实现时间的平均值点均在 2025～2026 年（图2-4-3）。

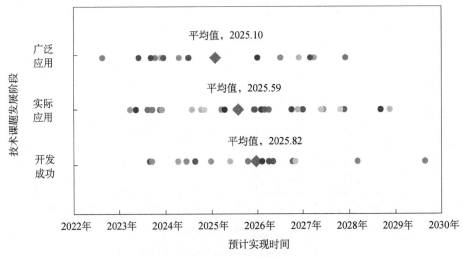

图 2-4-3　海洋领域技术课题预计实现时间和发展阶段分布

---

① 本书中的技术课题编号指德尔菲调查问卷中技术课题的顺序编号，见附录。

总体上讲，发展阶段处于开发成功阶段的技术课题一般预计实现时间比较晚，处于实际应用阶段的技术课题预计实现时间要早于处于开发成功阶段的技术课题，处于广泛应用阶段的技术课题一般预计实现时间最早。

四、技术课题预计实现时间和重要程度分布

技术课题预计实现时间与技术课题重要程度是选择重要技术课题的两个重要指标。本书将综合重要程度指数排序在前 1/3 的区域定义为高重要程度区域，排序在后 1/3 的区域定义为低重要程度区域，处于中间部分的区域定义为中重要程度区域。同时对技术预计实现时间进行分类，将 2017～2020 年定义为近期，2021～2025 年定义为近中期，2026～2030 年定义为中长期，2031～2035 年定义为远期。根据德尔菲调查结果，技术课题按照预计实现时间和综合重要程度指数两个指标进行分类。

处于高重要程度区域的技术课题中，预计近中期能够实现的技术课题有 10 项，预计中长期能够实现的有 12 项。处于中重要程度区域的技术课题中，预计近中期能够实现的有 7 项，预计中长期能够实现的有 15 项。处于低重要程度区域的技术课题中，预计近中期能够实现的有 11 项，预计中长期能够实现的有 10 项（图 2-4-4）。

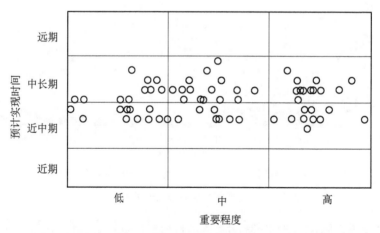

图 2-4-4   海洋领域技术课题重要程度排列和预计实现时间分布

第五节　中国海洋技术研究开发水平

一、研究开发水平概述

我国海洋技术的研究开发水平是确定优先发展技术课题的重要依据之一，也是决定我国海洋国际科技合作模式的重要影响因素之一。根据德尔菲调查回函专家对"当前中国的研究开发水平"问题的认同度结果，即认定我国的研究开发水平是处于"国际领先"，还是"接近国际水平"，或者是"落后国际水平"，以确定被调查技术课题的我国当前研究开发水平。

德尔菲调查数据表明，我国海洋领域技术课题的总体研究水平低于或接近国际水平。对我国处于"国际领先"水平的专家认同度大于 30%的技术课题仅有 1 项，即"海洋天然气水合物开采技术得到广泛应用"；对处于"接近国际水平"的专家认同度大于和等于 50%的技术课题有 21 项；对处于"落后国际水平"的专家认同度大于和等于 50%的技术课题有 30 项（图 2-5-1）。

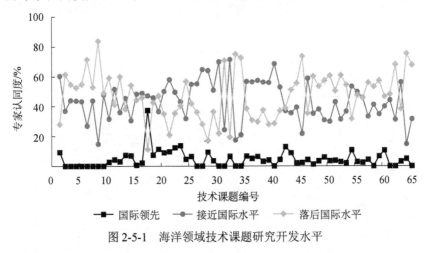

图 2-5-1　海洋领域技术课题研究开发水平

分析海洋领域 65 项技术课题的我国目前研究开发水平指数后发现，技术课题"海洋天然气水合物开采技术得到广泛应用"的研究开发水平指数达 0.64，名列 65 项技术课题之首；"北极区域大气-海冰-海洋环境保障技术得到广泛应用"的研究开发水平指数最低，只有 0.08。研究开发水平指数大于等于 0.50 的技术课题有 1 项，0.40~0.50（包括 0.40）的有 4 项，0.30~0.40（包括 0.30）的有 24 项，0.20~0.30（包括 0.20）的有 25 项，0.10~0.20（包括 0.10）的有 9 项，小于 0.10 的技术课题有 2 项（图 2-5-2）。

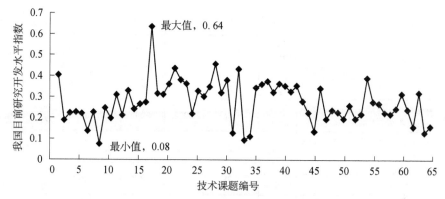

图 2-5-2　我国目前海洋领域研究开发水平指数分布

二、我国研究开发水平最高的 10 项技术课题

根据技术课题的我国目前研究开发水平指数排序，我国研究开发水平最高的 10 项技术课题依次为"海洋天然气水合物开采技术得到广泛应用""环境友好型海水循环冷却技术得到广泛应用""海洋生物组学及其转化技术得到实际应用""海水入侵与土壤盐渍化一体化监测预警系统得到实际应用""全水深监测实时通信技术得到实际应用""全海深综合运载与作业系统得到实际应用""集约化、智能化绿色海水养殖技术得到广泛应用""膜蒸馏及冷能淡化技术得到实际应用""全方位海洋溢油遥感探测技术开发成功""赤潮生物相关基因利用技术开发成功"（表 2-5-1）。

表 2-5-1　海洋领域我国研究开发水平最高的 10 项技术课题

排名	技术课题名称	子领域	我国目前研究开发水平指数	预计实现年份	实现可能性指数	目前领先国家（地区）		制约因素	
						第一	第二	第一	第二
1	海洋天然气水合物开采技术得到广泛应用	海洋开发	0.64	2028	0.15	日本	美国	研究开发投入	基础设施
2	环境友好型海水循环冷却技术得到广泛应用	海洋开发	0.46	2024	0.45	美国	欧盟	研究开发投入	基础设施
3	海洋生物组学及其转化技术得到实际应用	海洋开发	0.44	2026	0.37	美国	日本	研究开发投入	人力资源

续表

排名	技术课题名称	子领域	我国目前研究开发水平指数	预计实现年份	实现可能性指数	目前领先国家（地区）		制约因素	
						第一	第二	第一	第二
4	海水入侵与土壤盐渍化一体化监测预警系统得到实际应用	海洋防灾减灾	0.43	2024	0.50	欧盟	美国	研究开发投入	基础设施
5	全水深监测实时通信技术得到实际应用	海洋环境保障	0.40	2024	0.43	美国	欧盟	研究开发投入	基础设施
6	全海深综合运载与作业系统得到实际应用	海洋探测	0.39	2024	0.38	美国	日本	研究开发投入	人力资源
7	集约化、智能化绿色海水养殖技术得到广泛应用	海洋开发	0.38	2024	0.37	欧盟	美国	研究开发投入	基础设施
8	膜蒸馏及冷能淡化技术得到实际应用	海洋开发	0.38	2024	0.33	欧盟	美国	研究开发投入	基础设施
9	全方位海洋溢油遥感探测技术开发成功	海洋防灾减灾	0.38	2024	0.43	美国	欧盟	研究开发投入	人力资源
10	赤潮生物相关基因利用技术开发成功	海洋防灾减灾	0.36	2025	0.50	美国	欧盟	研究开发投入	人力资源

在上述研究开发水平最高的 10 项技术课题中，从子领域分布来看，海洋开发子领域有 5 项，海洋防灾减灾子领域有 3 项，海洋环境保障和海洋探测子领域各有 1 项。从发展阶段来看，处于开发成功阶段的有 2 项，处于实际应用阶段的有 5 项，处于广泛应用阶段的有 3 项。从研究开发水平来看，10 项技术课题的我国目前研究开发水平指数普遍较高，全部高于 65 项技术课题的平均值（0.28）。从实现可能性来看，有 5 项技术课题的实现可能性指数高于 65 项技术课题的平均值（0.39）。从预计实现时间来看，有 8 项技术课题预计在近中期实现，有 2 项技术课题预计在中长期实现。

第六节　技术课题的目前领先国家和地区

一、目前领先国家和地区概述

德尔菲调查结果表明（图 2-6-1），在海洋领域，美国的研究开发处于领先地位，有 55 项技术课题的研究开发水平居世界第一位，此外有 2 项与其他国家和

地区并列世界第一位（分别与欧盟、日本并列），有 8 项名列世界第二位。欧盟
的研究开发水平排名世界第二位，有 4 项居世界第一位，此外有 1 项与其他国家
并列第一位（与美国并列），有 45 项技术课题名列世界第二位。日本的研究开发
水平居世界第三位，有 4 项技术课题名列世界第一，此外有 1 项与其他国家并列
第一位（与美国并列），有 11 项名列世界第二位。

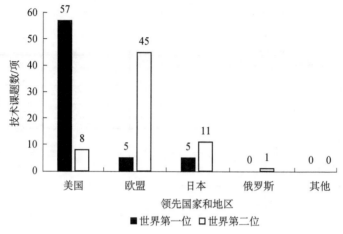

图 2-6-1　海洋领域目前领先国家和地区分布图

二、美国最领先的 10 项技术课题

在海洋领域技术课题中，美国研究开发水平在世界处于领先地位的技术课
题数量最多。"美国领先"专家认同度最高的 10 项技术课题中，美国均排名世
界第一位。该 10 项技术课题依次为"全球海洋环境噪声预报技术得到实际应
用""声学及非声学海洋传感器国产化并得到广泛应用""海洋激光和三维成像
微波高度计卫星遥感技术得到实际应用""深海环境模拟预报关键技术开发成
功""中尺度海洋现象的环境保障技术得到实际应用""海洋多尺度和多圈层过
程表征及其厄尔尼诺模拟和预报技术得到实际应用""水下无人平台集群开发
成功""基于地球系统的天气气候海洋无缝一体化模拟和同化技术开发成功"
"海洋电子技术体系形成并得到广泛应用""全海深综合运载与作业系统得到实
际应用"（表 2-6-1）。

表 2-6-1　海洋领域美国最领先的 10 项技术课题

世界排名	技术课题名称	子领域	"美国领先"的专家认同度	我国目前研究开发水平指数	预计实现年份	实现可能性指数	制约因素	
							第一	第二
1	全球海洋环境噪声预报技术得到实际应用	海洋环境保障	0.97	0.22	2027	0.49	研究开发投入	基础设施
1	声学及非声学海洋传感器国产化并得到广泛应用	海洋探测	0.95	0.16	2027	0.33	研究开发投入	人力资源
1	海洋激光和三维成像微波高度计卫星遥感技术得到实际应用	海洋环境保障	0.94	0.23	2026	0.47	研究开发投入	人力资源
1	深海环境模拟预报关键技术开发成功	海洋环境保障	0.94	0.19	2026	0.34	研究开发投入	人力资源
1	中尺度海洋现象的环境保障技术得到实际应用	海洋环境保障	0.93	0.23	2027	0.47	研究开发投入	人力资源
1	海洋多尺度和多圈层过程表征及其厄尔尼诺模拟和预报技术得到实际应用	海洋环境保障	0.93	0.33	2028	0.49	研究开发投入	人力资源
1	水下无人平台集群开发成功	海洋探测	0.92	0.16	2027	0.35	研究开发投入	人力资源
1	基于地球系统的天气气候海洋无缝一体化模拟和同化技术开发成功	海洋环境保障	0.92	0.14	2029	0.53	研究开发投入	人力资源
1	海洋电子技术体系形成并得到广泛应用	海洋探测	0.91	0.13	2027	0.49	研究开发投入	人力资源
1	全海深综合运载与作业系统得到实际应用	海洋探测	0.91	0.39	2024	0.38	研究开发投入	人力资源

在上述 10 项技术课题中，从子领域分布来看，海洋环境保障子领域有 6 项，海洋探测子领域有 4 项。从发展阶段来看，有 3 项处于开发成功阶段，有 5 项处于实际应用阶段，有 2 项处于广泛应用阶段。从预计实现时间来看，有 9 项预计在中长期实现，有 1 项预计在近中期实现。

三、欧盟相对领先的 10 项技术课题

在海洋领域技术课题中，欧盟研究开发水平在世界处于领先的技术课题数量也较多。"欧盟领先"专家认同度最高的 10 项技术课题中，欧盟有 2 项排名世界第一位，8 项排名世界第二位。该 10 项技术课题依次为"海水入侵与土壤盐渍化一体化监测预警系统得到实际应用""北极区域大气-海冰-海洋环境保障技术得到广泛

应用""声学及非声学海洋传感器国产化并得到广泛应用""全方位海洋溢油遥感探测技术开发成功""集约化、智能化绿色海水养殖技术得到广泛应用""基于地球系统的天气气候海洋无缝一体化模拟和同化技术开发成功""陆地和水下米级分辨率地形的测绘及无缝对接技术得到实际应用""近海关键生态功能区恢复与生态廊道保护技术得到广泛应用""环境友好型海水循环冷却技术得到广泛应用""深海铁锰氧化物资源评价及探采技术得到实际应用"(表2-6-2)。

表 2-6-2　海洋领域欧盟相对领先的 10 项技术课题

世界排名	技术课题名称	子领域	"欧盟领先"的专家认同度	我国目前研究开发水平指数	预计实现年份	实现可能性指数	制约因素	
							第一	第二
1	海水入侵与土壤盐渍化一体化监测预警系统得到实际应用	海洋防灾减灾	0.66	0.43	2024	0.50	研究开发投入	基础设施
2	北极区域大气-海冰-海洋环境保障技术得到广泛应用	海洋环境保障	0.66	0.08	2028	0.45	研究开发投入	人力资源
2	声学及非声学海洋传感器国产化并得到广泛应用	海洋探测	0.63	0.16	2027	0.33	研究开发投入	人力资源
2	全方位海洋溢油遥感探测技术开发成功	海洋防灾减灾	0.53	0.38	2024	0.43	研究开发投入	人力资源
1	集约化、智能化绿色海水养殖技术得到广泛应用	海洋开发	0.53	0.38	2024	0.37	研究开发投入	基础设施
2	基于地球系统的天气气候海洋无缝一体化模拟和同化技术开发成功	海洋环境保障	0.52	0.14	2029	0.53	研究开发投入	人力资源
2	陆地和水下米级分辨率地形的测绘及无缝对接技术得到实际应用	海洋环境保障	0.52	0.25	2027	0.52	研究开发投入	人力资源
2	近海关键生态功能区恢复与生态廊道保护技术得到广泛应用	海洋防灾减灾	0.50	0.35	2028	0.49	研究开发投入	人力资源
2	环境友好型海水循环冷却技术得到广泛应用	海洋开发	0.50	0.46	2024	0.45	研究开发投入	基础设施
2	深海铁锰氧化物资源评价及探采技术得到实际应用	海洋开发	0.48	0.32	2029	0.18	研究开发投入	基础设施

在上述 10 项技术课题中,从子领域分布看,海洋防灾减灾子领域有 3 项,海洋环境保障子领域有 3 项,海洋开发子领域有 3 项,海洋探测子领域有 1 项。从发展阶段看,有 2 项处于开发成功阶段,有 3 项处于实际应用阶段,有 5 项处于广泛应用阶段。从预计实现时间看,有 6 项预计在中长期实现,有 4 项预计在

近中期实现。

四、日本相对领先的 10 项技术课题

在海洋领域技术课题中，日本研究开发水平在世界处于领先地位的技术课题数量也较多。"日本领先"专家认同度最高的 10 项技术课题中，日本有 3 项排名世界第一位，7 项排名世界第二位。该 10 项技术课题依次为"海底中深部地层长期监测技术得到实际应用""海洋天然气水合物开采环境检测与保护技术得到实际应用""海洋天然气水合物开采技术得到广泛应用""海洋稀土矿物调查、评价与开采技术开发成功""近海渔业资源养护及智能化海洋牧场技术得到广泛应用""海洋地震模型构建技术得到实际应用""海底滑坡风险预测关键技术得到实际应用""海底热液硫化物资源探测、评价与开采技术得到实际应用""全海深综合运载与作业系统得到实际应用""深海铁锰氧化物资源评价及探采技术得到实际应用"（表 2-6-3）。

表 2-6-3　海洋领域日本相对领先的 10 项技术课题

世界排名	技术课题名称	子领域	"日本领先"的专家认同度	我国目前研究开发水平指数	预计实现年份	实现可能性指数	制约因素	
							第一	第二
2	海底中深部地层长期监测技术得到实际应用	海洋防灾减灾	0.70	0.13	2026	0.33	研究开发投入	基础设施
1	海洋天然气水合物开采环境检测与保护技术得到实际应用	海洋防灾减灾	0.69	0.34	2028	0.30	研究开发投入	人力资源
1	海洋天然气水合物开采技术得到广泛应用	海洋开发	0.68	0.64	2028	0.15	研究开发投入	基础设施
1	海洋稀土矿物调查、评价与开采技术开发成功	海洋开发	0.64	0.36	2030	0.17	研究开发投入	基础设施
2	近海渔业资源养护及智能化海洋牧场技术得到广泛应用	海洋开发	0.61	0.36	2025	0.43	研究开发投入	法规、政策和标准
2	海洋地震模型构建技术得到实际应用	海洋防灾减灾	0.61	0.11	2029	0.38	研究开发投入	人力资源
2	海底滑坡风险预测关键技术得到实际应用	海洋防灾减灾	0.53	0.09	2026	0.35	研究开发投入	基础设施
2	海底热液硫化物资源探测、评价与开采技术得到实际应用	海洋开发	0.52	0.31	2028	0.17	研究开发投入	基础设施
2	全海深综合运载与作业系统得到实际应用	海洋探测	0.51	0.39	2024	0.38	研究开发投入	人力资源
2	深海铁锰氧化物资源评价及探采技术得到实际应用	海洋开发	0.49	0.32	2029	0.18	研究开发投入	基础设施

在上述 10 项技术课题中，从子领域的分布来看，海洋开发子领域有 5 项，海洋防灾减灾子领域有 4 项，海洋探测子领域有 1 项。从发展阶段来看，有 1 项处于开发成功阶段，有 7 项处于实际应用阶段，有 2 项处于广泛应用阶段。从预计实现时间来看，有 8 项预计在中长期实现，有 2 项预计在近中期实现。

第七节　技术课题的实现可能性

一、实现可能性描述

根据技术课题实现可能性指数的计算方法，得出海洋领域 65 项技术课题的实现可能性指数的均值为 0.39。技术课题"海洋数据高效压缩与智能搜索技术得到广泛应用"实现可能性指数最大，为 0.58；技术课题"海洋天然气水合物开采技术得到广泛应用"实现可能性指数最小，为 0.15；实现可能性指数为 0.2～0.5 的技术课题占 83.1%（图 2-7-1）。

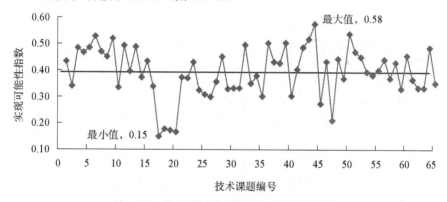

图 2-7-1　海洋领域技术课题实现可能性指数

二、实现可能性最大的 10 项技术课题

海洋领域实现可能性最大的 10 项技术课题包括："海洋数据高效压缩与智能搜索技术得到广泛应用""多源海洋数据融合与无缝集成技术开发成功""基于地球系统的天气气候海洋无缝一体化模拟和同化技术开发成功""陆地和水下米级分辨率地形的测绘及无缝对接技术得到实际应用""海洋数据标准化与云存储

.

技术得到实际应用""赤潮生物相关基因利用技术开发成功""风暴潮长期预测预报技术得到实际应用""海水入侵与土壤盐渍化一体化监测预警系统得到实际应用""深远海智能自主移动观测平台开发成功""海洋多尺度和多圈层过程表征及其厄尔尼诺模拟和预报技术得到实际应用"(表2-7-1)。

表 2-7-1　海洋领域实现可能性最大的 10 项技术课题

排名	技术课题名称	子领域	预计实现年份	实现可能性指数	影响技术课题实现的因素（专家认同度）		我国目前研究开发水平指数	制约因素（专家认同度）			
					技术可能性	商业可行性		法规、政策和标准	人力资源	研究开发投入	基础设施
1	海洋数据高效压缩与智能搜索技术得到广泛应用	海洋信息化	2024	0.58	0.16	0.31	0.22	0.25	0.41	0.70	0.30
2	多源海洋数据融合与无缝集成技术开发成功	海洋信息化	2027	0.54	0.35	0.17	0.20	0.23	0.43	0.79	0.36
3	基于地球系统的天气气候海洋无缝一体化模拟和同化技术开发成功	海洋环境保障	2029	0.53	0.44	0.05	0.14	0.06	0.76	0.81	0.40
4	陆地和水下米级分辨率地形的测绘及无缝对接技术得到实际应用	海洋环境保障	2027	0.52	0.36	0.18	0.25	0.10	0.53	0.83	0.42
5	海洋数据标准化与云存储技术得到实际应用	海洋信息化	2024	0.52	0.21	0.34	0.28	0.41	0.36	0.69	0.35
6	赤潮生物相关基因利用技术开发成功	海洋防灾减灾	2025	0.50	0.28	0.30	0.36	0.00	0.48	0.80	0.12
7	风暴潮长期预测预报技术得到实际应用	海洋防灾减灾	2024	0.50	0.42	0.13	0.36	0.06	0.42	0.76	0.49
8	海水入侵与土壤盐渍化一体化监测预警系统得到实际应用	海洋防灾减灾	2024	0.50	0.36	0.22	0.43	0.10	0.29	0.70	0.49
9	深远海智能自主移动观测平台开发成功	海洋环境保障	2026	0.49	0.30	0.29	0.31	0.09	0.46	0.77	0.31
10	海洋多尺度和多圈层过程表征及其厄尔尼诺模拟和预报技术得到实际应用	海洋环境保障	2028	0.49	0.47	0.07	0.33	0.04	0.45	0.58	0.42

在上述 10 项技术课题中，从子领域分布来看，海洋环境保障子领域有 4 项，海洋防灾减灾和海洋信息化子领域各有 3 项。从预计实现时间来看，有 5 项技术课题预计在近中期实现，有 5 项技术课题预计在中长期实现。从发展阶段来看，处于开发成功阶段的有 4 项，处于实际应用阶段的有 5 项，处于广泛应用阶段的有 1 项。

三、受技术可能性制约最大的 10 项技术课题

海洋领域受技术可能性制约最大的 10 项技术课题包括："水下激光通信技术得到实际应用""水下非声导航定位技术开发成功""生物信息技术在生态灾害防控中得到实际应用""海洋稀土矿物调查、评价与开采技术开发成功""海底热液硫化物资源探测、评价与开采技术得到实际应用""海洋天然气水合物开采技术得到广泛应用""海底中深部地层长期监测技术得到实际应用""深海环境模拟预报关键技术开发成功""海底滑坡风险预测关键技术得到实际应用""深海铁锰氧化物资源评价及探采技术得到实际应用"（表 2-7-2）。

表 2-7-2　海洋领域受技术可能性制约最大的 10 项技术课题

排名	技术课题名称	子领域	预计实现年份	实现可能性指数	影响技术课题实现的因素（专家认同度）		我国目前研究开发水平指数	制约因素（专家认同度）			
					技术可能性	商业可行性		法规、政策和标准	人力资源	研究开发投入	基础设施
1	水下激光通信技术得到实际应用	海洋信息化	2027	0.21	0.73	0.23	0.19	0.05	0.36	0.80	0.35
2	水下非声导航定位技术开发成功	海洋信息化	2027	0.27	0.68	0.15	0.14	0.13	0.52	0.83	0.31
3	生物信息技术在生态灾害防控中得到实际应用	海洋防灾减灾	2028	0.30	0.66	0.11	0.35	0.00	0.40	0.74	0.26
4	海洋稀土矿物调查、评价与开采技术开发成功	海洋开发	2030	0.17	0.63	0.55	0.36	0.18	0.27	0.67	0.33
5	海底热液硫化物资源探测、评价与开采技术得到实际应用	海洋开发	2028	0.17	0.63	0.54	0.31	0.15	0.27	0.63	0.45
6	海洋天然气水合物开采技术得到广泛应用	海洋开发	2028	0.15	0.62	0.61	0.64	0.08	0.32	0.49	0.36
7	海底中深部地层长期监测技术得到实际应用	海洋防灾减灾	2026	0.33	0.61	0.15	0.13	0.01	0.23	0.77	0.41
8	深海环境模拟预报关键技术开发成功	海洋环境保障	2026	0.34	0.61	0.13	0.19	0.04	0.49	0.64	0.38
9	海底滑坡风险预测关键技术得到实际应用	海洋防灾减灾	2026	0.35	0.59	0.15	0.09	0.00	0.30	0.70	0.40
10	深海铁锰氧化物资源评价及探采技术得到实际应用	海洋开发	2029	0.18	0.58	0.57	0.32	0.16	0.29	0.61	0.40

在上述 10 项技术课题中，从子领域分布来看，海洋开发子领域有 4 项，海洋防灾减灾子领域有 3 项，海洋信息化子领域有 2 项，海洋环境保障子领域有 1 项。从预计实现时间来看，预计实现时间普遍较晚，10 项技术课题均预计在中长期实现。从发展阶段来看，处于开发成功阶段的技术课题有 3 项，处于实际应用阶段的技术课题有 6 项，处于广泛应用阶段的技术课题有 1 项。从实现可能性来看，上述 10 项技术课题的实现可能性普遍比较小，实现可能性指数均低于所有 65 项技术课题的平均值（0.39）。从研究开发水平来看，上述 10 项技术课题中，有 5 项技术课题的我国目前研究开发水平指数高于 65 项的平均值（0.28）。

四、受技术可能性制约最小的 10 项技术课题

海洋领域受技术可能性制约最小的 10 项技术课题包括："海洋数据高效压缩与智能搜索技术得到广泛应用""海洋数据标准化与云存储技术得到实际应用""环境友好型海水循环冷却技术得到广泛应用""大型反渗透海水淡化技术及成套装备得到广泛应用""集约化、智能化绿色海水养殖技术得到广泛应用""近海渔业资源养护及智能化海洋牧场技术得到广泛应用""高造水比（≥16）低温多效海水淡化技术得到实际应用""赤潮生物相关基因利用技术开发成功""深远海智能自主移动观测平台开发成功""海洋信息一体化智能系统开发成功"（表 2-7-3）。

表 2-7-3　海洋领域受技术可能性制约最小的 10 项技术课题

排名	技术课题名称	子领域	预计实现年份	实现可能性指数	影响技术课题实现的因素（专家认同度）		我国目前研究开发水平指数	制约因素（专家认同度）			
					技术可能性	商业可行性		法规、政策和标准	人力资源	研究开发投入	基础设施
1	海洋数据高效压缩与智能搜索技术得到广泛应用	海洋信息化	2024	0.58	0.16	0.31	0.22	0.16	0.31	0.16	0.31
2	海洋数据标准化与云存储技术得到实际应用	海洋信息化	2024	0.52	0.21	0.34	0.28	0.21	0.34	0.21	0.34
3	环境友好型海水循环冷却技术得到广泛应用	海洋开发	2024	0.45	0.22	0.42	0.46	0.22	0.42	0.22	0.42
4	大型反渗透海水淡化技术及成套装备得到广泛应用	海洋开发	2023	0.36	0.25	0.52	0.35	0.25	0.52	0.25	0.52
5	集约化、智能化绿色海水养殖技术得到广泛应用	海洋开发	2024	0.37	0.27	0.50	0.38	0.27	0.50	0.27	0.50

续表

排名	技术课题名称	子领域	预计实现年份	实现可能性指数	影响技术课题实现的因素（专家认同度）		我国目前研究开发水平指数	制约因素（专家认同度）			
					技术可能性	商业可行性		法规、政策和标准	人力资源	研究开发投入	基础设施
6	近海渔业资源养护及智能化海洋牧场技术得到广泛应用	海洋开发	2025	0.43	0.27	0.41	0.36	0.27	0.41	0.27	0.41
7	高造水比（≥16）低温多效海水淡化技术得到实际应用	海洋开发	2025	0.30	0.28	0.59	0.30	0.28	0.59	0.28	0.59
8	赤潮生物相关基因利用技术开发成功	海洋防灾减灾	2025	0.50	0.28	0.30	0.36	0.28	0.30	0.28	0.30
9	深远海智能自主移动观测平台开发成功	海洋环境保障	2026	0.49	0.30	0.29	0.31	0.30	0.29	0.30	0.29
10	海洋信息一体化智能系统开发成功	海洋信息化	2025	0.45	0.30	0.35	0.20	0.30	0.35	0.30	0.35

在上述 10 项技术课题中，从子领域分布来看，海洋开发子领域有 5 项，海洋信息化子领域有 3 项，海洋防灾减灾和海洋环境保障子领域各有 1 项。从预计实现时间来看，预计实现时间普遍较早，有 9 项技术课题预计在近中期实现，有 1 项预计在中长期实现。从发展阶段来看，处于开发成功阶段的技术课题有 3 项，处于实际应用阶段的技术课题有 2 项，处于广泛应用阶段的技术课题有 5 项。从实现可能性来看，有 7 项技术课题的实现可能性指数高于 65 项技术课题的平均值（0.39），另外 3 项技术课题实现可能性指数低于 65 项技术课题的平均值（0.39）。从研究开发水平来看，我国的研究开发水平较高，其中有 7 项技术课题的我国目前研究开发水平指数高于 65 项技术课题的平均值（0.28）。

五、受商业可行性制约最大的 10 项技术课题

海洋领域受商业可行性制约最大的 10 项技术课题包括："海洋天然气水合物开采技术得到广泛应用""高造水比（≥16）低温多效海水淡化技术得到实际应用""深海铁锰氧化物资源评价及探采技术得到实际应用""海洋稀土矿物调查、评价与开采技术开发成功""海底热液硫化物资源探测、评价与开采技术得到实际应用""大型反渗透海水淡化技术及成套装备得到广泛应用""集约化、智能化绿色海水养殖技术得到广泛应用""环境友好型海水循环冷却技术得到广泛应用""深远海与极地重要生物资源勘采技术得到广泛应用""近海渔业资源养护及智能化海洋牧场技术得到广泛应用"（表 2-7-4）。

表 2-7-4 海洋领域受商业可行性制约最大的 10 项技术课题

排名	技术课题名称	子领域	预计实现年份	实现可能性指数	影响技术课题实现的因素（专家认同度）		我国目前研究开发水平指数	制约因素（专家认同度）			
					技术可能性	商业可行性		法规、政策和标准	人力资源	研究开发投入	基础设施
1	海洋天然气水合物开采技术得到广泛应用	海洋开发	2028	0.15	0.62	0.61	0.64	0.08	0.32	0.49	0.36
2	高造水比（≥16）低温多效海水淡化技术得到实际应用	海洋开发	2025	0.30	0.28	0.59	0.30	0.28	0.28	0.55	0.34
3	深海铁锰氧化物资源评价及探采技术得到实际应用	海洋开发	2029	0.18	0.58	0.57	0.32	0.16	0.29	0.61	0.40
4	海洋稀土矿物调查、评价与开采技术开发成功	海洋开发	2030	0.17	0.63	0.55	0.36	0.18	0.27	0.67	0.33
5	海底热液硫化物资源探测、评价与开采技术得到实际应用	海洋开发	2028	0.17	0.63	0.54	0.31	0.15	0.27	0.63	0.45
6	大型反渗透海水淡化技术及成套装备得到广泛应用	海洋开发	2023	0.36	0.25	0.52	0.35	0.37	0.34	0.62	0.28
7	集约化、智能化绿色海水养殖技术得到广泛应用	海洋开发	2024	0.37	0.27	0.50	0.38	0.19	0.26	0.65	0.45
8	环境友好型海水循环冷却技术得到广泛应用	海洋开发	2024	0.45	0.22	0.42	0.46	0.30	0.28	0.64	0.39
9	深远海与极地重要生物资源勘采技术得到广泛应用	海洋开发	2024	0.31	0.47	0.42	0.33	0.18	0.35	0.74	0.42
10	近海渔业资源养护及智能化海洋牧场技术得到广泛应用	海洋开发	2025	0.43	0.27	0.41	0.36	0.36	0.33	0.67	0.35

在上述 10 项技术课题中，从子领域分布来看，10 项技术课题均属于海洋开发子领域。从预计实现时间来看，有 6 项技术课题预计在近中期实现，有 4 项技术课题预计在中长期实现。从发展阶段来看，有 1 项技术课题处于开发成功阶段，有 3 项技术课题处于实际应用阶段，有 6 项技术课题处于广泛应用阶段。从实现可能性来看，实现可能性指数均偏低，有 8 项低于 65 项技术课题实现可能性指数的平均值（0.39）。从研究开发水平来看，我国的研究开发水平较高，10 项技术课题的我国目前研究开发水平指数高于 65 项技术课题的平均值（0.28）。

六、受商业可行性制约最小的 10 项技术课题

海洋领域受商业可行性制约最小的 10 项技术课题包括："基于地球系统的天气气候海洋无缝一体化模拟和同化技术开发成功""海洋多尺度和多圈层过程表征及其厄尔尼诺模拟和预报技术得到实际应用""海洋激光和三维成像微波高度计卫星遥感技术得到实际应用""中尺度海洋现象的环境保障技术得到实际应用""生物信息技术在生态灾害防控中得到实际应用""北极区域大气-海冰-海洋环境保障技术得到广泛应用""风暴潮长期预测预报技术得到实际应用""海洋地震模型构建技术得到实际应用""深海环境模拟预报关键技术开发成功""近海生态灾害长效预测预报技术开发成功"（表 2-7-5）。

表 2-7-5　海洋领域受商业可行性制约最小的 10 项技术课题

排名	技术课题名称	子领域	预计实现年份	实现可能性指数	影响技术课题实现的因素（专家认同度）		我国目前研究开发水平指数	制约因素（专家认同度）			
					技术可能性	商业可行性		法规、政策和标准	人力资源	研究开发投入	基础设施
1	基于地球系统的天气气候海洋无缝一体化模拟和同化技术开发成功	海洋环境保障	2029	0.53	0.44	0.05	0.14	0.06	0.76	0.81	0.40
2	海洋多尺度和多圈层过程表征及其厄尔尼诺模拟和预报技术得到实际应用	海洋环境保障	2028	0.49	0.47	0.07	0.33	0.04	0.45	0.58	0.42
3	海洋激光和三维成像微波高度计卫星遥感技术得到实际应用	海洋环境保障	2026	0.47	0.49	0.09	0.23	0.04	0.48	0.75	0.41
4	中尺度海洋现象的环境保障技术得到实际应用	海洋环境保障	2027	0.47	0.48	0.09	0.23	0.03	0.60	0.72	0.34
5	生物信息技术在生态灾害防控中得到实际应用	海洋防灾减灾	2028	0.30	0.66	0.11	0.35	0.00	0.40	0.74	0.26
6	北极区域大气-海冰-海洋环境保障技术得到广泛应用	海洋环境保障	2028	0.45	0.49	0.12	0.08	0.11	0.61	0.77	0.49
7	风暴潮长期预测预报技术得到实际应用	海洋防灾减灾	2024	0.50	0.42	0.13	0.36	0.06	0.42	0.76	0.49
8	海洋地震模型构建技术得到实际应用	海洋防灾减灾	2029	0.38	0.56	0.13	0.11	0.02	0.40	0.65	0.31
9	深海环境模拟预报关键技术开发成功	海洋环境保障	2026	0.34	0.61	0.13	0.19	0.04	0.49	0.64	0.38
10	近海生态灾害长效预测预报技术开发成功	海洋防灾减灾	2026	0.40	0.53	0.14	0.33	0.07	0.44	0.79	0.41

在上述 10 项技术课题中，从子领域分布来看，海洋环境保障子领域有 6 项，海洋防灾减灾子领域有 4 项。从预计实现时间来看，有 1 项预计在近中期实现，有 9 项预计在中长期实现。从发展阶段来看，有 3 项处于开发成功阶段，有 6 项处于实际应用阶段，有 1 项处于广泛应用阶段。从实现可能性来看，有 7 项技术课题的实现可能性指数高于 65 项技术课题的平均值（0.39）。从研究开发水平来看，有 4 项技术课题的我国目前研究开发水平指数高于 65 项技术课题的平均值（0.28），其余 6 项低于平均值。

第八节　技术发展的制约因素

一、制约因素概述

本研究从研究开发投入，人力资源，基础设施，法规、政策和标准四个方面调查了影响海洋领域技术课题发展的制约因素。调查结果表明，专家总体认为研究开发投入是制约海洋科技发展最大的影响因素，其次是人力资源，再次是基础设施，最后是法规、政策和标准（图 2-8-1）。

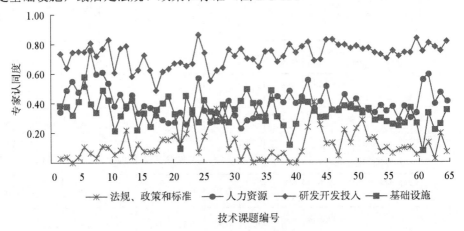

图 2-8-1　海洋领域技术课题制约因素

从制约因素来看，65 项技术课题的第一制约因素均是研究开发投入；44 项技术课题的第二制约因素是人力资源，18 项技术课题的第二制约因素是基础设施，3 项技术课题的第二制约因素是法规、政策和标准（图 2-8-2）。

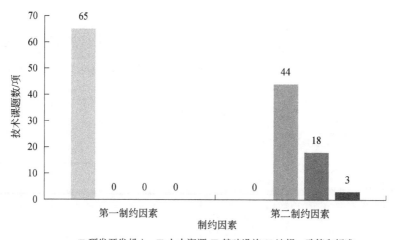

图 2-8-2　海洋领域技术课题前两位制约因素分布

二、受研究开发投入因素制约最大的 10 项技术课题

研究开发投入是制约海洋科技发展的瓶颈，全部 65 项技术课题的第一制约因素均是研究开发投入。受研究开发投入因素制约最大的 10 项技术课题依次是："海洋生物基资源炼制技术得到广泛应用""基于多光谱联合的多参数同步原位探测技术得到实际应用""水下声通信组网技术得到实际应用""陆地和水下米级分辨率地形的测绘及无缝对接技术得到实际应用""水下非声导航定位技术开发成功""水下无人平台集群开发成功""近海关键生态功能区恢复与生态廊道保护技术得到广泛应用""基于地球系统的天气气候海洋无缝一体化模拟和同化技术开发成功""声学及非声学海洋传感器国产化并得到广泛应用""赤潮生物相关基因利用技术开发成功"（表 2-8-1）。

表 2-8-1　海洋领域受研究开发投入因素制约最大的 10 项技术课题

制约因素排名	技术课题名称	子领域	预计实现年份	实现可能性指数	我国目前研究开发水平指数	制约因素（专家认同度）			
						法规、政策和标准	人力资源	研究开发投入	基础设施
1	海洋生物基资源炼制技术得到广泛应用	海洋开发	2027	0.33	0.22	0.07	0.57	0.86	0.27
1	基于多光谱联合的多参数同步原位探测技术得到实际应用	海洋探测	2025	0.46	0.32	0.05	0.33	0.84	0.27
1	水下声通信组网技术得到实际应用	海洋信息化	2024	0.43	0.34	0.13	0.35	0.83	0.35

续表

制约因素排名	技术课题名称	子领域	预计实现年份	实现可能性指数	我国目前研究开发水平指数	制约因素（专家认同度）			
						法规、政策和标准	人力资源	研究开发投入	基础设施
1	陆地和水下米级分辨率地形的测绘及无缝对接技术得到实际应用	海洋环境保障	2027	0.52	0.25	0.10	0.53	0.83	0.42
1	水下非声导航定位技术开发成功	海洋信息化	2027	0.27	0.14	0.13	0.52	0.83	0.31
1	水下无人平台集群开发成功	海洋探测	2027	0.35	0.16	0.07	0.41	0.82	0.35
1	近海关键生态功能区恢复与生态廊道保护技术得到广泛应用	海洋防灾减灾	2028	0.49	0.35	0.24	0.56	0.81	0.41
1	基于地球系统的天气气候海洋无缝一体化模拟和同化技术开发成功	海洋环境保障	2029	0.53	0.14	0.06	0.76	0.81	0.40
1	声学及非声学海洋传感器国产化并得到广泛应用	海洋探测	2027	0.33	0.16	0.13	0.60	0.81	0.33
1	赤潮生物相关基因利用技术开发成功	海洋防灾减灾	2025	0.50	0.36	0.00	0.48	0.80	0.12

在上述 10 项技术课题中，从子领域分布来看，海洋探测子领域有 3 项，海洋环境保障、海洋信息化、海洋防灾减灾子领域各有 2 项，海洋开发子领域有 1 项。从预计实现时间来看，预计近中期实现的有 3 项，预计中长期实现的有 7 项。从实现可能性来看，有 6 项的实现可能性指数高于 65 项技术课题的平均值（0.39）。从我国目前研究开发水平指数来看，有 6 项低于 65 项技术课题的平均值（0.28）。从发展阶段来看，处于开发成功阶段的有 4 项，处于实际应用阶段的有 3 项，处于广泛应用阶段的有 3 项。

三、受人力资源因素制约最大的 10 项技术课题

人力资源是制约海洋科技发展的重要因素之一。受人力资源因素制约最大的 10 项技术课题依次是："基于地球系统的天气气候海洋无缝一体化模拟和同化技术开发成功""北极区域大气-海冰-海洋环境保障技术得到广泛应用""声学及非声学海洋传感器国产化并得到广泛应用""中尺度海洋现象的环境保障技术得到实际应用""海洋生物基资源炼制技术得到广泛应用""面向深海微生物过程原位监测的显微观测系统开发成功""近海关键生态功能区恢复与生态廊道保护技术得到广泛应用""静止轨道海洋水色及合成孔径雷达卫星得到实际应用"

"陆地和水下米级分辨率地形的测绘及无缝对接技术得到实际应用""全球海洋环境噪声预报技术得到实际应用"（表2-8-2）。

表 2-8-2　海洋领域受人力资源因素制约最大的 10 项技术课题

制约因素排名	技术课题名称	子领域	预计实现年份	实现可能性指数	我国目前研究开发水平指数	制约因素（专家认同度）			
						法规、政策和标准	人力资源	研究开发投入	基础设施
2	基于地球系统的天气气候海洋无缝一体化模拟和同化技术开发成功	海洋环境保障	2029	0.53	0.14	0.06	0.76	0.81	0.40
2	北极区域大气-海冰-海洋环境保障技术得到广泛应用	海洋环境保障	2028	0.45	0.08	0.11	0.61	0.77	0.49
2	声学及非声学海洋传感器国产化并得到广泛应用	海洋探测	2027	0.33	0.16	0.13	0.60	0.81	0.33
2	中尺度海洋现象的环境保障技术得到实际应用	海洋环境保障	2027	0.47	0.23	0.03	0.60	0.72	0.34
2	海洋生物基资源炼制技术得到广泛应用	海洋开发	2027	0.33	0.22	0.07	0.57	0.86	0.27
2	面向深海微生物过程原位监测的显微观测系统开发成功	海洋探测	2025	0.37	0.24	0.08	0.56	0.75	0.08
2	近海关键生态功能区恢复与生态廊道保护技术得到广泛应用	海洋防灾减灾	2028	0.49	0.35	0.24	0.56	0.81	0.41
2	静止轨道海洋水色及合成孔径雷达卫星得到实际应用	海洋环境保障	2024	0.48	0.22	0.00	0.55	0.75	0.32
2	陆地和水下米级分辨率地形的测绘及无缝对接技术得到实际应用	海洋环境保障	2027	0.52	0.25	0.10	0.53	0.83	0.42
3	全球海洋环境噪声预报技术得到实际应用	海洋环境保障	2027	0.49	0.22	0.11	0.52	0.75	0.58

在上述 10 项技术课题中，从子领域分布来看，海洋环境保障子领域有 6 项，海洋探测子领域有 2 项，海洋开发和海洋防灾减灾子领域各有 1 项。从预计实现时间来看，预计近中期实现的有 2 项，预计中长期实现的有 8 项。从实现可能性来看，有 7 项的实现可能性指数高于 65 项技术课题的平均值（0.39）。从目前研究开发水平来看，我国目前研究开发水平指数总体偏低，有 9 项技术课题的研究开发水平指数低于 65 项技术课题的平均值（0.28）。从发展阶段来看，处于开发成功阶段的有 2 项，处于实际应用阶段的有 4 项，处于广泛应用阶段的有 4 项。

四、受基础设施因素制约最大的 10 项技术课题

基础设施是制约海洋科技发展的重要因素之一，将其列为第二制约因素的技术课题有 18 项。受基础设施因素制约最大的 10 项技术课题依次是："全球海

洋环境噪声预报技术得到实际应用""海水入侵与土壤盐渍化一体化监测预警系统得到实际应用""风暴潮长期预测预报技术得到实际应用""北极区域大气-海冰-海洋环境保障技术得到广泛应用""集约化、智能化绿色海水养殖技术得到广泛应用""海底热液硫化物资源探测、评价与开采技术得到实际应用""陆地和水下米级分辨率地形的测绘及无缝对接技术得到实际应用""深远海与极地重要生物资源勘采技术得到广泛应用""海洋多尺度和多圈层过程表征及其厄尔尼诺模拟和预报技术得到实际应用""海底中深部地层长期监测技术得到实际应用"（表 2-8-3）。

表 2-8-3   海洋领域受基础设施因素制约最大的 10 项技术课题

制约因素排名	技术课题名称	子领域	预计实现年份	实现可能性指数	我国目前研究开发水平指数	制约因素（专家认同度）			
						法规、政策和标准	人力资源	研究开发投入	基础设施
2	全球海洋环境噪声预报技术得到实际应用	海洋环境保障	2027	0.49	0.22	0.11	0.52	0.75	0.58
2	海水入侵与土壤盐渍化一体化监测预警系统得到实际应用	海洋防灾减灾	2024	0.50	0.43	0.10	0.29	0.70	0.49
2	风暴潮长期预测预报技术得到实际应用	海洋防灾减灾	2024	0.50	0.36	0.06	0.42	0.76	0.49
3	北极区域大气-海冰-海洋环境保障技术得到广泛应用	海洋环境保障	2028	0.45	0.08	0.11	0.61	0.77	0.49
2	集约化、智能化绿色海水养殖技术得到广泛应用	海洋开发	2024	0.37	0.38	0.19	0.26	0.65	0.45
2	海底热液硫化物资源探测、评价与开采技术得到实际应用	海洋开发	2028	0.17	0.31	0.15	0.27	0.63	0.45
3	陆地和水下米级分辨率地形的测绘及无缝对接技术得到实际应用	海洋环境保障	2027	0.52	0.25	0.10	0.53	0.83	0.42
2	深远海与极地重要生物资源勘采技术得到广泛应用	海洋开发	2024	0.31	0.33	0.18	0.35	0.74	0.42
3	海洋多尺度和多圈层过程表征及其厄尔尼诺模拟和预报技术得到实际应用	海洋环境保障	2028	0.49	0.33	0.04	0.58	0.58	0.42
2	海底中深部地层长期监测技术得到实际应用	海洋防灾减灾	2026	0.33	0.13	0.01	0.23	0.77	0.41

在上述 10 项技术课题中，从子领域分布来看，海洋环境保障子领域有 4 项，海洋防灾减灾子领域有 3 项，海洋开发子领域有 3 项。从预计实现时间来看，预计近中期实现的有 4 项，预计中长期实现的有 6 项。从实现可能性来看，实现可能性指数总体较高，有 6 项技术课题的实现可能性指数高于 65 项技术课题的平均值

（0.39）。从目前研究开发水平来看，有 6 项技术课题的目前研究开发水平指数高于 65 项技术课题的平均值（0.28）。从发展阶段来看，处于实际应用阶段的有 7 项，处于广泛应用阶段的有 3 项。

五、受法规、政策和标准因素制约最大的 10 项技术课题

法规、政策和标准是制约海洋科技发展的重要因素之一，将其列为第二制约因素的技术课题有 3 项。受法规、政策和标准因素制约最大的 10 项技术课题依次是："海洋数据标准化与云存储技术得到实际应用""大型反渗透海水淡化技术及成套装备得到广泛应用""近海渔业资源养护及智能化海洋牧场技术得到广泛应用""环境友好型海水循环冷却技术得到广泛应用""海洋'互联网+'关键技术开发成功""高造水比（≥16）低温多效海水淡化技术得到实际应用""海洋数据高效压缩与智能搜索技术得到广泛应用""近海关键生态功能区恢复与生态廊道保护技术得到广泛应用""多源海洋数据融合与无缝集成技术开发成功""海洋大数据智能挖掘与知识发现技术得到广泛应用"（表 2-8-4）。

表 2-8-4　海洋领域受法规、政策和标准因素制约最大的 10 项技术课题

制约因素排名	技术课题名称	子领域	预计实现年份	实现可能性指数	我国目前研究开发水平指数	制约因素（专家认同度）			
						法规、政策和标准	人力资源	研究开发投入	基础设施
2	海洋数据标准化与云存储技术得到实际应用	海洋信息化	2024	0.52	0.28	0.41	0.36	0.69	0.35
2	大型反渗透海水淡化技术及成套装备得到广泛应用	海洋开发	2023	0.36	0.35	0.37	0.34	0.62	0.28
2	近海渔业资源养护及智能化海洋牧场技术得到广泛应用	海洋开发	2025	0.43	0.36	0.36	0.33	0.67	0.35
3	环境友好型海水循环冷却技术得到广泛应用	海洋开发	2024	0.45	0.46	0.30	0.28	0.64	0.39
4	海洋"互联网+"关键技术开发成功	海洋信息化	2027	0.47	0.26	0.35	0.77	0.34	
3	高造水比（≥16）低温多效海水淡化技术得到实际应用	海洋开发	2025	0.30	0.30	0.28	0.28	0.55	0.34
4	海洋数据高效压缩与智能搜索技术得到广泛应用	海洋信息化	2024	0.58	0.22	0.25	0.41	0.70	0.30
4	近海关键生态功能区恢复与生态廊道保护技术得到广泛应用	海洋防灾减灾	2028	0.49	0.35	0.24	0.56	0.81	0.41
4	多源海洋数据融合与无缝集成技术开发成功	海洋信息化	2027	0.54	0.35	0.23	0.43	0.79	0.36
4	海洋大数据智能挖掘与知识发现技术得到广泛应用	海洋信息化	2025	0.44	0.24	0.22	0.46	0.80	0.38

在上述 10 项技术课题中，从子领域分布来看，海洋信息化子领域有 5 项，海洋开发子领域有 4 项，海洋防灾减灾子领域有 1 项。从预计实现时间来看，预计近中期实现的有 7 项，预计中长期实现的有 3 项。从实现可能性来看，有 8 项技术课题的实现可能性指数高于 65 项技术课题的平均值（0.39）。从目前研究开发水平来看，有 5 项技术课题的我国目前研究开发水平指数高于 65 项技术课题的平均值（0.28）。从发展阶段来看，处于开发成功阶段的有 2 项，处于实际应用阶段的有 2 项，处于广泛应用阶段的有 6 项。

第三章
海洋技术子领域发展趋势

第一节　海洋领域发展趋势综述

孙　松[1]　于志刚[2]

（1 中国科学院海洋研究所；2 中国海洋大学）

海洋是人类赖以生存的重要空间，比陆地更加广袤、神秘。人们对海洋的感知和认识，在很大程度上依赖于海洋观测和探测技术的进步。陆地资源和能源的逐渐衰竭，促使人类不断从海洋中寻求资源和能源，从而催生出各种新的探测与开发利用技术。同时，全球气候变化和大量的人类活动对海洋环境和生态系统产生了严重的负面影响，造成生态灾害频发和生物资源减少。实现海洋的健康与可持续发展，是海洋领域面临的前所未有的挑战，亟待在海洋科学与技术方面取得突破。在重大需求的牵引下，未来在海洋生态环境预测与环境工程方面将出现一批新型实用技术。

一、感知海洋，认识海洋

海洋一直处于变化中，这些变化会影响到全球气候、防灾减灾、资源开发利用和经济社会等很多方面。人类对很多海洋现象的出现、过程和机理等都缺乏了解。对于人类而言，海洋在很大程度上说仍然是一个"黑匣子"。获取海洋信息是了解海洋现状、预测海洋未来的重要手段，在强大需求的牵引下，未来这方面会不断取得突破。

感知海洋、建立海洋信息大数据系统主要需要发展三个方面的技术。第一，是用于获取数据的传感器技术。从卫星遥感观测到水体、海洋深层和海底的观测和探测，都需要新型传感器的研发。第二，是搭载传感器的运载工具和搭载平台，其重点是自主无人设备的研发和完善。第三，也是最重要的一点，即研发具有自主学习能力和应变能力的智能数据处理系统，以便实时大批量处理观测数据和复杂的海洋系统问题。

1. 数据获取和传输

第一是研发新型传感器，努力提高对物理、化学和生物信息的直接获取能力。在过去研发的几十年中，新型传感器在观测方法、观测范围、观测技术和观测精度等方面都取得了长足的进步，但主要是针对物理环境的观测，对海洋化学环境和生物环境的观测还非常落后，尤其是对生物环境的观测，能够达到实用标准的很少。现在的化学环境与生物环境数据大部分来自科学考察船的海洋调查，部分实验数据还需实验人员带回实验室后进行仪器分析甚至人工分析才能得出，这种观测方式很难满足现代海洋科学发展的需求。开发新型化学传感器和生物传感器是建立海洋长期观测网的关键。海洋传感器是海洋观测和探测技术的基础，也是海洋科技界长期的研究热点。分子生物学、基因技术和图像技术的应用，海洋生物芯片的研制，新型传感器技术与生物技术的结合，以及海洋生命科学与信息科学的有机结合，有助于我们更加深入地了解神秘的海洋与海洋生命。海洋传感器技术未来将朝着更广、更深、更精准、更持久的方向发展，以实现高可靠、高精度、长周期、可进行原位观测的目标。配备生物和化学传感器的滑行艇（glider）在未来将得到广泛应用，可大大提高自动获取海洋信息的能力。

第二是深海探测的发展。深度大于 1000m 的海域超过海洋面积的 90%，大于 3000m 的海域超过 70%。海洋中大部分未知的事情都发生在深海，很多战略性资源也存在于深海中。深海研究涉及一个国家的疆域拓展、战略性资源的探索、海洋技术的发展和地球科学的发展等问题，是科学与技术有机结合、海洋多学科交叉研究和海洋多圈层研究的理想领域，关系到生命起源、气候变化和地球演化等重大科学问题的解决。深海研究也是一个国家科技水平和综合国力的体现，未来海洋领域的竞争在很大程度上将体现在深海的探索与研究上。海洋研究在很多情况下需要对全水层进行观测。深度达到 4000m 和 6000m 的实时地转海洋学阵（Array for Real-time Geostrophic Oceanography，ARGO）计划，将成为深海综合立体观测的主要观测手段。随着电力系统的改进、水下作业时间的增加、安全性的提高和实用化水平的提高，自治式潜水器和滑行艇将得到广泛使用。

第三是建立智能化海洋观测网络。智能化观测网，特别是深海观测网的应用拓展，将出现突破性进展。通信技术和互联技术是近几年发展的热点，尤其是第五代移动通信技术（5G）信号系统进行了测试；这些发展大大加快了陆地上信息传输的效率，不仅增加了传输速度，同时也使实时传输的数据量呈几何倍数增长，使人类距离实现数字地球、数字海洋更近了一步。未来水下探测器必定要脱离电缆等实体的长度限制，向遥控和自主控制方向发展，因此在模仿5G传输的基础上发展水下无线高速通信数据传输是大势所趋。

2. 运载工具和搭载平台

运载工具和搭载平台是将传感器集成从而实现对海洋感知的支撑平台。潜水器技术是支撑海洋观测和探测技术的平台之一。随着科研目标的不断增大，未来将开发出更多的新型潜水器，以满足高压、高温、长时间续航、高稳定性、高承载力的要求，可在深度达6000m甚至更深的水域作业，或在海底火山口和热液喷口等特殊水域作业。

海洋观测和探测平台技术会朝着多样化、多功能化方向发展。随着电子技术的发展，海洋探测平台呈现多样化态势，当前用于水文观测的工具主要有遥感卫星、岸基雷达、潜标、锚定浮标、漂流浮标和自沉浮式剖面探测浮标（又称Argo浮标）等。其中，由Argo浮标组成的全球性观测网，通过收集全球海洋全水体的海水温度、盐度、化学环境和生物环境的剖面资料，提高对气候预报和生态系统变动的精度。未来，这方面将大力发展常态化监测体系平台和装备，全面发展天基、空基、海基、岸基、陆基立体综合观测系统，并实现智能互联。观测系统与人工智能系统的有机结合，可以提高监控和预测预报能力。

3. 组网技术

人工组网技术是基于海底观测网的模块化自动观测技术，它将海底观测网与自动观测设备AUV和遥控潜水器（ROV）、自主上浮式综合观测设备相结合，充分发挥了海底电缆的电力供应和数据传输的作用，将多种探测设备集成到一个总体系统，可完成对海洋全方位、全水体的实时观测，其主要特点是可针对某一区域进行长期综合观测。

自动组网技术将多种临时布放的观测设备通过声学无线传输技术连接起来，可将不同的观测设备在水体和海底进行观测所得到的信息实时传输到岸基平台，从而获得水体中的综合环境信息。这种组网技术的特点是机动性和针对性强，完成任务后可自动消失，满足了国防建设和其他特定任务的需要。自动组网的设备投入比较大，但一般不需要进行维护，且选用的设备大都是一次性的。

4. 数据处理

海洋大数据时代已经来临。除了直接从海洋观测和探测活动中获得数据外，还可以按照物理规律建立数学模型，对海洋状态（包括海温、盐度、海流、海浪、潮汐等要素）进行模拟，参数化、定量化地描述海洋的具体状况，从而形成大量海洋模式数据（这已成为海洋大数据的另一个重要来源）。超算在海洋信息化建设中的应用（包括海量异构数据的存储、共享、智能化管理与分析，分布式计算网络、数据存储与访问，以及栅格化、服务化、可视化应用等），将日益成为海洋信息化技术的一个主要方面。

二、开发海洋和保护海洋

感知海洋和认识海洋的最终目的是综合科学地管控海洋，主要涉及资源管理和环境管理两大方面，以实现对海洋的可持续开发利用和有效保护。随着世界沿海各国对海洋领域的投入大幅增加，海洋科技的各领域都将取得突破性进展，包括海水资源、海洋生物资源和海底矿产资源等在内的海洋资源开发技术也将发生重大转变。海洋将为人类生存与发展提供更加广阔的空间、更加充足的生物及更加丰富的矿产等自然资源。同时，为保障海洋生态安全、海洋工程建设与资源开发利用，促进海洋经济可持续发展，新的科技进步也将为海洋保护、海洋防灾减灾等提供强大支撑。

1. 开发海洋

"蓝色圈地"在世界大洋中愈演愈烈，目的是抢占国际海底区域和争夺海洋资源，特别是深海大洋底的油气矿产资源。未来 20 年，深水油气开采将向远海拓展，并在深水自动化、海底化、多功能化和高效环保等方面取得突破，以实现深水油气的战略接替。在海洋天然气水合物开采方面，我国的调查、试采水平已经处于国际领先地位。未来 20 年，我国将解决水合物温压控制与产气速率控制等关键技术，以实现天然气水合物开采的产业化。在海底热液硫化物资源探测、评价与开采方面，未来 20 年，我国有望实现技术突破（包括掌握热液硫化物资源的深部结构及矿物、化学组成，确定热液硫化物矿体的深部规模及资源状况，发展海底非活动热液区/隐伏热液硫化物资源综合探测与评价技术，研制出海底热液硫化物高效、低成本的采矿系统），为实现海底热液硫化物的商业开采奠定技术基础。海洋稀土矿物资源是战略性资源。目前，海洋稀土矿物尚处于发现阶段，没有形成成熟的调查技术与方法，在成矿理论和资源量评估方面也处于空白。未来 20～30 年，我国将解决海洋稀土矿物的成矿理论、勘探理论与技术方面的关键问题，探索评价理论与方法，进行开采方面的室内模拟实验研究。

随着人类对海洋生物产品需求的不断增长，包括海洋渔业资源、生物代谢产物资源和基因资源等在内的海洋生物资源的可持续利用，将成为全球海洋科技发展和海洋经济发展的重要组成部分。未来 5～10 年，预计我国将在海洋生物遗传操作与现代育种技术、海水健康高效增养殖关键技术与工程装备、现代海洋牧场构建技术及其智能化管控、海洋药源能源生物开发与高值利用技术、深远海与极地重要生物资源探测与开发技术等方面取得突破，若干技术将投入实际应用。

2. 保护海洋

我国近海生态环境安全面临着严重挑战，赤潮发生的频率和范围有增无减，已经成为一种常态化的现象。浒苔在黄海连年暴发，海洋中水母的数量急剧增多，对渔业资源和沿岸工业设施及旅游业产生影响，一些海洋生物的暴发给核电设施的安全带来严重威胁。渔业资源处于崩溃的边缘，海岸带和近海低氧可能会对水产养殖造成毁灭性的打击。未来 10 年的重要突破将出现在海洋生态灾害的预测、预警、预报模式的建立并实现实用化上，为海洋防灾减灾提供比较可靠的科学依据；海洋生态灾害的防控从现象和机理研究向有效治理转变，海洋环境技术方法和环境工程将取得突破性进展，并应用于海洋生态环境的改善；海洋渔业的合理开发利用和保护将不再局限于"伏季休渔"和"资源增殖放流"这样的形式，在海洋渔业资源评估、生态系统承载力、海洋渔获量定额捕捞政策的制定等方面将取得突破性进展。伴随着渔业资源的合理开发利用，海洋生态系统的健康评估方法和生态系统的调控技术将取得突破并形成规范化的技术体系。

海洋科学的发展离不开海洋技术的支撑。从海洋科学发展的历史可以看出，在很多情况下，海洋技术的进步直接促进海洋科学的发展。目前，海洋科学与技术的发展日益受到人们的重视，而经济社会的发展对海洋科技的需求日益增强，对海洋技术的需求和依赖也越来越大。这是海洋技术发展的重要推动力。走向深海大洋、健康海洋与可持续发展、海洋开发与保护等国家战略和重要政策的出台，为海洋技术的发展提供了千载难逢的机会。在今后相当长的一段时间内，与蓝色经济、国防安全、海洋环境安全和资源开发利用等相关的实用技术将受到更多的关注和重视，并优先取得突破。

第二节　海洋环境保障技术

王　凡[1]　林霄沛[2]　赵　君[1]
（1 中国科学院海洋研究所；2 中国海洋大学）

海洋是资源的宝库、生命的摇篮。海洋中的物种、矿物及海洋自身的运动变化与人类的生存息息相关。为了更好地认知海洋、开发海洋，人类迫切需要建设融合各类监测探测和预报预警技术的海洋环境保障体系。只有全方位认识海洋环境并提供相应的综合保障能力，才能准确预测海洋的变化，达到防灾减灾的目的，以更好地开发海洋和保护海洋。综合而言，海洋环境的保障体系可概括为针对海洋环境（包括自然环境、资源开发环境与维权保障环境）的安全保障需求[1]，利用岸基、海上、水下、天空等全方位的观测、监测和探测，以及数值模拟、同化预报和大数据分析技术，为海洋的环境保护、开发利用、权益维护等提供技术支撑的保障系统。

一、国内外发展现状

（一）国外海洋环境保障体系发展

海洋环境观测是海洋环境保障的基础。早期的海洋环境保障，仅体现在沿岸和有限的通航海面，数据传输手段也由于技术限制呈现出比较单一的特点。从 20 世纪 80 年代开始，海洋环境观测进入快速发展阶段，观测维度扩展到空间、海面、水下和海底，数据传输也发展到卫星通信、以太网与光缆传输等手段，极大地提高了海洋环境保障能力。20 世纪末，联合国教科文组织政府间海洋学委员会（IOC）、世界气象组织、联合国环境规划署等联合发起了全球海洋观测系统计划（Global Ocean Observing System，GOOS），初步形成了由卫星、浮标和沿海台站组成的全球业务观测海洋学系统。这是目前全球最大、综合性最强的海洋观测系统，为海洋预报和研究、海洋资源开发和保护、控制海洋污染、海洋和海岸带综合利用与治理提供长期和系统的数据与技术支撑[2]。

　　发达国家针对各自的海洋环境保障需求，组织实施了若干项海洋观测计划。热带海洋与全球大气计划从 1985 年实施到 1995 年结束，其主要任务是研究20°N～20°S 范围内的海洋和气候的逐年变化情况[3]，从而确定这些变化的机理，以提高中、长期天气预报的准确性，研究建立几个月至几年时间尺度的海洋与大气耦合系统变化预报模式的可行性及厄尔尼诺现象的响应机制。自 20 世纪 80 年代起，美国、加拿大和欧洲诸国分别开始实施海底观测系统计划，并通过国际合作，迅速形成了海底观测的科学计算、数据传输、传感器设计等能力。例如，加拿大与美国合作实施"金星"（VENUS）计划[4]，建立了一个设在温哥华近岸的由水下光缆互相连接的观测网络系统。它设在水下数百米深的海床上，可以观测潮汐岔道的海洋化学要素变化、物种间的相互作用及海底演变过程。之后，美国和加拿大联合，在东北太平洋实施"海王星"海底观测网（NEPTUNE）[5]。这个观测系统也可称为内空间望远镜观测系统，用来长期观测水层、海底和地壳的各种物理、化学、生物、地质过程。欧洲海底观测网（ESONET）计划利用欧洲 14 个国家在大西洋与地中海精选的 10 个海区设站建网，进行长期海洋监测[6]。上述观测计划的实施，极大地提高了全球海洋观测水平，提升了海洋环境的保障水平。在这些全球和区域观测计划的支撑下，一系列研究计划（包括"气候变率与可预测性研究计划""全球海洋通量联合研究计划"等[2]）得以实施，极大地推动了海洋科学的发展，促进了海洋学与其他学科的相互交叉。

　　一个国家能够组织实施大型观测计划和大型研究计划，离不开强大的海洋环境观测技术的支撑。美国作为海洋大国，在组织拓展国际合作观测和研究计划的同时，不断发展本国的海洋观测技术。借助这些观测技术，美国的海洋环境观测监测能力已基本覆盖其管辖海域和全球热点海域，具有信息内容齐全、覆盖范围广、时间序列长、信息量大、业务化产品多等特点，其代表性环境监测观测系统是缅因湾海洋观测系统。美国还不断发展综合性海洋观测系统，美国国家海洋和大气管理局构建了综合海洋观测系统（integrated ocean observing system，IOOS）。IOOS 包括监测子系统、数据通信子系统和应用服务子系统，利用它可迅速获取众多来源的多学科数据，为多个目标提供数据和信息支撑。美国的沿海海洋自动观测网从 20 世纪 80 年代开始建立，将 58 个自动站、71 个锚泊浮标和 30 个高空剖面仪地面观测站，利用卫星和有线电话数据通信网，组成集数据采集、处理和传输于一体的自动观测系统，成为目前世界上规模最大、业务运行状态最好的国家级海洋立体自动监测网。1998 年，美国海军研究局和空海战系统中心主持的海网研究项目开始海洋监测传感器的组网实验，利用系统集成技术、网络技术、计算机技术、多媒体技术将卫星遥感数据、低空遥感数据与水面和水下现场测量数据进行综合集成分析，形成了可视化产品。

日本是一个深受海洋灾害影响的国家，因而极为重视海洋环境监测系统和保障能力的建设，早在 20 世纪 30 年代就开始海洋环境监测系统的研究与建设。特别是在 20 世纪 70 年代后，在美国等西方国家的支持下，日本投入大量人力物力参加大洋浮标监测网和本国近海监测网的建设。目前，日本已获得世界气象组织的授权，发布西太平洋水文气象预报产品，其海洋气象工作处于亚洲领先地位。日本在日本列岛东部海域沿日本海沟的跨越板块边界，已建设长约 1500km、宽 300km 的光电连接的新型实时海底监测电缆网络（ARENA）[7]，并把它延伸至我国的东海海域。ARENA 重点监测日本的地震带，目前正向海底地震、海洋动力环境、海洋生物、水声监测等多学科观测和研究方向发展。

（二）国内海洋环境保障技术发展

我国海洋环境观测技术开始于 20 世纪 80 年代中期，主要围绕固定观测平台（浮标和潜标）进行技术研发，最初引进了英国的圆盘浮标，投放于南海、东海、北海海域，获得了一批重要的水文资料。海洋监测是海洋观测技术的重要组成部分，海洋监测对象的多样性取决于海洋科学的综合性。"九五"时期是我国海洋监测技术的春天，国家安排了两个示范系统的建设：一是以上海为中心的海洋环境立体监测示范系统，二是东海渔业遥感应用示范系统[8]。"十五"期间，我国逐步形成了基于浮标的卫星数据传输、信息加密与海上安全保障能力。"十一五"期间，中国船舶重工集团有限公司研制出柱状浮标，标志着我国浮标技术取得自主性突破。国内潜标技术也始于 20 世纪 80 年代。"十五"期间，国家海洋局研制出"九头鸟"定时传输潜标，它能够定期将数据采集载体释放至水面并将数据回传[9]。"十三五"初期，中国科学院海洋研究所攻克了深海潜标数据实时传输的世界性难题，实现了深海（水深可达 6000m）数据的实时化传输（连续稳定回传数据已近 3 年），近期又实现了双向通信，可根据应用要求调整潜标观测设置[10, 11]，使深海数据获取模式从录像回访变为现场直播。

在移动观测平台方面，我国 Argo 浮标起步也较晚。在国家高技术研究发展计划（简称"863 计划"）项目的支持下，我国先后研制出中国海洋剖面探测浮标（COPEX）和 C-Argo 浮标，以及可实现最大工作深度分别为 500m 和 2000m 的 HM500 型和 HM2000 型漂流浮标。"十一五"期间，中国科学院沈阳自动化研究所开始水下滑翔机"海翼"的研制工作，并于南海开展了水下滑翔机集群组网观测。12 台水下滑翔机在东西走向直线长度约为 135 海里、南北走向直线长度约为 75 海里的网格路径内同步持续工作一个多月，对水体参数进行连续观测。天津大学自 2002 年开始研制"海燕"水下滑翔机，已实现 4000m 级水下航行能力，在南海进行长达 3600km 的长航程运行。中国科学院声学研究所研发出下放式和自容式声学多普勒海流剖面仪（ADCP），解决了相关的关键技术难题。在中国科学院战略性先导科技专项"热带西太平洋海洋系统物质能量交换及其影响"的支持下，中国科学院海洋研究所联合沈阳自动化研究所等单位研发升级了适合深海探测的多种新型海洋观测传感器和采样系统，包括拉曼光谱仪、"开拓 3500"取样系统、"探索 1000"AUV 和"海星 6000"ROV 等[9]。

在海洋综合观测系统方面，我国从 20 世纪 60 年代开始建立海洋综合观测系统，经过半个多世纪的努力，逐步建成了由沿岸观测站、海床基、浮标潜标、海上调查船和卫星共同组成的立体观测网。整体而言，我国在海洋领域取得了一批可喜的成果，突破了高频地波雷达、合成孔径声呐、ADCP、声学相关海流剖面仪 （ACCP）、大深度声相关计程等一批传感器关键技术，研制了工程样机、定型样机，其中一些已实现产品化；发展了一批具有自主知识产权的海洋动力过程长期实时监测平台（海洋环境多参数大/小型监测浮标、实时传输潜标、深海 Argo 浮标、智能浮标、波浪浮标、海床基动力要素综合自动监测系统、垂直剖面自动升降测量平台），具备了对海洋动力过程进行实时立体监测的基本能力；掌握了深海潜标实时传输技术，建立了西太平洋科学观测网，基本建成"两洋一海"的透明海洋监测系统。

然而，相较于西方发达国家，无论是在全球海洋综合观测系统还是在区域性综合观测系统方面，我国现代高新技术的应用及新型传感器的研发还亟待提高。

二、重要技术发展方向展望

海洋环境观测平台技术主要包括浮标技术和潜标技术两大类，上述众多的大型观测计划也主要基于这两种技术开展观测监测。海洋浮标具有全天候、全天时、稳定可靠地收集海洋环境资料的能力。从 20 世纪 60 年代开始，美国把浮标研制工作作为国家海洋环境监测计划的一部分，最初在大西洋和墨西哥湾布放大型浮标，建立实时监测系统，形成局部浮标监测网。目前，美国已建立沿东西海岸海域布放的浮标监测网，并与海洋台站、地波雷达站和航空与卫星遥感等监测系统连接在一起，形成了海洋环境立体监测系统。英国海洋环境浮标建设工作始于 20 世纪 70 年代初，目前有 20 多个锚泊浮标和若干漂流浮标在位工作，形成了海洋环境监测系统，可为海洋环境保护、天气预报、海上石油开采等提供丰富的数据与资料。加拿大从 20 世纪 70 年代中期开始建设海洋环境监测浮标网，由于引进美国技术，发展较快，目前建在东西海岸的海洋环境立体监测网已在海洋环境保护方面发挥了巨大的作用。

潜标观测技术始于 20 世纪 60 年代，由自容式观测仪器组成监测平台系统，可对海洋进行隐蔽、长期、定点、连续、多层次同步观测。与浮标相比，潜标只能调查海洋动力要素（温、盐、深、流），但由于潜标的主体隐匿在水下一定深度，可以避开海面风浪和人为破坏，又可以在恶劣海况条件下进行长期、隐蔽的海洋动力要素的观测，所以潜标在应用海域范围和观测的数据质量方面具有很强的优势。据报道，美国潜标系统所获取的海洋资料占其全部海洋资料的30%以上。前期潜标观测数据主要以自容式存储为主，潜标回收后再处理数据，数据获得的成功率较低。2000 年前后，美国伍兹霍尔海洋研究所（WHOI）开始研制实时传输潜标，主要通过感应耦合技术，将测量数据传输到水面浮标，然后利用卫星发射到岸站，或由水下声通信中转下载。日本技研工业株式会社（NGK 公司）研发出新型海洋潜标观测系统。该系统具有锚系和座底两种状态，可以控制上端浮标的上浮，出水后利用卫星通信方式将观测数据传送到岸站。加拿大、美国、德国、英国等国家的科学家纷纷开展了实时传输潜标研制，并利用卫星通信来传输数据。2018 年，中国科学家通过自主研发，实现了水下 6000m 的潜标数据实时传输。

美国、日本等国家非常重视海洋环境观测新技术的开发与应用。在传统的观测监测技术基础上，水下航行器是近期发展起来的新型海洋观测平台，是对海洋环境观测体系的补充和完善。目前，虽然有动力的 AUV 及无动力的水下滑翔机都得到了较好的应用，但水下机动观测设备依然是全球海洋强国研发的重点。与此同时，美国等国家依然注重监测技术的研发，一方面，把最新的数据库、可视化、网络技术等应用到海洋环境监测中，以构建海洋环境信息管理与共享服务体系；另一方面，大力发展基于云计算的数据分发技术，并联合海洋观测系统进行数据综合处理。

未来，海洋强国海洋环境综合观测技术的发展趋势主要有：①大力发展常态化监测体系平台和装备，全面发展天基、空基、海基、岸基、陆基立体综合观测系统，以实现系统技术集成，提高监控能力；②利用大量浮标潜标长期积累的重要海域的断面观测数据，接入新型传感器并实时组网监测；③高度重视新型监测装备与平台的研发应用，重视从传感器到单体观测设备再到水下机动观测平台和固定式平台的数据通信技术与续航能力的提升；④重视综合集成和高新技术的开发；⑤继续重视海洋环境特性、传感器感知等基础性技术的研究，向精细化探测、综合建模、认知识别、预测预警、遮蔽目标、水生环境感知等基础性技术发展；⑥重视远程遥感观测体系的建设，实现远程地波雷达、海洋动力遥感卫星的综合应用；⑦推广标准化技术应用，更好地实现海洋监测体系的业务化发展。

三、我国应重点发展的技术

我国正在建设海洋强国，提出了"关心海洋、认识海洋、经略海洋"的战略方向。在这样的背景下，我国应该重视发展以下几方面的海洋环境保障技术研发和技术体系建设。首先，结合深海进入、深海探测和深海开发的深海战略，重点发展深远海监测探测技术；其次，为了实现空天海地一体化构想，进一步提升海洋环境变化的预测预估技术，需要全面提升天基、空基、海面、海底、岸基的观测能力，重点发展多源数据传输、融合及深度挖掘技术；最后，未来地球系统科学的发展，不是单一学科就能够解释海洋环境的变化与机制，需要从地质构造演化、水体动力变异、大气驱动机制、生命活动作用等多圈层多学科进行综合考虑，因而发展地球多圈层系统综合模拟并融合多种自然环境变化的过程，对未来海洋环境变化进行预判是大势所趋。

具体来说，在深海监测探测方面，应大力发展以下几项技术。①机动式深远海立体观测技术。面向海表/海底长期、实时观测的需求，同时兼顾海水水体观测的需求，以获取海表、水体、海底多学科的实时观测数据。②深远海智能自主移动观测平台。通过融合当前各类型海洋移动观测平台的特点，研制集多运动姿态、多观测功能于一体的新型智能自主海洋移动平台，并拓展形成全海深、超长时的工作能力，同时提高移动观测平台执行复杂任务的能力。③全水深监测实时通信技术。在已实现的水下 6000m 实时获取深海数据的基础上，掌握深海数据长距离稳定传输、全水深实时传输节点接力和错时通信等技术，最终实现全水深监测的实时通信。④海底充电桩技术。为更好地发挥水下航行器和海底观测装置的作业功效，通过电化学发电、海水温差发电等技术开发海底发电、储电、供电技术。⑤深海环境模拟预报关键技术。基于我国"两洋一海"透明海洋观测网络，特别是浮标和实时潜标数据，构建深海模式理论框架，发展深海模式数据同化，实现深海环境模拟和预报。

在空基观测监测方面，应大力发展以下技术。①海洋激光和三维成像微波高度计卫星遥感技术。海洋激光卫星可以探测不同海洋成分的垂向剖面分布，测量浅海水深，三维成像微波高度计可以测量海面高度、海面风场和海浪场。②静止轨道海洋水色及合成孔径雷达卫星。其具有高时间分辨率观测的独特优势，可实现对高动态海洋环境和运动目标的准实时监测，以及对海上突发事件和灾害等的连续监视。

在地球多圈层系统综合模拟方面，应开展综合性的科学研究，包括以下技术。①基于地球系统的天气气候海洋无缝一体化模拟和同化技术。以地球系统为主体的综合环境预报，充分利用全球立体观测系统的数据和同化技术，可以一体化地模拟大气、海洋、海冰和陆表等，实现多圈层耦合地球系统模式同化。②北极区域大气-海冰-海洋环境保障技术。通过卫星、浮标、潜标、无人机、水下机器人、志愿船等观测技术，实现对北极区域大气-海冰-海洋全要素的准确、连续、实时监测。③海洋多尺度和多圈层过程表征及其厄尔尼诺模拟和预报技术。以地球系统耦合模式为工具开展数值模拟，实时监测恩索（ENSO）现象和过程，并结合海洋资料的同化，以改进 ENSO 事件实时预报和短期气候预测。

除上述主要领域的海洋环境保障技术外，还有一些尖端和前沿的技术在海洋环境保障方面将发挥不可替代的作用，如面向防灾减灾的高海况低成本快速自组网技术、全球海洋环境噪声预报技术、自身再生能源为固定和移动平台提供能量技术、陆地和水下米级分辨率地形的测绘及无缝对接技术、中尺度海洋现象的环境保障技术等。我国乃至全球沿海遭遇的天然海洋灾害，对国家经济和陆地生态环境的破坏之大不可估量。而现有的海洋大气立体观测系统对常规天气过程或大中尺度海洋大气过程具备了一定的监测能力，但仍不能满足防灾减灾或应急保障对特殊区域或高海况海域的三维海洋精细化实时分析和预报的需求。开发低成本、快速自组网的海洋三维环境观测技术，并使之与日常业务化海洋观测与预报系统相融合，是业务化海洋学进一步实现多目标、精细化保障的关键，也是未来 10～20 年海洋三维环境信息获取与分析应用的主要方向。因此，我国在未来 10 年，针对海洋灾害的发生及预防，应重点发展面向防灾减灾的高海况低成本快速自组网技术。

参 考 文 献

［1］黄全义，曹志英，林天垫，等. 海洋环境安全保障平台关键技术分析与探讨［J］. 海洋信息，2018，33(1): 31-35.

［2］黄孝鹏，曹伟，崔威威，等. 外国海洋环境监测系统与技术发展趋势［C］//中国造船工程学会电子技术学术委员会. 2017 年装备技术发展论坛论文集，2017:30-35.

［3］张立峰，许建平，何金海. 西太平洋暖池研究的新进展［J］. 海洋科学进展，2006，24(1): 108-116.

［4］Taylor S M. Transformative ocean science through the VENUS and NEPTUNE Canada ocean observing system［J］. Nuclear Instruments and Methods in Physics Research Section A: Accelerators，Spectrometers，Detectors and Associated Equipment，2009，602(1): 63-67.

［5］李彦，Kate M，Benoit P. 加拿大"海王星"海底观测网络系统［J］. 海洋技术，2013，32(4):72-75, 80.

［6］李正宝，杜立彬，刘杰，等. 海底观测网络研究进展［J］. 软件学报，2013，24［Suppl. (1)］: 148-157.

［7］廖又明. 解读日本 ARENA（新型实时海底监测电缆网络）计划［J］. 船舶，2005，(4): 20-25.

［8］卢铭. 我国海洋环境科学与海洋临测技术的发展问题［J］. 黄渤海海洋，2000，18(3): 96-100.

［9］张云海，汪东平，谭华. 我国海洋环境综合监测装备与技术发展综述［C］//上海市海洋湖泊学会. 中国海洋学会 2013 年学术年会第 14 分会场海洋装备与海洋开发保障技术发展研讨会论文集，2013: 151-160.

［10］王凡，汪嘉宁. 我国热带西太平洋科学观测网初步建成［J］. 中国科学院院刊，2016，31(2): 258-263.

［11］汪嘉宁，王凡，张林林. 西太平洋深海科学观测网的建设和运行［J］. 海洋与湖沼，2017，48(6): 1471-1479.

第三节 海洋开发技术

张训华[1]　杨红生[2]　阮国岭[3]

（1 青岛海洋地质研究所；2 中国科学院海洋研究所；
3 自然资源部海水淡化与综合利用研究所）

一、国内外发展现状

21 世纪初出现的新一轮"蓝色圈地"、新一轮资源开发、新一轮海洋探索，将在 20 年代愈演愈烈。高精度、深层次、更广泛的海洋探查开发支撑着"蓝色圈地"，引领海洋资源的开发。在 21 世纪第二个 10 年中，围绕若干全球性重大命题开展的海洋科技攻关，在世界海洋大国和部分发展中国家之间，已掀起新一轮为争夺海洋资源的科技竞争[1, 2]。

随着世界沿海各国对海洋领域的国防、产业经济和科学技术投入的大幅增加，海洋科技将以难以想象的速度迅猛发展。根据当今国际海洋科技的发展动态判断，今后 10～20 年，海洋科技的各个领域都将取得突破性进展，包括海水资源、海洋生物资源和海底矿产资源等在内的海洋资源的开发技术也将发生重大转变。未来，海洋将为人类生存与发展提供新的更加广阔的空间、更加充足的生物、更加丰富的矿产等自然资源，新的科技进步将为海洋开发提供动力。

（一）海洋矿产资源技术

海洋矿产资源的调查、研究和开发在未来 20 年有可能掀起一个小高潮。很明显，圈地的目的是抢占国际海底区域以争夺海洋资源，特别是深海大洋底的矿产资源。因此，在国际海底区域将展开一场无硝烟的"战争"，其有以下几个方面的特点：一是包括争夺海底资源、抢占外大陆架"海洋国土"、激烈的海洋划界竞争等在内的"蓝色圈地"成为热点；二是包括庞大的、网络化的、实时连续的多学科的海底观测系统和各具特色的深海观测系统等在内的深海探测将成为海洋调查重点；三是包括石油、天然气、天然气水合物、多金属结核/结壳、热液硫化物、深海生物基因和稀土资源等在内的战略性资源的开发将成为海洋科技的亮点；四是包括地球科学系统的新视野、新认识、新概念、新理论的提出和大气圈、水圈、生物圈、岩石圈的相互作用研究，以及全球碳循环和大洋碳储存机理、全球气候变化与海平面变化、大洋环流模式等方面的研究将成为海洋科学研究的前沿。

（二）海洋生物技术

海洋生物技术是根据海洋生物学与工程学的原理和方法，利用海洋生物或生物代谢过程来生产有用的生物制品或定向改良海洋生物遗传特性，以及对海洋生物资源进行研究、开发利用和保护的综合性科学技术[3]。海洋生物资源包括海洋渔业资源、生物代谢产物资源和基因资源等。随着人类对海洋生物产品需求的不断增长和海洋生物技术的不断进步，海洋生物资源的可持续利用已成为全球海洋科技发展和海洋经济发展的重要组成部分，是美国、日本、欧盟等国家和地区海洋科学领域的研究重点[4]。海洋生物技术领域的主要科学技术问题包括：海洋生物遗传操作与现代育种技术[5]、海水健康高效增养殖关键技术与工程装备、现代海洋牧场构建技术及其智能化管控[6]、海洋药源能源生物开发与高值利用技术和深远海与极地重要生物资源探测与开发技术等[7,8]。

（三）海水淡化与综合利用技术

从当前国际发展趋势看，海水淡化工程装备的规模化、大型化特点越来越突出。这类特点有利于节约工程单位投资和占地。此外，规模化还可提升水泵、电机等的运行效率，从而降低产水的单位电耗和运行成本[9]。欧洲、美国、日本、韩国等发达国家和地区在海水淡化的基础理论研究、关键技术研发、核心装备开发、基础材料研制、工程建设运行等方面走在世界前列，并保持持续的投入以占据前沿技术的制高点。这方面的国际竞争十分激烈：美国、日本等具有雄厚的分离膜技术研发和生产制造的实力；美国、瑞士等研发生产的能量回收装置以 95%以上的高回收率、高稳定性领先世界；德国、丹麦、瑞士等研发的海水高压泵因效率和可靠性高而在全球市场占有显著优势；法国、以色列、韩国等在热法海水淡化传热材料、蒸汽喷射泵和压缩机等方面具有传统优势；法国、西班牙、以色列、韩国、新加坡等国家的工程公司在国际市场上占据较大的份额。发达国家的顶尖研发机构还加大了新技术、新工艺、新材料、新装备等的研发力度，旨在取得未来的竞争优势，目前已取得高水平的研究成果[10, 11]。

我国海水淡化与综合利用技术在 21 世纪有了长足发展，其总体水平在国际上处于从"跟跑"向"并跑"转化的阶段，基本具备支撑产业发展的条件，目前已形成膜法和热法两种主流淡化技术，建成了多个示范工程。此外，具有自主技术的产品占国内市场的份额达 50%以上，一些装备和工程经过严格的竞争已出口海外。在膜法淡化方面，我国已建成国产反渗透膜的规模化生产线，占领了国内相当范围的中低端市场，但其技术的关键性能与国际先进水平相比还有着明显的差距，高端膜材料和制膜装备也基本依赖进口；国产膜壳已跻身国际市场，实现了完全国产化；国产海水高压泵已研制成功，并应用在万吨级海水淡化工程中，但产品的效率和稳定性尚需进一步提高；国产能量回收装置已开发出样机并实现工程实验性应用，但品种单一、设备笨重、稳定性差。在热法淡化方面，我国蒸汽喷射泵已应用于万吨级工程，但调控范围和效率仍低于国际先进水平；国产钛合金和铝合金新型传热材料已规模化应用于工程实践，但其技术性能还有提升空间。此外，国内已研发出十万吨级海水循环冷却成套技术并完成示范应用，在运行浓缩倍率、阻垢、缓蚀和污损生物控制等方面接近国际先进水平，具备与国外竞争的实力。我国在海水化学资源提取工艺、关键技术及相关设备的设计制造方面有较大进步，海水卤水提溴技术达到国际先进水平，但海水提镁、提钾及利用海水、卤水开展工厂化制盐等共性关键技术尚未攻克，部分高端产品仍依赖进口，海水提锂、铀、铷、铯、重水等均处于实验室研究阶段。

总体来看，我国的海水淡化与综合利用迫切需要解决技术引领性不强、产品和装备质量稳定性不够、产业应用规模不大、应用经验积累不够等问题，以便早日结束"跟跑"，实现由"并跑"向"领跑"的转变。

二、重要技术发展方向展望

海洋开发技术主要针对海洋矿产资源技术、海洋生物技术和海水淡化与综合利用技术三个方面的内容。

（一）海洋矿产资源技术

未来 20 年，世界深水油气开采将向远海和深层拓展，其作业水深纪录将突破 5000m，同时将逐步颠覆传统的勘探开发方式，大幅度降低深水油气勘探开发的成本和风险。深水油气开采技术将在深水自动化、海底化、多功能化和高效环保等方面取得突破，将推动深水油气开发技术的飞跃发展，实现深水油气的战略接替[2]。

在国际上，深海铁锰氧化物资源已经走过勘探、圈定、储量评价 3 个阶段。未来 20 年，其评价及探采将在进一步深化调查及评价理论及技术的同时，解决集矿、选矿、冶矿等理论与技术的关键问题，优化经济评价及工业矿体圈定的理论与技术，降低采矿成本，初步实现产业化[2]。

在海洋稀土矿物调查、评价与开采方面，未来 20~30 年，世界海底稀土资源的调查、资源量评价和开采技术或将成为关键问题。目前，海洋稀土矿物尚处于发现阶段，没有形成成熟的调查技术与方法，在成矿理论和资源量评价方面也处于空白阶段。因此，未来 20 年，将解决海洋稀土矿物的成矿理论、勘探理论与技术等方面的关键问题，探索评价理论与方法，进行开采方面的室内模拟实验研究。

在海洋天然气水合物开采方面，我国的调查、试采水平已处于国际领先地位，目前已经经过室内模拟实验、海洋试采两个重要阶段，未来 20 年将解决水合物温压控制与产气速率控制等关键技术，破解当前各种开采技术存在的投入大、效率低且不能实现天然气水合物长期开采等难题，实现天然气水合物开采的产业化[12]。

在海底热液硫化物资源探测、评价与开采方面，未来 20 年，我国有望实现海底热液硫化物资源探测与评价技术的突破，掌握海底面以下热液硫化物资源的深部结构及矿物、化学组成，确定热液硫化物矿体的深部规模、走向及资源状况，特别是要发展海底非活动热液区/隐伏热液硫化物资源综合探测与评价技术，查明海底非活动热液区/隐伏热液硫化物资源的分布规律、产状及资源量。我国未来海底热液硫化物资源探测、评价与开采技术的重要内容及方向是：在上述研究的基础上，开发海底热液硫化物采矿技术，研发不同地质环境中热液硫化物的开采方法、工艺和环境保全技术，研制海底热液硫化物高效、低成本采矿系统，为实现海底热液硫化物的商业开采奠定技术基础[2]。

（二）海洋生物技术

未来 10～15 年，在国际上，海洋生物组学及其转化技术将得到实际应用，高通量基因功能评价与高通量分子设计育种创新平台将建立，实现从传统的经验育种到定向、高效的精确育种的转化，并将独特的海洋生物功能基因应用于食品安全、人类健康和环境整治等方面。

未来 5～10 年，我国将确保集约化养殖的健康、清洁全过程生产，实现订单渔业的产业化应用；未来 10～15 年，将实现智能化养殖关键技术与工程装备的规模化应用，同时集约化、智能化绿色海水养殖技术将得到广泛应用。

未来 5～10 年，我国海洋牧场生态安全与预警预报体系将趋于完善，其综合效益将得到明显提升；未来 10～15 年，海洋牧场将实现工程化、机械化、自动化、信息化，海洋牧场的管控将实现智能化，近海渔业资源养护及智能化海洋牧场技术将得到广泛应用。

未来 5～10 年，我国将开发出多个具有市场竞争力的海洋微藻能源、生物基材料、海洋农用生物制品和新型药物；未来 10～15 年，我国将系统掌握海洋生物资源的高值化利用的原理和创制技术，涌现出一批极具国际竞争力的生产海洋生物制品和海洋药物的创新企业，同时海洋生物基资源炼制技术将得到广泛应用。

未来 5～10 年，我国将攻克捕捞对象的行为分布与环境关系及南极磷虾、秋刀鱼、头足类和灯笼鱼等重要生物资源的精准捕捞与综合利用技术，使单船作业效率提高 30%，单位渔获物能耗降低 10%；未来 10～15 年，将系统掌握深远海与极地重要生物资源的精准探测与综合利用技术，全面提升深远海与基地生物资源探测与开发能力，同时深远海与极地重要生物资源勘采技术将得到广泛应用。

（三）海水淡化与综合利用技术

膜法海水淡化的发展方向包括：绿色预处理技术，系统优化设计技术，智能运维技术，以及高压泵和能量回收装置的高效水力设计方法及其材料加工、装备制造、系统集成和高效节能技术。膜材料的研发方向包括：微孔分离膜和光-热-蒸汽转化脱盐膜技术、基于可持续性和环保需求的分离膜绿色制备技术，以及生物耦合纳米材料的水通道强化脱盐膜技术。热法海水淡化的主要方向包括：大型高造水比的海水淡化技术、低品位废热高效利用的低温蒸馏海水淡化技术、大型高效蒸汽喷射泵、大型机械式蒸汽再压缩（MVR）蒸发浓缩配套压缩机及其高抗垢传热材料的研发技术、水热双产双输技术，以及水电联产（与火电、核能、太阳能聚焦结合）技术。海水循环冷却技术的主要方向包括：环境友好型绿色海水水处理药剂的制备技术、适应核电需求的超大型海水循环冷却技术、智能海水水处理药剂的制备技术，以及基于正渗透补水的海水循环冷却技术。海水化学资源利用技术的主要方向包括：可控连续结晶技术、海水双极膜电渗析制备酸碱技术、战略性微量元素提取技术，以及电化学法和蒸馏法富集和提取同位素技术。

预计未来 10～15 年，针对大型海水淡化的技术需求，我国完全有可能在关键材料组件、大型节能装备、绿色环保工艺技术、工艺集成优化及大型装备运营维护技术方面取得较大突破，实现海水淡化与综合利用产业的规模化发展，在技术上完成"并跑"向"领跑"的转变。

三、我国应重点发展的技术

未来，在海洋资源开发技术方面，我国应重点关注海洋深水和深层油气开采技术、海洋天然气水合物开采与环境保护技术、近海渔业资源养护及智能化海洋牧场技术、集约化与智能化绿色海水养殖技术、海洋生物基资源炼制技术和大型反渗透海水淡化技术及成套装备研制等技术。另外，深远海与极地重要生物资源勘采技术，海洋稀土矿物调查、评价与开采技术，海水化学资源精准提取和深加工技术，深海铁锰氧化物资源集矿、选矿、冶矿等理论与技术，海洋生物组学及其转化技术，海底热液硫化物资源探测、评价与开采技术，环境友好型海水循环冷却技术，膜蒸馏及冷能淡化技术，高造水比（≥16）低温多效海水淡化技术等也应受到关注并得到不同程度的发展。

参 考 文 献

[1] 中国科学院基础科学司. 中国至 2050 年科技发展路线图——《创新 2050：科学技术与中国的未来》中国科学院战略研究系列报告摘登（一）[J]. 前沿科学，2009，3(11):4-19.

[2] 张训华，莫杰，等. 上天入地下海登极——当代地球科学研究新进展与前沿 [M]. 青岛：中国海洋大学出版社，2017.

[3] 贾敬敦，蒋丹平，杨红生，等. 现代海洋农业科技创新战略研究 [M]. 北京：中国农业科学技术出版社，2013.

[4] 相建海，吴长功. 海洋生物技术的应用及前景 [J]. 世界科技研究与发展，1998，(4):67-71.

[5] Yang H，Hamel J F，Mercier A. The Sea Cucumber Apostichopus Japonicus: History，Biology and Aquaculture [M]. Pittsburgh: Academic Press，2015.

[6] 杨红生. 海洋牧场构建原理与实践 [M]. 北京：科学出版社，2017.

[7] 王长云，耿美玉，管华诗. 海洋药物研究进展与发展趋势 [J]. 中国新药杂志，2005，(3):278-282.

[8] 陈利国. 海洋生物技术的应用及前景 [J]. 北京农业，2016，(1):171-172.

[9] Blanco-Marigorta A M，Lozano-Medina A，Marcos J D. The exergetic efficiency as a performance evaluation tool in reverse osmosis desalination plants in operation [J]. Desalination，2017, 413:19-28.

[10] Kurihara M，Takeuchi H. Chapter 16-The Next Generation Energy Efficient Membrane Desalination System with Advanced Key Technologies: Mega-ton Water System [EB/OL] [2019-07-30]. https://www.sciencedirect.com/science/article/pii/B9780128135518000164.

[11] Kurihara M，Takeuchi H. SWRO-PRO system in "mega-ton water system" for energy reduction and low environmental impact [J]. Water，2018，10，(1):48.

[12] 中国地质调查局. 中国天然气水合物资源勘查开发中长期规划（2010—2030）[R]. 2011.

第四节　海洋防灾减灾技术

俞志明 [1]　李铁刚 [2]

（1 中国科学院海洋研究所；2 自然资源部第一海洋研究所）

一、国内外发展现状

海洋灾害种类繁多，按照成因可分为自然灾害和人为灾害，进一步又可分为海洋气象（环境）灾害、海洋水文灾害、海洋地质灾害、海洋生物灾害和人为灾害，其中也有学者将海洋生物灾害和人为灾害合称为海洋生态灾害。除海洋地震外，近年来，随着海洋经济的快速发展，人类开发海洋的活动日益增加，赤潮、绿潮和水母等海洋生态灾害和海洋溢油等海洋生态灾害，以及海水入侵和土壤盐渍化等海岸地质灾害事件频繁发生。

作为海洋生态系统中的一种异常现象，赤潮自古有之。进入 20 世纪之后，近海赤潮暴发的原因发生了根本变化，已从海洋生态系统进行自我调整的一种自然现象，演变为在人类活动胁迫下频繁发生的异常海洋生态灾害。特别是近年来，在全球气候变化的大背景下，赤潮灾害遍布全球，呈现愈演愈烈的态势，已经成为制约近海经济发展、威胁人类健康和食品安全、导致生态系统失衡的典型海洋生态灾害。纵观赤潮发生和发展历史，目前赤潮的暴发显示出很多新特点：发生规模加大、持续时间更长、致灾效应加重、全球扩张明显。国内外赤潮研究的主要热点包括：利用组学技术研究赤潮物种的空间分布、动态变化及赤潮暴发的规律和机理等，赤潮生物毒素对食品安全与公共健康的影响，赤潮生物分类、生活史等基础生物学，赤潮监测、预测预报与模型，以及赤潮灾害应急处置技术与方法等。目前，我国的赤潮研究在历经了起步、发展和追赶的不同阶段之后，正处于整体与国际并行、局部领先的阶段，在赤潮研究的某些方面独具特色和优势。现阶段，我国的赤潮研究更聚焦于国家需求，注重实验室研究与现场应用的结合。近年来，我国在赤潮监测体系的建设、大规模赤潮的现场调查与预测防治研究、赤潮形成机制的多学科综合与交叉等方面取得明显进展，整体上处于国际先进水平 [1]。

20 世纪 70 年代以来，绿潮在许多国家的近岸海域大规模频繁暴发，已成为世界性的海洋生态环境问题。自 2007 年以来，浒苔引发的绿潮已肆虐我国黄海海域达 10 多年之久，造成了巨大的经济损失和严重的社会影响，是近年来我国海洋生态学研究的热点之一。国内学者围绕绿潮原因种鉴定、绿潮早期发展过程及其监控技术等方面开展了大量研究工作 [2]，但在绿潮成因和防控等方面仍然了解很少或了解得不够透彻，如对浒苔绿潮起源海域，除黄海南部浅滩外，是否还有其他起源地尚未探明；对绿潮发生、发展过程及主要影响因素还缺少详细了解；对绿潮成因尚缺少系统的科学认识；对绿潮分布及其动态变化、生物量监测与评估还缺少有效的技术方法。此外，高精度的漂移预报模型和生态动力学预测模型尚需进一步完善。上述种种因素制约着浒苔绿潮监测预警的业务化运行。目前，对绿潮的打捞处理方式和能力亟待提高，并且缺少高附加值的产品，影响着浒苔的资源化利用[3]。

在过去的 30 年间，人们发现水母类在全球生产力较高的海域内出现了数量增多或爆发的现象。水母灾害对全球近海的社会经济及生态系统亦造成了严重经济损失。国内外相继开展了针对水母爆发机制及其防控技术和措施的研究，最初采用的技术包括网具拦截和船舶打捞，近年来开发和应用的新技术包括工程设施拦截疏导、高压水枪清除、气泡和超声波驱赶等。这些防控技术各自具有不同的特点和优势，其应用有一定的海域适应性、服务功能适应性及水母种类适应性。我国水母灾害研究起步于 21 世纪初。随着"中国近海水母爆发的关键过程、机理及生态环境效应"（简称水母973项目）、国家自然科学基金项目、国家公益性项目及其他企业部门有关水母研究项目的实施，主要致灾水母的时空分布、生活史策略、环境调控、数值模拟、灾害暴发机制及生态效应等研究取得显著进展，紧跟国际前沿，其中部分研究成果处于国际领跑地位[4]。

海洋溢油往往会造成大面积的海面石油污染，使海洋立体生态系统在遭受重大损害的同时，也会带来巨大的经济损失，甚至严重危害人类健康。溢油的监测及微生物修复技术是近年来溢油灾害防治研究的重点领域。多年来，国内外都在积极探索溢油污染精细探测方法，为溢油风险巡视、溢油污染监测预警及应急处置、溢油生态损害评估及修复提供技术支持。其中，遥感溢油探测技术是目前的研究热点之一。用于海面溢油遥感探测的技术发展比较完善，人们主要利用航空遥感平台、卫星遥感平台、船载/海基/岸基遥感平台等搭载不同类型的传感器来实现海面油膜的多元探测，但仍受续航能力、分辨率、遥感传感器探测能力等多项技术发展不足的制约，难以对全时空现场形成连续、大面积覆盖的溢油遥感探测能力。针对沉潜油的探测技术主要包括声学探测、光学探测、物理吸附和原位监测，但目前离业务化应用仍有较大差距。微生物修复技术是在生物降解基础上发展起来的一种安全、高效、环境友好且无二次污染的处理技术。20 世纪 70 年代，国外就开始了对微生物修复技术的研究，目前已处于实际应用阶段，而国内该项技术的研究水平与国外相比仍有较大的差距[5]。近年来，国内外逐渐将环境分子诊断技术应用在污染环境管理中，已有数百个环境修复场地在污染调查、监测和修复等过程中使用了环境分子诊断技术。在我国，环境分子诊断技术的应用和研究还处于起步阶段，目前主要对污染物的迁移转化机制进行探索性研究，在实际污染场地环境管理中的应用较少。

深海油气资源和天然气水合物的勘查与研究，极大地推动了海洋深水地质灾害研究的进步。当前，美国、加拿大、德国、挪威等国家开发和布设了海底浊流监测网络和地层差分孔隙水压力传感器[6, 7]，澳大利亚和英国开发出离心机滑坡过程模拟与监测模块。我国已开展深水浅表层（≤6m）孔压等监测技术的研发工作，但中深部地层长期监测研究尚未布局。近年来，随着海洋高新技术的开发和应用，海洋地质灾害调查研究越来越侧重于海底原位探测、长期实时观测与监测技术的应用，发达国家和相关组织投入大量资源研发海底原位观测系统[8]，并实施了很多针对地质灾害的海底观测计划，如欧洲海底观测网计划[9]、美国大型海底观测计划（OOI）等。日本、美国、德国[10]均进行了全球地震监测网络的建设。我国陆地地震监测网络已较为完善，但海洋地震网络尚处于起步阶段。

除了对深水地质灾害探测技术的关注外，海岸带地质灾害监测与预警技术一直以来也是人们关注的热点。海水入侵和土壤盐渍化作为海岸带地质灾害的典型灾害类型，会造成沿海地区大面积地下淡水污染和生态环境恶化。美国是最早进行海水入侵研究的国家之一，在海水入侵调查、监测、模拟、预测等方面取得了一系列成果[11, 12]。我国海水入侵研究始于20世纪80年代，在海水入侵现状调查评价、机理研究等方面均取得重要进展，但在如何全面、精确地定量评估海水入侵问题上仍面临一些挑战，如区域尺度的模拟预测和海水入侵灾害评价预警等都需要深入研究。

二、重要技术发展方向展望

目前，国内外对赤潮、绿潮和水母灾害的研究主要集中在形成机制、监测和预警预报技术、应急处置和高效资源化利用等几大方面。其中，赤潮研究需要攻克的三大关键技术难题包括[1]：①典型致灾赤潮藻毒素快速检测技术及其商品化产品；②典型致灾赤潮数值模型与预测预报技术；③有效防治产毒赤潮、净化水质的绿色环境技术。针对目前浒苔绿潮存在的科学问题，其主要技术发展方向为[3]：①浒苔绿潮立体监测和预警预报技术；②浒苔绿潮应急处置和高效资源化利用技术；③浒苔绿潮早期防控和综合治理对策。国际上水母灾害的监测预测及防控技术取得一些进展，而我国在水母预警、防控和应急技术方面尚处于起步阶段，缺少适用、有效的监测预警技术手段，且应急处置主要依赖于网具物理隔离，没有针对工业设施取水区等重要水域的灾害应对技术体系，还不能满足防灾减灾的需求。因此，进一步系统揭示近海水母灾害爆发机制和演变趋势，研发灾害监测预警和评估防控技术，形成系统化、标准化、业务化的水母灾害防控应对技术体系，是我国提高灾害防控能力、保障海洋环境安全的必然需求[4]。

准确、实时监测海域中灾害物种的动态变化是预测、治理灾害的基础。遥感技术是目前国际上对赤潮、绿潮等灾害监测的重要手段，特别是随着可监测参数和搭载方式（如无人机等）的增加，遥感技术是未来一个十分重要的发展方向，可广泛应用于赤潮、绿潮灾害发生机制的研究和预测预报等方面。此外，在鼓励开展海洋生态灾害前瞻性和多学科交叉研究的同时，也需要重视基础研究手段和预警预测新技术、新方法的应用，主要包括分子技术（包括基因组学和蛋白质组学技术）在赤潮、绿潮和水母等海洋生态灾害预警监测及生物量评估中的应用。

溢油遥感监测技术可以实现多源遥感平台及传感器监测数据的实时（或准实时）接收及融合[13]，并与地理信息技术、定量反演技术相结合，从而建立数据综合处理与分析预测的应急反应集成系统。未来，沉潜油多波束、成像声呐等声学探测技术和多通道全波形激光雷达探测技术将获得突破，我国将基本形成沉潜油遥感探测能力，并投入业务化示范应用。微生物修复技术是一种新型技术手段，而有效的监测评价和修复更加依赖于生物标志物对污染物的预警[14]。未来，会更加注重将污染物和生物体作为一个整体进行研究，并从分子水平到宏观个体的变化，研究污染物对生物群落的损害、对生物个体的致毒效应以及最终的污染后果等[14, 15]。

目前，挪威、日本、德国等国家在海底中深部地层布设了压力、温度、孔压等传感器，以重点解决高压高温环境下传感器数据的采集、传输、布放方法等关键技术。预计到 2030 年，海底中深部地层长期监测技术将得到实际应用。另外，海底观测网正朝着实时通信、海量数据传输、大功率能源供给、长期连续监测、高时空分辨率和多参数观测的方向发展，不断走向深海和多平台融合。预计到 2030 年，海底有线观测网将在海洋地质灾害领域得到广泛应用，为海洋地质灾害的实时观测、预测预报带来全新的变革。海水入侵和土壤盐渍化是海岸带地区主要的地质灾害。目前，美国、加拿大、荷兰等国家已开发出水质与土壤多参数原位在线监测技术。预计 2030 年，海水入侵与土壤盐渍化一体化监测预警技术将得到实际应用。

三、我国应重点发展的技术

根据我国健康海洋的发展战略，为保障海洋生态安全、海洋工程建设与资源开发利用，促进沿海经济可持续发展，今后在海洋防灾减灾技术子领域应重点发展以下技术。

（1）预警监测技术。建立有效的预警监测体系是海洋防灾减灾领域的基石。预计未来 10～20 年，我国将建立自主、立体的海洋生态灾害（如赤潮、绿潮、水母爆发等）、溢油遥感立体观测体系，可实现对海洋赤潮、绿潮、水母爆发、溢油等海洋灾害的全方位探测；多源传感器数据实时接收、处理和自动化分析的综合信息系统将投入业务化使用，为及时有效应对海洋生态灾害、溢油污染等提供技术支持[16]。此外，也需重点发展海底中深部地层长期监测技术、海底滑坡风险预测关键技术、海洋地震模型构建技术及海水入侵与土壤盐渍化一体化监测预警技术，加强中深部地层长期监测的布局，建立覆盖我国重要海域的海底地震监测网络，建立一套基于原位监测的预警评价系统，可实现海水入侵与土壤盐渍化一体化监测，以及灾害年际尺度的预警功能等。

（2）生态修复及灾害应急处置技术。随着高通量生物学技术的发展，预计未来 10～20 年，我国应重点发展基于生物标志物的相关方法和技术，逐步将宏基因组学、环境转录组学、代谢组学、蛋白质组学和高通量测序等分子生物学手段综合并应用于海洋生态灾害、溢油污染修复管理中，同时结合功能材料、微生物修复技术等，分析海洋生态灾害、溢油污染等对生态系统群落的结构和功能的影响，为海洋防灾减灾的科学评估提供更全面有效的信息，为不同海洋灾害的有效防控和生态修复奠定基础。此外，还应加强赤潮、绿潮和水母爆发的应急处置技术的研发，强化灾害的应急处置能力。

（3）资源化利用技术。在防治各类海洋生态灾害的同时，也应加强相关资源的综合开发利用，使其变废为宝。主要针对赤潮、绿潮、水母爆发等海洋生态灾害，根据不同致灾物种的生物学特点，有针对性地重点发展其在生物医药、生物质能源、保健食品等高科技领域的资源化利用技术，同时提高资源开发利用的附加值。

参 考 文 献

［1］俞志明，陈楠生. 国内外赤潮的发展趋势与研究热点［J］. 海洋与湖沼，2019，50（3）：474-486.

［2］颜天，于仁成，周名江，等. 黄海海域大规模绿潮成因与应对策略——"鳌山计划"研究进展［J］. 海洋与湖沼，2018，49(5): 950-958.

［3］王宗灵，傅明珠，肖洁，等. 黄海浒苔绿潮研究进展［J］. 海洋学报，2018，40(2): 1-13.

［4］张芳，李超伦，孙松，等. 水母灾害的形成机理、监测预测及防控技术研究进展［J］. 海洋与湖沼，2017，48(6): 1187-1195.

［5］王丽娜. 海洋近岸溢油污染微生物修复技术的应用基础研究［D］. 青岛：中国海洋大学博士学位论文，2013.

［6］刘杰，高伟，李萍，等. 深海滑坡研究进展及我国南海海底稳定性研究的现状与思考［J］. 工程地质学报，26（增）：120-127.

［7］贾永刚，王振豪，刘晓磊，等. 海底滑坡现场调查及原位观测方法研究进展［J］. 中国海洋大学学报，2017，47(10): 61-72.

［8］赵广涛，谭肖杰，李德平. 海洋地质灾害研究进展［J］. 海洋湖沼通报，2011，(1): 159-164.

［9］Puillat I，Person R，Leveque C，et al. Standardization prospective in ESONET NoE and a possible implementation on the ANTARES Site［J］. Nuclear Instruments and Methods in Physics Research Section A: Accelerators，Spectrometers，Detectors and Associated Equipment，2009，602(1): 240-245.

［10］杨程，解全才，马强，等. 海底地震监测网络发展现状［J］. 地震地磁观测与研究，2017，38(2): 161-167.

［11］Sanford W E，Pope J P. Current challenges using models to forecast seawater intrusion: lessons from the Eastern Shore of Virginia，USA［J］. Hydrogeology Journal，2010，18(1): 73-93.

［12］Werner A D，Bakker M，Post V E A，et al. Seawater intrusion processes，investigation and management: recent advances and future challenges［J］. Advances in Water Resources，2013，51: 3-26.

［13］Casciello D，Lacava T，Pergola N，et al. Robust Satellite Techniques for oil spill detection and monitoring Using AVHRR thermal infrared bands［J］. International Journal of Remote Sensing，2011，32(14): 4107-4129.

［14］Watanabe K，Hamamura N. Molecular and physiological approaches to understanding the ecology of pollutant degradation［J］. Current Opinion in Biotechnology，2003，14(3): 289-295.

［15］曲良. 生物标志物在海洋溢油污染评价中的应用［J］. 海洋开发与管理，2012，29(1): 101-107.

［16］韩仲志，刘康炜，万剑华. 海洋溢油的多传感器遥感探测技术研究进展［J］. 安全、健康和环境，2015，15(10): 4-7，30.

第五节　海洋信息化技术

李凤华　陈　戈　李超伦　谭　鹏

（中国科学院声学研究所）

占据地球表面 71%面积的海洋，是地球生命的摇篮，但是人类对海洋的认知，直至 14 世纪郑和下西洋才拉开序幕。今天，人类对海洋的了解还不到对太空的 1/10。21 世纪是海洋的世纪。随着社会进步、技术发展和世界各强国的角逐，海洋已经成为新的战略必争空间。现在的海洋已不是由海岸线、海岛和茫茫海水构成的空间组合概念，其构成元素与日俱增，包括在海洋载体中各种人类活动的总和，海洋已成为一种复杂的"物理＋人类"活动的巨系统[1]。

海洋信息化技术是新一代信息技术与海洋调查观测、开发利用、综合管理、科学研究、海洋安全与权益维护等各类海洋活动的深度融合，是认知海洋、经略海洋的重要手段。广义的信息化是由数字化、网络化、智能化三大核心要素构成的[2]，三者呈现一定的递进关系。所谓"化"就是全面、彻底、一以贯之。海洋信息化就是应用大数据、云技术、"互联网+"等手段，"化"信息、"化"业务、"化"流程，从而将海洋信息基础设施建设、信息资源要素培育、信息服务模式创新贯穿于海洋强国建设的全过程。

随着海上活动的日益密集和海洋装备的不断发展，海上获取、产生、传输和处理的信息变得越来越多，因此发展海洋信息化技术成为一种必然趋势。海洋信息资源掌握的多寡和海洋信息应用能力的强弱，是衡量我国海洋综合实力强弱的重要指标。

一、国内外发展现状

美国早在 20 世纪 60 年代就建立了国家海洋数据中心[3]，并逐步积累了大量的海洋相关信息。1998 年，美国开始在全球布局并主导开展 ARGO 全球海洋观测网试验项目[4]，以获取海水温、盐度等剖面资料。2007 年，启动了综合海洋观测系统计划，在美国各地已经建立的几百个近海观测系统的基础上，建设了相互协调的全国主干系统和地区子系统,并进行联合观测和数据统一管理。2013 年,启动了海洋数据获取与信息提供能力增强计划。这一系列举措旨在形成一套覆盖全球的海洋观测、数据采集、数据处理与信息管理集成的体系,以提升海洋数据与信息产品的质量,不断强化美国作为世界第一海洋霸主的地位。

欧盟集合各成员国的资源和优势科技力量,针对资源和生态两个方面共同开展海洋信息化建设。爱尔兰、挪威等 13 个国家于 2011～2014 年联合开展 iMarine 计划 [5],研制并建设一套信息化基础设施,旨在促进获取、开放和共享基础性海洋数据,并通过协同分析、处理和挖掘,形成经验知识,支撑欧盟对海洋资源的开发和生态环境的保护。

俄罗斯将海洋信息保障作为海洋活动的决策依据,并将其作为实施国家海洋政策的五大保障之一。日本的海洋信息化发展更加侧重于为资源争夺与开发、战略纵深拓展、战略要道等国家海洋战略提供信息服务。此外,国际组织和国际海洋计划也建立了全球海洋观测系统、海洋数据获取系统(ocean data acquisition system,ODAS)、全球海洋与海洋气候资料中心(center for marine-meteorological and oceanographic climate data,CMOC)等海洋数据综合系统,在推动局地和区域海洋合作发展中发挥了重要作用 [4]。

20 世纪 80 年代以前,我国海洋信息化工作主要以对历史上海洋调查和考察数据进行抢救性保存为主,实现了文档化的资料管理。在"九五"期间,依托各类商业化软件,逐步开展了专题数据库的建设工作,实现了海量海洋数据的检索和使用。在"十五"至"十一五"时期,以专题数据库为支撑,着手建立海洋信息系统,实现了软硬件设备的升级换代 [6]。2003～2011 年,我国完成了海洋信息化领域首个全国范围内的专项工程"数字海洋信息基础框架构建"项目 [7]。"十二五"以来,我国通过一系列海洋专项的建设,填补了海洋调查和水下感知等领域的诸多空白。海洋环境信息的获取体系初具规模,观测范围初步覆盖了近岸、近海、大洋和极地,产生了较为丰富的海洋信息和数据。海洋综合管理、海洋环境监测、海岛礁测绘、海事立体监管、海洋渔业、涉海电子政务等诸多领域的信息化水平也得到了显著提升 [8]。

二、重要技术发展方向展望

随着海洋数据量的急剧增长、海洋通信技术的快速发展与海洋智能化建设的不断完善，我国海洋信息技术的主要发展方向在海洋数据、海洋通信技术和海洋信息智能化三方面展现出来。

（1）海洋数据。我国已形成由卫星、飞机、调查船、岸基监测站、浮标等组成的海洋立体监测手段，这些技术是海洋实测数据的主要来源。此外，以高性能计算机为载体，按照物理规律建立数学模型，对海洋状态（包括海温、盐度、海流、海浪、潮汐等要素）进行模拟，参数化、定量化地描述海洋的具体状况，也形成了大量的海洋模式数据，是海洋大数据的另一个重要来源。随着云计算、人工智能、数据挖掘、虚拟现实等技术的发展，海洋大数据的存储与计算、分析与发掘，以及可视化技术将成为海洋数据发展的两大主要方向。

（2）海洋通信技术。海洋面积广阔，海洋活动高度分散，相互之间建立联系困难。随着卫星宽带通信技术和水下声学、激光通信技术的发展，未来海上信息网络建设将进入快速发展阶段，是海洋信息化建设的一个重要技术发展方向。预计到 2035 年，海上卫星通信带宽可达 5Mbps/单节点，水下激光通信带宽可达 10Mbps/80m 深度。

（3）海洋信息智能化。海洋数据量的急剧增加和海上网络通信技术的发展，为海洋信息平台的建设奠定了基础。随着"数字海洋""透明海洋""智慧海洋"等海洋信息平台建设方案的不断升级和完善，海洋信息化建设总体框架技术、应用服务开发技术、数据安全与共享技术等成为未来重要的发展方向。预计到 2035 年，各类、各级海洋信息平台可以实现互联互通，使用范围将从我国领海扩展至全球重要航路、重要港口区域、南北两极，为我国海洋强国战略的实施提供信息支撑。

三、我国应重点发展的技术

未来 15 年将是我国海洋领域实现跨越式发展的重要时期。结合本次技术预见第二次德尔菲调查问卷的结果，根据我国海洋信息化技术的特点和发展需求，今后我国在海洋信息化技术领域应该重点发展以下技术。

（1）海洋立体观测网技术。重点解决深远海复杂环境下，水上水下、海底多平台多节点立体观测设备、有缆供电与信息传输技术，以及节点组网和信息安全技术、多源信息融合技术等，建立海洋立体观测网络系统，实现对海上重点区域的信息服务与管控。

（2）多源海洋数据融合与无缝集成技术。海洋数据具有来源广泛、时空分辨率不均匀、指标参数繁杂等特点。将不同种类和规格的海洋数据无缝集成，可以发现海洋各部分之间的内在联系，了解海洋中物质和能量的运动规律，进而实现"透明海洋"的目标。

（3）海洋大数据智能挖掘与知识发现技术。基于机器学习等人工智能手段，深入挖掘大数据环境下的多源海洋数据，针对深远海等数据较为缺乏的区域，实现对该区域已有数据的充分利用，以提高海洋科学的研究效率，弥补观测数据的不足。

（4）海洋大数据可视化与分析技术。针对近年来呈井喷式增长的海洋大数据，需实现可交互的海洋多维立体的可视化应用。通过逐级分层建立海洋多尺度层级结构，建立大数据时代的海洋可视化与仿真模型，为进一步分析海洋中小尺度现象与活动机理奠定基础。

（5）水下导航定位技术。该技术以实现高精度远程水下导航定位为目标，发展针对性解决水下导航信息高可靠性的远距离传输技术、高精度同步时钟技术、多信息联合导航定位技术、长时间能源供给技术，为水下各类航行器提供导航定位服务。

（6）低轨卫星通信技术。海洋信息分散，单节点通信带宽需求有限，因此需要突破海洋信息跨介质高速传输技术、空天链路传输设备、空天广域传输分发技术等，建立自主可控的以低轨卫星通信为主、中高轨卫星通信为辅的海上卫星通信子网，为深海、远洋信息化建设提供快速、经济的保障服务。

参 考 文 献

［1］东阳日报. 潘德炉：智慧海洋建设期盼东阳人下海［EB/OL］［2017-10-03］. http://dyrb. zjol.com.cn/html/2017/10/03/content_909965.htm.

［2］王宏. 王宏：海洋强国建设助推实现中国梦［EB/OL］［2017-11-20］. http://www. qstheory.cn/2017/11/20/c_1121980249.htm.

［3］National Ocean and Atmospheric Administration. National Center for Environmental Information （NCEI）center［EB/OL］［2017-06-05］. http://www.nodc.noaa.gov/about/index.html.

[4] 王祎，高艳波，齐连明，等. 我国业务化海洋观测发展研究：借鉴美国综合海洋观测系统 [J]. 海洋技术学报. 2014, 33(6): 34-39.

[5] European iMarine committee. About iMarine [EB/OL] [2016-11-13]. http://www.i-marine. eu/Content/About.aspx?id=6cc695f5-cc75-4597-b9f1-6ebea7259105 & menu=1.

[6] 何广顺. 海洋信息化现状与主要任务 [J]. 海洋信息，2008, (3): 1-4.

[7] 崔爱菊，曲媛媛，韩京云. 浅谈"908 专项"档案整理工作 [J]. 海洋开发与管理，2013, 30(12):46-48.

[8] 李晋，蒋冰，姜晓轶，等. 海洋信息化规划研究 [J]. 科技导报，2018，36(14):57-62.

第六节　海洋探测技术

陈　鹰 [1]　瞿逢重 [1]　万步炎 [2]

（1 浙江大学；2 湖南科技大学）

海洋观测探测技术是海洋技术的重要组成部分，它借助传感器及其平台技术（如潜水器等）来获取海洋中的物理、化学或生物等信息。海洋探测技术只测定某一个时刻的量，而海洋观测技术测定一个时间段中的各量，获取的信息可反映被测对象属性的即时性。海洋观测探测技术可分为直接观测探测技术和间接观测探测技术两大类。直接观测探测技术获取的信息能直接反映被测对象的属性，而间接观测探测技术在获取信息后，还需借助实验室设备技术进行加工分析信息才能获取被测对象的属性。直接观测探测技术主要由海洋传感器技术、各类观测探测平台技术、相关支撑技术组成，而间接观测探测技术则依赖于各种采样技术（包括海底钻探技术等）[1]。

海洋科学是一门观测实验科学，因此海洋技术对海洋科学的进步与发展起着至关重要的作用。可以说，海洋科学发展的历史，事实上就是海洋技术发展的历史。海洋观测探测技术是各项海洋科学事业的基础，也是海洋技术的重要分支，对海洋科学的发展产生了深远的影响。每一次海洋科学的重大突破中，都能看到海洋观测探测技术的影子。每一项技术的革新，如潜水器技术的发展、卫星遥感技术的突破、水下滑翔机的出现、新型传感技术的出现、预测模式的完善等，都对海洋科学的进步具有重要的意义。

一、国内外发展现状

鉴于海洋观测探测技术的重要性，长期以来，国际海洋科学组织和海洋强国一直非常重视对海洋环境观测探测技术的研究[2]。早在 20 世纪 80 年代中期，海洋发达国家就相继提出了海洋科技与开发战略。进入 21 世纪，国际政治、经济、军事围绕着海洋活动发生了深刻的变化。在新的海洋战略及需求牵引下，为满足海洋生态环境和深海环境的长期连续观测需求，各国相继调整战略，进一步加大对海洋观测探测领域的投入[2]。

（一）直接观测探测技术

1. 海洋传感器

海洋传感器是海洋观测探测技术的基础，也是海洋科技界永远的研究热点[3]。在近期美国国家科学基金会（National Science Foundation，NSF）提出的海洋发展战略中，海洋传感器技术仍位列其中。随着海洋观测系统的发展，为满足深海生态环境的长期连续观测需求，美国、日本、加拿大和德国等已研制出全海深绝对流速剖面仪及深海高精度海流计、多电极盐度传感器、快速响应温度传感器、湍流剪切传感器、多参数水质测量仪等传感器件，并形成系列化产品。同时，随着海洋观测平台技术的发展，在与运动平台自动补偿的各类环境监测传感器方面也取得较大进展。目前，已研制出适用于 AUV、ROV、水下滑翔机和深海拖体等运动平台的温度、盐度、湍流、pH、营养盐、溶解氧等传感器。在"863 计划"的支持下，我国初步具备了发展系列化深海传感器的能力，研制出多种海洋观测仪器，包括高精度温盐深仪（CTD）、ADCP 和重力仪等。

2. 各类观测探测平台技术

潜水器技术是支撑海洋观测探测技术的平台之一。日本开发的"海沟号"无人潜水器曾经在马里亚纳海沟成功下潜至 10 900m 深度，创造了世界纪录，但在2003 年执行任务时丢失。美国载人深潜器下潜次数最多，其中 1964 年建造的"阿尔文号"载人深潜器首次发现了海底热液活动区，并找到"泰坦尼克号"沉船残骸，迄今已进行近 5000 次下潜，是当今世界下潜次数最多的载人深潜器；美国伍兹霍尔海洋研究所的"深海自控探索者"（autonomous benthic explorer，ABE）AUV 主要用于海底火山口和热液喷口的探测，自 1996 年研制成功至 2010 年在海底走失，下潜次数超过 200 次，平均每次海底探测面积达 16km²。当前，作为 ABE 的后续型号，Sentry AUV 的最大下潜深度达 6000m，能够在水下连续观测 36h。该机构最近开发出的无人潜水器 REMUS 被用作远程环境监控单元，执行海洋监测任务[4, 5]。近几十年来，中国深海潜水器的研究取得长足进步，先后研制成功下潜深度 1000m 的"探索者号"AUV 和下潜深度 6000m 的 CR-01AUV 和 CR-02 AUV，使我国成为世界上少数拥有 6000m 级自治式潜水器的国家之一。在载人深潜器方面，"蛟龙号"实现了我国载人潜水器零的突破，在 2012 年 7 月圆满完成 7000m 级的海试后，已多次用于实际科学考察工作。4500m 级"深海勇士号"载人深潜器于 2017 年完工后已投入实际运行，至今已下潜数百次，有力地支撑着我国深海科学研究事业；该载人深潜器实现了 90%以上国产化，标志着我国在潜水器设计能力、总体集成和应用等方面与国际水平相齐。

海洋观测网络是海洋观测技术的重要平台。欧美发达国家和地区具有先发的技术优势，在海洋通信和观测方面走在世界前列，至今已建成卓有成效的几个海洋观测网络，为海洋信息获取和利用提供了可用的手段。美国北卡罗来纳州立大学和南卡罗来纳州立大学联合开发的海洋观测预报系统，依靠水文气象台站、海上浮标、潜标等装置，获取研究海区的观测资料，可对海洋过程进行及时有效的监测及预报。美国飓风中心利用机载雷达和下投式探空仪组成的系统，获取台风环流区域的观测资料，并应用于美国环境预报中心台风强度的预报。国际 Argo 系统，结合卫星遥感和海洋浮标网，组成了现代化立体海洋监测系统，已广泛应用于一些大型国际海洋调查项目。日本气象中心开发的大洋浮标观测网和近海观测网络，形成了覆盖面较广的海洋观测系统，极大地促进了海洋经济的发展。美国军方研究机构结合海洋观测系统的数据，研究蒸发波导的统计特性，开发出中尺度耦合型海洋大气预报系统（the coupled ocean/atmosphere mesoscale prediction system，COAMPS）。现 COAMPS 已进入实用阶段。从 2005 年起，我国开始关注国外观测网络的进展。在 2009 年前后，同济大学和浙江大学分别建成海底观测网络试验系统——东海海底观测小衢山试验站和摘箬山岛海底观测网络系统。同期，中国科学院在南海布设了数十千米长的海底光纤观测阵列。"十二五"期间，在"863 计划"重大项目的资助下，国内数家涉海单位联合研制的海底观测网络"中国节点"成功对接美国蒙特利加速研究系统（monterey accelerated research system，MARS），并开展了长达半年的试验研究，推动了我国海底观测网络技术的发展。上海市科学技术委员会同期投资建设的东海海底观测应用系统，为我国全面建设观测网进一步积累了宝贵的经验。在近 10 年的研究基础上，作为我国的重大科学基础设施的"国家海底长期科学观测系统"大科学工程已经立项，预计其海缆总长达 1500km 以上[6]。

3. 支撑技术

海洋电子技术是海洋应用中所有电子技术的总和，包括通信、探测、导航、传感、控制和显示等多种技术。海洋电子系统涵盖海洋应用中各种不同用途的电子设备，是海洋观测探测的支撑技术。海洋电子与传统船舶电子的主要区别是以水下、海底为主要应用方向。电子技术在海洋应用中面临着应用环境复杂恶劣、能源供给困难、海上信息交互和远程通信难度较大和安全问题突出等挑战。为满足海洋的应用需求，海洋电子技术对高可靠、低功耗、小型化、轻量化等有着较高的要求。我国当前海洋电子的发展水平与其他电子技术的发展不对称，与国际先进水平的差距也较大。海洋电子技术的薄弱，导致我国涉海元件、仪器和装备的落后，以及海洋探测、开发、管控能力的不足和海洋装备产业的落后。

（二）间接观测探测技术

海底钻探技术是支撑深海海底的观测探测技术，所获得的海底样品对研究海底科学和开展资源勘探具有重要意义。海洋地质钻探是开展海底深层地质取样的主要手段之一，也是目前海底深层硬岩取样的唯一手段。20 世纪 50 年代末，出现了一系列实用化的海底钻机。这段时期的海底钻机以浅海（水深 500m 以内）、浅钻（钻深 10m 以内）、功能单一、智能化低为主要特点。20 世纪 90 年代后，海底钻机［如英国地质调查局（British Geological Survey，BGS）研制的 RockDrill-2 和美国威廉姆森联合公司（Williamson＆Associates）开发的 BMS-2］的适水深度达到 6000m，钻探深度扩展至 50m。2006 年，BMS-2 在日本的东海小笠原群岛附近海域（水深 5815m），成功钻取 4.4m 的岩心样品。2005 年，挪威曾启动一项耗资 8 亿～16 亿美元的海底深钻计划，其核心内容是：由挪威机器人钻井系统公司（Robotic Drilling System AS）在已有 Autonomous Drill 海底钻机的基础上，研制出一套钻深超过 600m 的大型深层海底钻探系统 Seabed Drilling Rig，目前进展尚不清楚[7]。2007 年前后至今，海底钻机已达到钻深

125m，主要代表有澳大利亚的 PROD、德国的 MeBo、美国的 A-BMS、ACS 和
ROV Drill，以及加拿大的 CRD100。我国深海钻机的研制虽起步晚，但进步
快。国内首台深海底浅孔钻机于 2000 年开始研制，2003 年海试成功，2004 年起
在"大洋一号"船上应用，迄今已在太平洋底钻取 1000 多个岩芯样本。在"863
计划"支持下，2010 年，我国成功研制出深海底中深孔岩芯取样钻机，该钻机
命名为"海牛号"，钻孔深度能力达到 20m，基本满足了深海海底浅层硫化矿勘
探的需求。2015 年，"海牛号"深海钻机采用先进的海底遥控绳索取芯技术，既
可采用旋转方式钻取硬岩岩芯，也可采用压入式来钻取沉积物芯，同时具有静
力触探试验（cone penetration test，CPT）功能，在南海成功海试，钻进深度达
60m。2016 年，在我国某海域圆满完成海底能源资源勘探任务。2017 年，经技
术升级，其钻进深度扩展至 90m，并在我国南海成功实施深海工程地质钻探，
钻获 900 余 m 高质量深海岩芯样品。2017 年 7 月，科技部启动了国家重点研发
计划项目"天然气水合物海底钻探及船载检测技术研究与应用"，计划研制钻进
深度大于 200m、具备保压取芯功能的海底天然气水合物保压取芯钻机系统。

二、重要技术发展方向展望

海洋通用技术作为水下探测观测装备的核心部件和关键技术之一，目前朝
着模块化、标准化和通用化的方向发展。在水密接插件方面，市场上已经出现
可满足不同水深、电压、电流的电气、光纤及光电复合的水密接插件产品；在
水下导航与定位方面，法国 IXSEA 公司推出了针对水面、水下 3000m 和水下
6000m 的可用于水面舰船，潜艇和 ROV、AUV 等潜水器的不同用途的多种型号
水下导航产品；在浮力材料方面，市场上已出现可满足不同水深、具有不同用
途（包括水下潜器、遥控潜器脐带缆、水下声学专用）的浮力材料；水下高能
量密度电池也实现了模块化，无需耐压密封舱就可在水中直接使用。

海洋电子技术未来将朝着集成、小型化、低能耗方向发展。如同航空航天
电子在过去 50 年内重塑航空航天技术一样，可以预见，海洋电子技术的发展将
在未来全面革新海洋工程与技术。目前，电子系统仅作为海洋平台的附属系
统，而未来的海洋平台主要功能就是搭载海洋电子系统进行探测与作业。海洋
电子技术的重点发展方向包括：以集成电子技术来减小系统的体积、重量和功
耗，降低互连的不稳定性，缩小封装尺寸和难度；以低功耗电子技术来延长海

洋电子装备在海洋应用中的值守时间；以海洋电子技术和材料封装技术来改变目前电子系统与面向海洋应用的水密、抗压密闭封装分离设计的现状，使电子系统和面对海洋应用的封装进行整体的有机设计成为可能，大幅度减少海洋电子设备的尺寸和重量。

未来，海洋传感器技术将朝着更广（观测探测量越来越广，可覆盖物理、化学乃至生物量）、更深、更精准、更持久的方向发展。海洋传感器技术，特别是海洋生物化学传感器，将以高可靠、高精度、长周期、可原位使用为发展目标。同时，谱系化地开展水下运载技术的研究，形成全海域的抵达能力，以支撑认识海洋的活动。

海洋观测探测平台技术将朝着多样化、多功能化方向发展。随着电子技术的发展，海洋探测平台呈现出多样化态势，当前用于水文观测的主要有遥感卫星、岸基雷达、潜标、锚定浮标、漂流浮标、Argo 浮标等。由 Argo 浮标组成的全球性观测网，用于收集全球海洋上层的海水温、盐度剖面资料，以提高气候预报的精度。在物理海洋探测方面，主要有电、磁、声、光、震等探测平台，用于探测海洋地形、地貌、地质及重磁场。物理海洋探测平台朝着多功能化方向发展，将浅地层剖面仪、侧扫声呐、摄像系统等组成深海拖体，对海底进行探测。此外，海洋生态探测平台将荧光计、浊度计、硝酸盐传感器、浮游生物计数器及采样器、底质取样器等集成在一起，形成海底化学原位探测与采样装备。

在潜水器技术方面，ROV 朝着重型化作业型方向发展，AUV 朝着超远程化方向发展。随着深海资源探测的不断推进和深入，人类对作业型 ROV 的需求越来越大，并且对其作业能力提出了更高的要求和更大的需求。强大的作业能力及更广的作业范围已成为重载作业级 ROV 的发展方向。对于动态的海洋现象及精细化的海洋观测来说，AUV 具有其他观测平台不具有的优势。此外，海洋观测是在较大尺度上进行的，因此超远程 AUV 是未来发展的重点。在海洋探测方面，ROV 具有作业功能，在完成观测任务的同时可进行采样，但由于携带脐带缆，被限制了作业范围。AUV 可进行大范围的海洋观测，但一般不具备作业功能，因此混合型潜水器应运而生。

海洋观测网络的发展方向是多平台结合，以增强其自适应性。海洋观测网络包含各种观测平台（天基、空基、岸基、海面、水下和海底等），其中既有移动的观测平台（如卫星、调查船、漂流浮标、Argo 浮标、水下滑翔机、AUV 等），也有固定的观测平台（如锚定浮标、锚定潜标、岸基雷达等）。海洋过程是一个时空耦合的复杂过程，因而海洋特征在时间和空间尺度上都是变化的。将移动观测平台与固定观测平台组合起来，利用海洋观测网获得更好的数据来研究和揭示海洋现象，是今后观测技术的重要发展方向。

最近提出的基于水下直升机（underwater helicopter）的海底观测网络值得重视。水下直升机是一种能够在海底垂直升降的装置，通过浮力调节进行沉浮运动，同时有水平运行的推进系统，可以配合海底观测网络，形成功能更为强大的海底观测网络。利用它可以连接海底观测网络的终端和远程观测站（未连接在海底观测网络上），进行数据的接驳（移动硬盘功能：非接触式地从远程观测站下载数据并传到海底观测网络终端），以及电能的供给（移动充电器功能：从海底观测网络上获得电能之后对远程观测站进行非接触式充电）。该技术将使海底观测网络的影响范围拓展得更广。

海底深钻技术将朝着工作水深和钻探深度更深、孔径更大的方向发展。未来 10~20 年，深海矿产资源的开发将形成新兴产业。大量已经初步查明的深海底矿点需要开展钻探详勘。目前，比较有开发前景的深海矿种包括深海多金属硫化矿、深海多金属软泥等，其赋存水深可达 6000m，海底赋存深度可达 200~500m。然而，目前已有的海底钻机适用水深不超过 4000m，钻深能力不超过 200m，不能完全满足这些深海矿产资源钻探详勘的需求。未来，需要解决系统在海底的模块化组装与分解、重型收放系统绞车、大承载能力脐带缆等关键技术。

三、我国未来应重点发展的技术

结合本次技术预见第二次德尔菲调查的结果，根据我国海洋观测探测技术已有的基础和建设海洋科技先进、海洋经济发达、海洋生态文明、海洋综合国力强大的海洋强国的要求，我国今后在海洋探测技术方面应该重点发展以下技术。

（1）海洋电子技术。预计未来 10~20 年，海洋电子装备将实现微小型化、低功耗化、智能化，为探测海洋的透明化、智慧化提供保障。

（2）声学及非声学海洋传感器国产化技术。需要突破的关键技术包括传感器数据的校正与再分析、耗电问题等，以实现体积小、低功耗、响应迅速的国产化海洋传感器。

（3）AUV 自主作业技术。深海 AUV 自主作业技术涉及计算机技术、控制技术、材料技术和人工智能等多个学科，围绕深海 AUV 专业化、模块化、集群化、智能化的目标，需重点突破总体设计技术、智能化控制技术、集体协同技术、水下数据链通信等关键技术。

（4）海底观测网络。预计未来 10～20 年，我国将全面掌握相关核心技术，成功综合集成水下无线网络系统与水下移动观测平台，形成新型海底观测系统。同时，开展电能与信号无线传输技术的量子力学、光学、电磁学等基础理论研究，实现水下无线电能供给及无线信息传输的新突破，以支撑建立基于高速水下无线电能及信号传输的、结合移动平台（如 AUV、水下直升机等）的海底有缆观测网络系统，实现我国"领跑"国际海洋观测探测技术的历史性跨越。

（5）海底钻探技术。重点发展大深度海底钻探技术，实现海底海洋资源探测技术的整体提升。预计到 2025 年左右，我国将开发出最大适用水深达到 5500～6000m、海底钻深能力达到 200～500m 的大水深深孔海底钻探装备，2030 年左右进入实际应用阶段。同时，探索海底地下钻泥钻岩机器人取样技术的新方法，并形成一定的海底地下钻泥钻岩机器人取样能力。

参 考 文 献

［1］陈鹰，黄豪彩，瞿逢重，等.海洋技术教程.2 版［M］.杭州：浙江大学出版社，2018.

［2］尹路，李延斌，马金钢.海洋观测技术现状综述［J］.舰船电子工程，2013，33(11):4-7.

［3］Xu H，Pan Y，Wang Y，et al. An all-solid-state screen-printed carbon paste reference electrode based on poly(3，4-ethylenedioxythiophene) as solid contact transducer［J］. Measurement Science and Technology，2012，23(12): 125101.

［4］徐伟哲，张庆勇.全深海潜水器的技术现状和发展综述［J］.中国造船，2016，57(2):206-221.

［5］李硕，刘健，徐会希，等.我国深海自主水下机器人的研究现状［J］.中国科学：信息科学，2018，48(9):1152-1164.

［6］Qu F，Wang Z，Song H，et al. A study on a cabled seafloor observatory ［J］. IEEE Intelligent Systems，2015，30(1):66-69.

［7］朱心科，金翔龙，陶春辉，等.海洋探测技术与装备发展技术［J］.机器人，2013，35(3):376-384.

第四章
海洋领域关键技术展望

第一节　面向防灾减灾的高海况低成本快速自组网技术

吴宏东[1]　马超光[1]　齐义泉[2]

（1 上海亨通海洋装备有限公司；2 河海大学）

一、重要意义

海洋观测是获取海洋状态要素信息的最直接手段，是揭示海洋要素时空分布特征和变化规律的基础与前提。在认知海洋的推动下，出于成本或效率的考虑，人类不断地改进海洋观测技术或手段，以获取更加廉价和丰富的海洋信息。目前，在沿海国家和地区政府的资助下，全球大洋和区域海洋的现代海洋观测体系逐渐建成并不断发展完善[1]，有力地支撑了科学研究和海洋大气的业务化预报。尽管海洋观测已取得长足进步，但相对于浩瀚的海洋来说，海洋观测资料的时空分布仍具有极不均匀性。海洋观测资料的限制，导致人类对海洋过程的理解产生局限性或错误。海洋观测技术仍不能满足科学研究和业务化预报的需要。中国因特殊的地理位置面临着更多的海洋灾害压力，而业务化的海洋观测站（网）无法满足突发性的防灾减灾需求，因此亟须提升海洋环境预报的水平。在防灾减灾或突发事件的需求与新技术的推动下，开发快速、高效、低成本的海洋观测技术将成为未来海洋观测技术发展的趋势之一。

二、国内外发展现状

早在 15 世纪末,人类便开始获取波浪、潮汐和海流等的相关资料。到 19 世纪和 20 世纪,在众多航次观测的基础上,海洋学的主要理论迅速发展起来。此后,单纯的科学调查船观测已不能满足海洋学家进一步深入研究海洋现象及海-气相互作用的需求,更大范围、更长时间的现场海洋观测计划应运而生。20 世纪最有影响的观测计划是热带海洋全球大气计划(Tropical Oceans Global Atmosphere Program,TOGA)和世界海洋环流实验(World Ocean Circulation Experiment,WOCE)。进入 21 世纪,对中、深层海洋的观测逐步发展起来(包括 Argo 浮标的布放、无人潜航器的研制、海底观测网络的建立等)[2, 3]。至此,由遥感观测、海面观测和水下观测组成的全球海洋立体观测系统初步形成,同时海洋数据的质量控制、整理及分发也发展成熟,人类真正进入全球性海洋观测业务化的新时代。下面重点以海面观测和水下观测为例,介绍以物理海洋学为主的观测技术的发展。

(一)海面观测

人类对海洋的了解是从海面观测开始的,因此海面现场观测数据有着最长时间的积累,海面参数的观测精度也比水下观测、遥感观测的精度要高,而其相对较低的成本也使海面现场观测的空间覆盖率远远高于水下观测。

(1)海洋测量船。海洋测量船也叫海洋调查船,是一种能够完成海洋环境要素探测、海洋各学科调查和特定海洋参数测量的舰船。虽然海洋测量已从单一的水深测量拓展到海底地形、海底地貌、海洋气象、海洋水文和地球物理特性的测量,但是海洋测量船在遥感、浮标等观测技术出现后作用反而日益突出。CTD 和 ADCP 是现在海洋调查船搭载的最常见的水文观测设备,能够实现高精度的海水温度、盐度、压力和海流现场观测。船测高精度资料已广泛应用于海洋科学的宏观和微观研究中,并取得了显著效果,如通过极区南大洋严寒海水的调查,发现海水离开极区流动形成了地转流。投弃式温深仪(XBT)精度较低、分辨率较小,但投放无需绞车,可在各种舰船的走航中投放,且探头成本低廉,因而可大量使用以获得大范围海域的准同步现场温度剖面。

(2)岸基台站和浮标。岸基台站和浮标是海洋观测的定点平台,具有监测分布面广、测量周期长、观测数据实时传输等特点,是海洋和水文监测的主要工具。浮标集成了计算机、通信、能源、传感器测量等技术，科技含量较高。岸基台站和浮标平台是海洋灾害预警的重要信息来源，海洋大国沿岸及近海均设有大量的潮汐站、波浪站、综合海洋站及浮标等监测平台，能够对风向、风速、气温、气压等大气要素和海温、盐度、波高、水位、海流等海洋要素，以及海洋生态环境、海洋污染物等进行实时观测。海洋表面漂流浮标 Argos 利用卫星跟踪表面浮标进行拉格朗日海流观测，具有成本低廉、体积小、质量轻、便于投放作业、不易遭破坏、不受人为限制等特点，近年来广泛应用于海洋上层环流观测与研究中。20 世纪 80 年代以来，随着 TOGA 和 WOCE 的实施，很多国家在海洋调查中大量使用 Argo 浮标。从海洋环流和海洋物质输运的角度而言，这种拉格朗日海流观测方法是表层流场研究中一种直接而有效的手段。

（二）水下观测

随着海洋学研究的不断深入和天气、气候预报的发展，其对海洋三维、同步观测产生了日趋强烈的需求，多种海洋立体观测网络迅速建立，实现了从表层、次表层、中层甚至深层和海底的同步、多要素观测，同时观测的自动化和实时传输能力也越来越强。

1. 海床基监测系统

海床基监测系统是获取水下长期综合观测资料的重要技术手段，具有长时间自动观测、隐蔽性好等特点，用于对海底环境进行定点、长期、连续、综合的自动监测，其监测对象包括水位、海流剖面、海底温度、盐度等环境因素[4]。

2. 海洋潜（浮）标系统

海洋潜（浮）标系统（又称水下浮标系统）是对海洋水下环境进行长期、定点、多参数剖面观测的锚系系统，具有观测时间长、隐蔽性强、测量不易受海面气象条件影响等优点，在 20 世纪 70 年代后得到了广泛应用。现今全球规模最大的潜标系统是 TOGA 项目下的全球热带锚定潜标阵列，该阵列主要包括太平洋的 TAO/TRITON 阵列、大西洋的 PIRATA 阵列和印度洋的 RAMA 阵列，能够实时传输多种气象、水文要素（包括海表面的短波辐射、长波辐射、降雨、风场、相对湿度、气压、气温，以及海表至观测深度的温度、盐度和海流）。这些阵列提供的海洋要素的连续记录，使人类对热带海-气相互作用及其对全球大气的影响、赤道流系、赤道温跃层动力过程和垂向温、盐结构等有了更深入的认识，特别是发现 El Niño 的反馈机制。

3. 水下移动观测技术

水下移动观测技术主要包括 Argo 浮标和水下航行器。Argo 浮标指用于建立全球海洋观测网的一种专用测量设备，可在海洋中自由漂流，按预定程序自动上升、下降和采集数据，并利用卫星发送测量数据。它可以自动测量从海面到 2000m 水深的海水温度、盐度和深度，并根据漂移轨迹获取海水的移动速度和方向。ARGO 全球海洋实时观测网是 1998 年由美国、法国和日本等国家大气和海洋科学家推出的一个大型海洋观测计划，可以快速、准确、大范围收集全球海洋 0～2000m 的海水温度和盐度剖面资料，有助于更细致地了解海洋大尺度的实时变化，提高气候和海洋预报的精度，有效防御全球日益严重的气候和海洋灾害。

水下航行器是现代海洋观测的标志性装备，是海洋立体观测的发展方向，可分为载人水下航行器（HOV）和无人水下航行器（UUV），其中无人水下航行器又可分为无人遥控潜水器、AUV、无人水下滑翔机（AUG）。目前，最具有代表性的无人水下航行器是美国 WHOI 研制的远程环境监测装置 REMUS。REMUS 是一种低成本的近海环境调查监测和多任务作业平台，主要用于水雷探查、目标监测、情报搜集和军事海洋环境研究。它搭载的设备主要有侧扫及前视声呐（DIDSON）、CTD、ADCP、视频浮游生物记录器、浮游生物泵、辐射计、生物荧光计、光学后向散射计、浊度传感器等。

三、重要技术发展方向展望

随着光纤通信技术在海洋观测技术中的深入应用，海洋观测技术的效率和成本发生了革命性的变化，一个显著的标志就是美国莱特浩斯（Lighthouse）公司在阿曼海成功布放并运行的灯塔海洋观测计划（LORI）光纤海洋观测系统[5]。受该系统的启发，再根据人工智能技术和自控技术的发展，预计在未来 10～20 年有望实现业务化的低成本、快速自组网观测与应用分析能力。为适应高海况观测，除了卫星遥感技术外，海底观测网系统仍可能是主要发展方向。

（一）海岸基站技术

海岸基站将海底电网和通信网连接到陆地电网和通信网，可监控海底观测系统的电力系统和通信系统，管理和缓存科学数据与系统数据，提供世界标准时间授时服务。海岸基站是整个海底观测网的核心，负责控制整个网络的正常运行，给海底观测设备输送高压电能，同时也是数据传输的终点，负责接收最终的观测数据。观测数据被接收后经过各种软件处理，就可以实时显示、储存或发送给信息中心。海岸基站对大量数据的处理能力体现了海岸基站系统在整个海底观测系统中的作用。海岸基站技术包括硬件技术（解决岸基站的硬件配置的合理性、高效性和稳定性问题）和软件技术（用来处理大量数据），以及系统的网络安全技术（保护海底观测网络的数据不被窃取）等。

（二）电能供给技术

电能的供应是海底观测网的关键，是从海岸基站通过海底电缆输送到海底主基站（主接驳盒）的。交流供电有较大的无功损耗，会大大降低传输效率，因此不适合用在海底观测网中。目前，跨洋通信系统广泛采用标准的单极光电复合通信海缆。其采用的电力系统总体方案为：负高压单极直流输电，以海水作为电流的回路，岸基 PEE 为电压源，与海底负荷并联供电[6]。

（三）海底接驳技术

海底接驳技术是海底观测网络技术中的重中之重，它主要承担海底电能与信号传输、分配与管理等任务。海底接驳盒是对电能和数据信号进行集中转换和处理的中间环节，是海底观测网络中的重要组成部分。海底接驳盒主要包括三大功能模块：电能转换、分配模块，信号处理、存储和通信模块，以及观测设备插座模块。海底接驳盒的关键技术主要包括防水密封技术，防腐防微生物技术，水下湿插拔接口技术，电能转换分配技术，岸基站、海底接驳盒及观测设备插座模块之间的通信技术，密封舱体中电子芯片散热技术和小型化设计技术等。

（四）观测设备插座模块技术

海底各个观测设备都需要利用海底接驳盒将测得的数据反馈给海岸基站，因此海底接驳盒就需要与许多设备相连接，而插座模块就是其连接的桥梁。科学信息发布模块（SIIM）是一种可将海底各种观测设备连接入观测网的观测设备插座模块，可兼容不同接口的仪器设备，提供标准的电力和通信接口，使符合规范的观测仪器可直接连接到海底观测网。SIIM 主要由电源模块和通信模块组成。通信模块由串口服务器和交换机组成，负责信号的传输。一个海底接驳盒加若干个观测设备插座模块和一些海底观测仪器就构成了一个节点，多个节点连接起来就构成了大范围的海底观测网。

（五）先进的光电一体化的传感器技术

在海洋原位观测中，水质数据的传统检测方式主要为电化学法，但由于存在检定溶液的离子交换现象，需定期校准传感器，甚至更换传感器。海洋观测的应用场景不允许经常进行校准维护。随着现代光电检测技术的发展，基于荧光猝熄、红外折射/反射法和多光谱萃取法等原理的传感器广泛用于检测水质中的化学需氧量（COD）、生化需氧量（BOD）、254nm 处的光谱吸收系数（SAC254）、总有机碳、溶解有机碳、硝酸盐氮、亚硝酸盐氮浊度、溶解氧、色度、浊度、透明度、总悬浮物、叶绿素 a、蓝绿藻、臭氧、水中油、苯系物（酚类）等；这些方法无需化学溶液的介入，可快速、长期、稳定地进行在线原位观测，并利用单个传感器实现多项参数的一体化检测。

（六）水下无线通信技术

水下无线通信分三大类，即水下电磁波通信、水声通信和水下量子通信，各自具有不同的特性及应用场合。海洋各种复杂环境因素使水下无线通信存在诸多技术难题。电磁波受水文条件影响甚微，因此水下电磁波通信相当稳定。然而，电磁波在大气中的衰减仅为 1.5～3dB/Mm[①]，而在海水中的衰减是 0.2～10dB/m，且在水中按指数规律衰减，波长越短衰减越大，水的电导率越高衰减越大。因此，电磁波只能实现短距离的高速通信，不能满足远距离水下组网的要求。未来，水下电磁波通信的发展趋势为：提高发射天线的辐射效率，同时增加发射天线的等效带宽，以增加辐射场强并提高传输速率；应用微弱信号放大和检测技术来抑制和处理内部、外部的噪声干扰，优选调制解调技术和编译码技术来提高接收机的灵敏度和可靠性。此外，有些学者在研究超窄带理论与技术，力争获得更高的频带利用率，也有学者正在寻求能否突破香农极限。

在水下无线通信中，水声通信技术最为成熟。因声波在水中的衰减最少，水声通信适用于中长距离的水下无线通信。在目前及将来的一段时间内，水声

---

① 1Mm=1000km。

通信是水下传感器网络中主要的水下无线通信方式。但水声通信技术的数据传输率较低，未来需克服多径效应等不利因素，实现提高带宽利用效率的目的。

水下量子通信具有数据传输率高的优点，但受环境的影响较大，未来需要克服环境的影响。

（七）机动性强的自组织无人运载技术

随着通信技术、导航技术、人工智能、新能源、新材料等技术领域的迅猛发展，水下航行器也得到了迅速发展，主要表现在以下几个方面。

（1）智能化发展。在控制信息处理系统中，将逐渐提高图像识别、信息处理、精密导航定位等技术水平，发展大容量存储系统，使水下航行器向更智能、精准化的方向发展。

（2）混合型方向发展。未来水下机器人，不仅有标准的 ROV、AUV 和 AUG，还有集多功能于一身的混合型水下机器人。

（3）低功耗方向发展。水下航行器的体积有限，电池容量有限，在复杂的海况下难以更换电池，故开发低功耗的水下航行器尤为必要。

（4）远航程、深海型和多航行器协作方向发展。

此外，随着无人飞机、无人战车、机器战士逐渐在战场上显示出越来越大的威力，无人化战争已相对清晰。海洋空间智能无人运载器也得到迅速发展。未来，它们将在海洋国土安全、海洋开发等方面发挥越来越大的作用。国内外都十分重视该领域的研究，已取得多项鼓舞人心的成果，并逐渐得到应用。

（八）高性能海洋数据计算及安全技术

来自卫星、飞船、空间站、无人机、船载监测平台、岸基雷达、浮（潜）标、水下机器人及海底观测网等的大量图像、数据和信息，迫切需要被及时存储和处理。第一，在数据存储及管理技术方面，传统的关系型数据库已不再适应不断增长的数据存储和访问的要求；而非关系型数据库则能很好地处理海量数据，具有高吞吐量、低复杂性、较高扩展性等特点，可胜任大尺度数据存储管理任务。第二，数据可视化是数据的视觉表现形式。它借助图形化手段，可清楚有效地传达与沟通信息，其关键技术包括高维多元数据的可视化分析、流数据的可视化分析，以及可视化中的交互技术。第三，数据挖掘是从大量的、不完全的、有噪声的、模糊的、随机的数据中提取事先不知道隐含在其中的有用信息的过程，其关键技术包括数据降维、数据聚类、关联分析、回归算法及数据分类等[6]。第四，在安全技术方面，海洋数据是非常重要的战略资源，具有海量性、多类性、异质性、时效性、超高维性、敏感性、空间性、安全性，在存储、访问、计算、共享和监管等环节中存在安全问题，应在信息采集、传输、存储、处理、发布等全生命周期各环节中，保证机密性、完整性、认证性、可控性、不可抵赖性[7]。

全球最快超级计算机都率先应用于以海洋为核心的地球科学中。超算大科学装置与地球模拟器相伴而行。超级计算、人工智能、大数据等信息领域的重大变革为海洋模拟器注入了新活力，使海洋科学进入了一个崭新时代。目前，已建立覆盖大气圈、水圈、岩石圈和生物圈的高精度全球海洋系统模拟器，可为气候演变预测、气象预报、海洋新药研发、渔业矿产资源利用等各领域提供广泛的人工智能与大数据支持。

四、结语

现有的海洋大气立体观测系统对常规天气过程或大中尺度海洋大气过程具有一定的监测能力，能够基本满足或支撑常规海况下的海洋环境保障需求，但不能满足防灾减灾或应急保障对特殊区域或高海况海域的三维海洋精细化实时分析和预报需求。因此，开发低成本、快速自组网的海洋三维环境观测技术，并与日常业务化海洋观测与预报系统相融合，是业务化海洋学进一步实现多目标、精细化保障的关键，也是未来 10~20 年海洋三维环境信息获取与分析应用的主要发展方向。而先进的光电一体化的传感器技术、通信技术和机动性强的自组织无人运载技术与高性能海洋数据计算及安全技术的综合运用，可望在未来 10~20 年为低成本、快速自组网观测与应用分析系统提供业务化保障能力。

参 考 文 献

[1] 吴立新，陈朝晖. 物理海洋观测研究的进展与挑战. 地球科学进展 [J]. 2013，28(5)：542-551.

[2] 陈大可，许建平，马继瑞，等. 全球实时海洋观测网（Argo）与上层海洋结构、变异及预测研究. 地球科学进展 [J]，2008，23（1）：1-7.

[3] 刘增宏，吴晓芬，许建平，等. 中国 Argo 海洋观测十五年 [J]. 地球科学进展. 2016，

31(5): 445-460.

[4] 陈令新，王巧宁，孙西艳，等. 海洋环境分析监测技术 [M]. 北京：科学出版社，2018.

[5] 王展坤，Steven D，Stephanie I，等. 北阿拉伯海的光纤海洋观测网络：成功、挑战和机遇 [J]. 地球科学进展，2013，28(5): 529-536.

[6] 海洋地质国家重点实验室（同济大学）. 海底科学观测的国际进展 [M]. 上海：同济大学出版社，2017.

[7] 黄冬梅，邹国良，等. 海洋大数据 [M]. 上海：上海科学技术出版社，2016.

第二节　深水油气开采技术

刘怀山　李倩倩

（中国海洋大学）

一、重要意义

海洋是油气资源的重点接替区之一，深水将成为未来海上油气开发的主要区域。全球深水油气勘探开发的投资占海上投资的1/3，在全球投资排名前50的超大项目中，有 3/4 是深水油气勘探开发项目。近年来，在国际油价断崖式下跌的情况下，部分海上油气资源国通过放宽对外合作的财税条款和增加招投标活动，吸引国际石油公司参与本国深水油气资源的勘探开发，各大国际石油公司也普遍加大了对深水油气资源的投资力度[1]，使全球深水油气产量和新增储量占比不断攀升。2018 年，全球海域发现油气田 68 个，新增 2P（证实储量与可能储量的和）可采储量 9 亿 t，占全球新增储量的 82.8%，其中深水、超深水油气发现占 60%[2]。全球重大油气发现的 70% 来自水深超过 1000m 的水域，深水油气产量大约占海上油气总产量的 30%。在我国南海海域，石油地质资源量为 230 亿～300 亿 t，天然气地质资源量约为 16 万亿 m^3，占我国油气总资源量的 1/3，其中 70% 蕴藏于 153 万 km^2 的深水区域。2019 年 1 月，中国海洋石油集团有限公司制定了七年行动计划，计划到 2025 年公司勘探工作量和探明储量要翻一番；同年 5 月，该公司南海西部和东部油田"两个 2000 万"生产目标正式提上日程[3]。从全球新增的油气发现量可以看出，深水油气的发现量十分巨大，呈现出水越深发现量越大的趋势。因此，深水油气对全球未来的油气发展具有重要意义。

海洋也是我国未来油气产业发展的战略要地。深水区已成为我国未来海洋油气开采的主战场和新增储量接替区。对于中国而言，突破深海探测关键技术，推进深海油气开采技术的创新和装备自主化，加大深水油气勘探开发的力度，加快推进海上油田的开发，提升国内油气资源自我供给和综合保障能力，是建设海洋强国和"21世纪海上丝绸之路"至关重要的一环。

二、国内外发展现状

（一）国外发展现状

海洋油气是战略性资源。进入 21 世纪以来，世界各大石油公司和相关科研院所纷纷加大对深水油气的布局，制定了深水油气开采的中长期发展规划（如欧洲的"海神计划"，以及美国和加拿大的"海王星"海底观测网等），持续开展了深水工程技术及装备的系统研究工作。这些规划或计划极大地促进了深水油气开采技术的发展和开发方式的革新，使深水油气开采的成本持续下降，开发效能稳定增长，开发领域加快向深海方向拓展。近年来，在南美巴西东部被动陆缘带、西非大西洋沿岸、墨西哥湾、澳大利亚西北陆架、东南亚等深水海域，相继发现了一些大型和巨型油气田，勘探领域已扩展到水深 4000m 的超深水海域。

深水油气开采是一项综合性工程，涉及海上平台设计、海洋钻井、水下生产系统设计、深水海底管道和立管工程及深水流动安全保障系统管理等多个技术领域。

对于深水作业而言，固定式平台不能满足油气开采的要求，移动式平台是未来发展的主流。韩国与欧美在浮式钻井平台建设方面开展研究较早。目前，技术比较成熟的第六代深水半潜式钻井平台，生产作业水深普遍大于 3000m，钻井深度能力远超 10 000m。例如，2009 年丹麦马士基（Maersk）公司推出的马士基开发者（Maersk Developer）号半潜式钻井平台，额定作业水深为 3048m，钻深能力为 9144m。荷兰豪氏威马（Huisman）设备公司的深水浮式钻井装置，其额定钻深能力为 12 190m。在浮式生产平台的制造方面，韩国的浮式生产储油船的整体设计水平较高，达到较大水深，拥有较高的储油能力。

　　水下生产系统具有建设时间短、投资少、受灾害影响小和可靠性强的优点，是深水油气开发的主流模式，目前应用最为广泛的是电液复合式水下生产系统。2012年，挪威国家石油公司提出"海底工厂"的全海底生产模式，并计划于2020年安装到北海的阿斯加德（Asgard）油田；同时在该油田首次商业化地部署了海底天然气压缩系统，可将Asgard油田的采出流体，经管线输送至50km外的海洋平台。法国道达尔石油公司在非洲安哥拉海面巨人（Pazflor）油田部署了多品级合采海底分离系统，首次用大型海底设施实现了天然气和凝析油的分离。巴西国家石油公司在坎坡斯盆地马林（Marlim）油田900m水深处，部署了用于分离深水海底重质油和水的系统，实现了油藏产出水的回注，降低了油层伤害的风险。

　　在深水海底管道铺设方面，其研究的热点主要集中于柔性软管研发和深水铺管船作业能力。北溪（Nord Stream）和兰格勒德（Langeled）管道铺设项目中进行了X70[4, 5]、X80等更高强度的管材，将其用于海底管道的论证工作，且该工作正在进行中。由俄罗斯输往德国的跨区域海底管道工程——天然气管道北溪（Nord Stream）于2012年建成投产，是管径最大、路由最长的海底管道，路由全长达1225km，管径为48in①，最大水深210m，最大设计压力为22MPa，年输送天然气为550亿 m³[6]。铺设水深最深的海底管道是2017年开始建设的由俄罗斯输往土耳其的天然气管道土耳其溪（Turk Stream），由两条并行的32in海底管道组成，路由全长为940km，最大水深为2200m，最大设计压力为30MPa，年输送天然气为315亿 m³[7]。正在建设的中东输往印度的萨格（SAGE）天然气管道，路由全长达1278km，管径为27.2in，最大水深为3420m，最大设计压力为40MPa[8]。国外主要深水油气田开发建设的海底管道工程主要集中在墨西哥湾和巴西海域，铺设水深最深的是Perdido Norte油气田海底管道，安装水深达2961m。

　　高压低温的开采环境和水合物生成、蜡沉积、严重段塞流等都给深水油气开采带来了潜在的安全风险。欧洲的"海神计划"和巴西国家石油公司的系列深水计划PROCAP、PROCAP2000、PROCAP3000都对流动安全和保障技术进行了专题研究[9]。国外相关技术公司已开发出多种深水油气田流动监测与管理系统，并成功应用在北海、墨西哥湾及西非等地区的一些深水油气田中，取得了良好效果。近年来，油气管线主动加热和水下多相分离等技术的发展也为保障深水油气的安全生产提供了新手段。

---

① 1in=2.54cm。

（二）国内发展现状

我国是世界海洋油气生产大国。近年来，我国深水油气开采呈现出良好的发展态势，拥有向深海进军的基本手段，先后在南海海域荔湾 3-1、流花、陵水 17-2、陵水 18-1 等油气田取得突破。在深水油气勘探技术方面，在"十二五"期间取得了积极进展，勘探装备已接近世界先进水平，实现了 1500m 水深油气的自主勘探，具备 3000m 水深工程的技术装备及作业能力。2011 年 5 月和 2014 年 8 月，我国自主建造的"海洋石油 720""海洋石油 721"深水物探船分别建成投运，工作水深为 3000m，汇集了世界一流的专业物探设备，也是亚洲最大的 12 缆深水物探船。2010 年 2 月，我国自主设计建造的第六代深水半潜式钻井平台"海洋石油 981"出坞。它整合了全球一流的设计理念和装备，最大作业水深为 3000m，最大钻井深度达 10 000m。2012 年 5 月，"海洋石油 981"在南海海域 1500m 水深中进行的首钻获得成功，标志着我国海洋石油工业的深水战略迈出了跨越性的一步。进入"十三五"时期后，中国石油天然气集团有限公司下属的东方地球物理（BGP）公司于 2018 年 7 月与阿布扎比国家石油公司（ADNOC）达成合作，中标全球最大的海上和陆上三维地震勘探项目。该项目覆盖面积海上达 3 万 km^2、陆上达 2.3 万 km^2，合同额高达 16 亿美元[10]，是中阿两国共同参与和推动"一带一路"建设的重要里程碑，同时也标志着 BGP 公司作为全球最大的地球物理承包商，在海上油气勘探领域正式跻身世界先进行列。

在海洋油气开发领域，我国起步较晚，2010 年才开始进行深水油气开发的自营作业。经过不懈努力，我国深海油气开采技术的自主创新能力和装备国产化水平显著提升，能够实现 300m 水深油气的自主开采，但远不能满足海洋能源开发的实际需求。目前，我国在建开发的最大水深油气田是荔湾 3-1 大型气田，其水深为 1480m，主要依靠国外力量完成作业。

在海上生产平台制造领域，虽然我国具备承建大吨位的浮式生产储油船及半潜式生产平台的能力，但在制造方面与发达国家差距很大，关键技术长期被国外垄断，缺少整体设计与生产的实践，发展阻力也较大。此外，我国大型油轮的建造水平与世界同步，但独立设计能力相对落后[11]。

在水下生产系统和深水管道铺设方面，中国海洋石油集团有限公司突破了多项水下生产系统设计的关键技术，具备了水下生产系统总体方案及概念设计能力，形成了水下生产系统的基本设计能力，开展了水下生产系统的设计和样机研制，初步完成了水下生产系统通用设计体系文件编制。相关设计成果已在荔湾 3-1 气田、流花 4-1 油田、文昌 10-3 气田等多个油气田开发中得到应用。但在深水及超深水领域，我国相关设计经验还相对匮乏，电力系统设计、控制系统设计等关键技术仍需进一步攻克，水下生产系统设计技术体系还需进一步健全。国内荔湾 3-1 深水管道是目前国内水深最深、壁厚最大、输送压力最高的海底管道，由中国海洋石油集团有限公司与哈斯基能源公司等国外公司合作完成，最大水深为 1500m，深水段管径为 22in，最大设计压力为 23.9MPa[12]，年输送天然气为 120 亿 m^3。该管道项目也部分采用了 X70 级管材。目前，中国海洋石油集团有限公司正在进行陵水 17-2 深水气田的开发方案设计；该方案需要铺设深水海底管道，预计铺设水深 1336m。

在海上混输系统的设计和建造方面，我国取得了长足进步，在引进和借鉴国外先进技术的同时，正在形成自己的特色。同时，对海底管道中的流动安全问题有了一些零散的认识，也取得一些初步的成果，但多数仍依赖国外的经验和技术。在主动加热和深水多相分离等新技术研究领域，我国尚处于起步阶段，不具备相关设备设计与制造能力，缺少实际工程经验，亟须开展技术攻关，以适应深水油气开采的需要。

目前，我国浅水油气开采技术及配套设施已经达到世界水平，但在深水领域与世界能源科技强国相比还有较大的差距，严重制约了我国海洋油气的勘探开发。这些差距主要体现在：深水工程装备系统施工作业能力不足，不能满足深水开发的实际需求；深水油气田开采水深与世界先进水平差距大；油气输运管网后勤保障能力弱；海上应急处理及装备相对落后；深水油气开采关键装备和工程材料主要依赖进口，自主创新能力不足等。因此，我国亟须提高深水油气开采核心技术装备的研发、设计、制造和应用水平，提高深水油气开采独立作业能力，实现深海油气资源的全面高效可持续开发，使产量持续快速增长，降低对国际油气资源的依存度，有效保障国家能源安全。

三、重要技术发展方向展望

（一）深水油气开采技术

预计未来 20 年，深水油气开采技术将在深水自动化、海底化、多功能化、轻量化和高效环保等方面取得突破，开采领域将向远海拓展，作业水深纪录将突破 5000m，将逐步颠覆传统的勘探开发方式，大幅度降低深水油气勘探开发的成本和风险，实现深水油气的战略接替。

（二）深水油气勘探开发技术装备

已广泛应用的钻井自动化技术具有卓越的钻井效率和良好的安全性能，将拥有更大的发展空间。通信技术、网络技术、信息技术的发展促进了自动化控制理论的进步，海上无人钻井平台将成为未来重要的发展方向。在国际上，壳牌国际石油有限公司、哈里伯顿、贝克休斯等大型服务公司都建立了覆盖全球的远程实时作业中心，可提供远程实时分析和钻井决策支持[13]。

为了消除海上风、浪、流等对钻井作业的影响，水下生产系统正在向海底化方向发展。海底钻机和海底工厂等技术得到推广并快速发展，并且随着技术的进步，成本将逐渐降低。浮式天然气液化装置（FLNG）和浮式钻井生产储卸油装置（FDPSO）等多功能化设备的出现，大大缩短了成套装备的建造周期，压缩了投资。与传统装备相比，其具有体积更小、重量更轻、结构更紧凑的优点，在保证环境适应性和可靠性的前提下，未来将有很大的发展空间。

加强深水流动安全保障及控制新技术的研发，制定深水油气田开发全生命周期的风险应急预案，也是深水油气开采工作的重中之重。此外，海洋环保也将是未来全球持续关注的重点。

四、结语

深水油气开采决定未来国际能源的战略格局。我国应该充分重视并把握该领域的发展机会，积极参与全球深水油气资源开发的竞争，努力推进深水油气勘探开发的理论创新，提高技术装备水平，尽快突破技术短板，不断提高在深水油气开发领域的国际地位和核心竞争力。

我国在《能源技术革命创新行动计划（2016—2030 年）》中提出，要注重深海油气开发技术的创新，"全面提升深海油气钻采工程技术水平及装备自主建造能力，实现 3000 米、4000 米超深水油气田的自主开发"，并明确了深海油气开发技术创新的战略方向和创新目标，即到2020 年，"形成具有自主知识产权的深海油气田开发工程技术体系，自主建造效率更高、能耗更低的第七代超深水半潜平台，形成自主开发3000米深水大型油气田工程技术能力"；到2030年，"深海油气勘探开发技术水平总体达到国际领先且技术趋于成熟；实现深远海油气田工程技术有效开发达到4000米水深，深海油气勘探、钻井以及开发生产关键工程技术与装备完全国产化"；到2050年，"全面突破深远海钻采工程技术与装备自主制造能力，建成先进深远海油气开发工程科技体系"[14]。

此外，我国已将"深海关键技术与装备"重点专项列入国家重点研发计划，未来将在深远海核动力浮动平台技术、深海能源矿产开发共性核心技术装备、试采技术研究和应用领域有所突破，以实现深远海油气勘探、钻井、开发生产关键工程技术与装备的完全国产化。

总之，我国高度重视海洋资源的开发，已把建设海洋强国纳入国家整体发展战略，深水油气开发的科技将为我国能源安全提供重要支撑。在全球经济缓慢复苏和油价回升的背景下，我国必须抢抓机遇、直面挑战，继续加大勘探开发投资的力度，深挖深水油气资源的潜力，以科技创新推进降本增效，从根本上缩小与发达国家之间的差距，赶超行业世界领先水平，持续提升油气综合保障能力，不断为建设海洋强国和保障国家能源安全做出贡献。

参 考 文 献

[1] 侯明扬. 深水油气资源成为全球开发主热点 [J]. 中国石化，2018，(9):66-69.

[2] 王亮亮. 2018年全球油气勘探新发现 [N]. 中国石油报，2019-01-16，第7版.

[3] 中国石油新闻中心. 中国海油宣布罕见油气增产计划 [EB/OL] [2019-06-09].http://www.oil126.com/detail.php?id=24726.

[4] Bruschi R. From the longest to the deepest pipelines [C]. The Twenty-second International Offshore and Polar Engineering Conference. Rhodes，Greece: ISOPE，2012: 8-23.

[5] Hillenbrand H G, Kalwa C, Schroder J, et al. Experiences with an offshore pipeline project for the North Sea（Langeled）[C]. Proceedings of International Symposium on Micro-alloyed Steels for Oil & Gas Industry. Araxa-MG, Brazil: [s.n.]，2006.

[6] Zenobi D, Cimbali W, Rott W. The Nord Stream project [C]. The Twenty-second International Offshore and Polar Engineering Conference. Rhodes，Greece: ISOPE，2012: 83-100.

[7] None. The First Contract to Call for Allseas' Mighty New Vessel to Work in Pipelaying Mode is Now Into Its Fourth Month. Adrian Cottrill Checks out How the Ship has been Shaping up in the Ultra-Deep Waters of the Black Sea [EB/OL] [2017-11-07]. https://allseas.com/wp-content/uploads/2017/11/2017-1107-Upstream-Technology-TurkStream-pipelay.pdf.

[8] None. Middle East to India Deepwater Gas Pipeline [EB/OL] [2019 07 30]. http://www.sage

india.com/.

[9] Minami K, Kurban A P A, Khalil C N, et al. Ensuring Flow and Production in Deepwater Environments [C]. Houston Offshore Technology Conference, 1999.

[10] 谭晔. BGP 中标全球最大海上和陆上三维采集项目. [EB/OL] [2018-07-23]. https://i. xpaper. net/ cnpc/news/1879/11117/57452-1.shtml.

[11] 刘宇. 浅析海上平台及未来的发展重点 [J]. 中国设备工程, 2018, (18):210-211.

[12] 杜伟, 张京兵, 魏亚秋, 等. 大壁厚海底管道用 X65 钢管性能均匀性研究 [J]. 焊管, 2013, 36(2): 32-34.

[13] 吕建中, 郭晓霞, 杨金华. 深水油气勘探开发技术发展现状与趋势 [J]. 石油钻采工艺, 2015, 37(1):13-18.

[14] 中华人民共和国国家发展和改革委员会, 国家能源局. 能源技术革命创新行动计划（2016—2030 年）[R]. 2016.

第三节　海洋天然气水合物开采技术

张训华　耿　威

（中国地质调查局青岛海洋地质研究所）

一、重要意义

天然气水合物（natural gas hydrate）是天然气与水在高压低温条件下混合而成的类冰状的固态物质，具有使用方便、燃烧值高、清洁无污染等特点，是人类在未来发展与生存中可依赖的清洁能源。天然气水合物在自然界分布广泛，在大陆永久冻土、高纬度海底、海底地层及某些内陆湖的深水环境等均有发现。保守估计，天然气水合物的资源量是地球已知包括油气和煤炭在内的化石能源的两倍，可为人类发展提供上百年的能源供给，是公认的地球上尚未开发的规模巨大的新型能源。目前，全球有 40 多个国家和地区针对天然气水合物展开了国家级的资源调查和研究工作，已经发现天然气水合物矿点共有 100 多处，其中海洋中的矿点占 80%以上 [1]。

天然气水合物开采技术的研究对人类生存、国家与社会发展具有十分重要的现实意义，对改变世界能源格局具有重大战略意义，已成为近 20 年来日本、美国、加拿大、中国等许多国家的战略目标；这些国家纷纷投入巨资开展相关基础理论研究、技术与工程研发、开采装备研制和各种开采试验等开创性工作。目前，除了俄罗斯、加拿大、日本、美国、中国等国家试采成功外，德国、挪威、韩国、印度各国均已投入大量资金，对其进行研究及开发利用。

二、国内外发展现状

自20世纪60年代末美国在深海钻探中发现海底天然气水合物，以及苏联发现世界上第一个天然气水合物矿田——麦索亚哈气田以来，全球掀起了大规模研究、探测和勘探天然气水合物的浪潮。美国、俄罗斯（包括苏联）、荷兰、德国、加拿大、日本等国家探测天然气水合物的目标和范围已覆盖世界上几乎所有大洋陆缘的重要潜在远景地区、高纬度极地永久冻土地带和南极大陆及陆缘区等。中国、俄国、美国、日本、韩国、印度、加拿大等国家都高度重视天然气水合物的研究、开发与利用，并从能源战略角度出发，制定各自的长远发展规划。到目前为止，中国、俄国、美国、日本等国在天然气水合物试采方面已投入大量的人力物力，技术水平处于世界前列。世界各国天然气水合物试采结果统计见表4-3-1 [1-5]。

表4-3-1　天然气水合物试采结果统计

试验场地	地理位置	年份	方法	生产时间	产气量/m³
麦索亚哈气田	俄罗斯麦索亚哈河	1969	降压开采法和注入化学抑制剂开采法	约50年	30×10^{10}
马利克计划试验场（Mallik Site）	加拿大麦肯齐三角洲	2002	注热开采法	5天	516
马利克计划试验场（Mallik Site）	加拿大麦肯齐三角洲	2007	降压开采法	12.5小时	830
马利克计划试验场（Mallik Site）	加拿大麦肯齐三角洲	2008	降压开采法	139小时	13 000
格尼克久美试验场（Ignik Sikumi）	阿拉斯加北坡	2012	二氧化碳置换开采法	约6周	24 085
黛妮渥美丘试验场（Daini Atsumi Knoll）	日本南开海槽	2013	降压开采法	6天	120 000
黛妮渥美丘试验场（Daini Atsumi Knoll）	日本南开海槽	2017	降压开采法	36天	235 000
南海神狐海域	中国南海	2017	固态流化开采法	60天	309 000

（一）国外发展现状

20世纪30年代，苏联为预防和疏通西伯利亚输气管道的堵塞，开始对天然气水合物的结构和形成条件进行研究，并首先在位于西伯利亚冻土带的麦索亚哈气田成功开采出天然气水合物。苏联解体后，麦索亚哈气田归俄罗斯所有。麦索亚哈气田联合采用降压开采法和注入化学抑制剂开采法生产天然气。试验结果表明，注入化学抑制剂（甲醇和甲醇与氯化钙的混合物），可在短期内提高产气率。在长期的开采中，麦索亚哈气田还采用了降压开采法。但据报道，从这一储集层产生的水量至少比天然气水合物分解时预计产生的水量低3个数量级。因此，有专家质疑该气田产生的天然气是否来源于水合物层。

美国最早于1968年在布莱克海台实施了天然气水合物深海钻探，利用保压岩心取样器第一次在海底获得了天然气水合物的实物样品。2012年，美国与日本合作，在美国阿拉斯加北坡的Ignik Sikumi永冻带，首次成功完成二氧化碳置换开采法的测试[1]。目前，美国已将天然气水合物的勘探与开发纳入国家发展计划，并于2015年进行了试验性开采。

加拿大科学家从20世纪70年代开始，牵头开展了天然气水合物的试开采工作，并于1993年在海域发现了天然气水合物。2003年，加拿大地质调查局设立了一项新的天然气水合物调查和开发项目。该项目特别注重天然气水合物开发的潜在利益，并将其作为维持加拿大北部和海岸区经济发展的基础。加拿大的麦肯齐三角洲是另一个天然气水合物开采测试的重要地区。加拿大与日本、美国联合对麦肯齐三角洲多年冻土下的甲烷水合物富集带进行的生产试验表明，注热开采法的能量效率不高；对具有渗透性的甲烷水合物富集带而言，降压开采法是一种很有前途的天然气生产方法。

日本分别于1999年和2004年在南海海槽实施了两次钻探，获得了天然气水合物样品。在加拿大麦肯齐三角洲利用降压法产气取得成功之后，日本提出在南开海槽东部选定的甲烷水合物富集带进行生产试验。2013年，日本进行了世界上首次近海天然气水合物降压生产试验，但在第6天因突然出砂而中断。之后，基于第一次试采的结果，日本计划进行中期（约1个月）的近海生产试验，以解决在之前试验中出现的技术问题[1, 2]。2017年，日本实施了第二次试采，钻取2口生产测试井，并安装2种不同的防出砂装备。两口井共生产36天，时间较长，但这并非真正意义上的长期单井天然气水合物生产试验。

迄今为止，美国、日本、俄罗斯、加拿大、印度、韩国和欧洲的一些国家已相继开展了一些海上天然气水合物的开采试验，但尚未有国家进入商业性开采阶段。

（二）国内发展现状

我国的水天然气合物开采试验始于 21 世纪初，早期在祁连山进行了陆域永久冻土带的天然气水合物的钻探。2007 年 5 月，中国地质调查局在南海北部神狐海域首次成功采获天然气水合物的实物样品。2017 年 5～7 月，中国在南海神狐海域成功进行了天然气水合物试采试验，采用固态流化开采法，从水深 1266m、海底以下 203～277m 的粉砂质黏土、黏土质粉砂储层中开采出天然气，自 5 月 10 日至 7 月 9 日连续稳定试采 60 天，累计产气量为 30.9 万 m^3，平均日产气 5151 m^3。2017 年 7 月 9 日，我国南海天然气水合物试采工程全面完成预期目标，主动实施试采井关井作业。这是国际上首次针对含天然气水合物的细粒沉积物储层实现的试采，具有重大的科学、能源意义 [1]。至今，中国在南海神狐海域创造了天然气水合物试采产气时间最长、产气总量最高的世界纪录。在这场天然气水合物新型能源开发竞赛中，中国科技工作者实现了从"追赶""并行"到"领跑"的"超越" [2]。

三、未来技术发展展望

目前，天然气水合物藏的开采方法都是基于打破天然气水合物相平衡理论提出来的，主要有降压开采法、注热开采法、注入化学抑制剂开采法、二氧化碳置换开采法、固态流化开采法及其两种以上的联合法等，但都处于试验阶段 [3,4,6-8]。

降压开采法利用外力从天然气水合物储层带走部分游离气或自由水，使储层压力降至天然气水合物相平衡压力以下，从而使天然气水合物变得不稳定和分解。该技术是最直接经济的开采方法，既不需要向天然气水合物储集层内注入能量，又可以通过调节采气速率来相应地改变储层压力，适合天然气水合物藏的长期开采。降压开采法的缺点是：采气会造成储层压力下降，引起沉降或滑坡等地质问题，长期开采时会导致地层温度下降，使未产出的天然气与水反应生成二次天然气水合物，阻碍天然气水合物的分解，甚至可能堵塞开采输送管道。

注热开采法将蒸汽、热海水或其他热流体从地面压入天然气水合物储层，利用增加储层温度的方式来破坏天然气水合物相平衡条件，从而使天然气水合物分解。该技术的优势在于，天然气水合物分解过程和产气量可以通过调节注入热流体温度和速率来控制；注热流体可为岩层提供充足的热量以用于天然气水合物吸热分解，保持岩层整体温度，很好地防止天然气水合物的再次生成。但注热开采法会因为不断加热周围环境而造成大部分热量的损失，使其热效率非常低，经济实用性差，尤其是在永久冻土地带更是如此。近年来，有学者提出了改进的注热开采法，采用井下直接加热技术（如井下电磁加热方法），提高热效率。

注入化学抑制剂开采法是向天然气水合物层中加压注入甲醇、盐水、乙二醇等化学试剂，使天然气水合物相平衡偏移，即通过降低天然气水合物稳定温度和增加水合物稳定压力，使天然气水合物体系更易被破坏，以促使天然气水合物分解。该方法的主要优点是可以在很短的时间内提高产气率，同时与缓慢起作用的加热法相比，可以降低初始能源的输入。这种方法的缺点是抑制剂昂贵，造成开采费用太高，还可能造成环境污染，此外还要求天然气水合物储层的渗透率必须足够大（否则会影响化学试剂的扩散效果）。

二氧化碳置换开采法是在合适的温压范围内向天然气水合物储层中注入置换气体二氧化碳，由于在温压条件一致的情况下二氧化碳水合物比甲烷水合物更稳定，故注入的二氧化碳可以代替水分子笼中的甲烷，使甲烷变成自由气，从而实现开采目的。2012 年，美国、日本等国科学家在阿拉斯加北坡利用二氧化碳置换法来研究天然气水合物开采的可行性，取得巨大成功。该方法的特色在于，二氧化碳水合物在生成过程中会放出热量，热量可用于甲烷水合物分解。此法既能保持储层地质结构的稳定，又能通过固定二氧化碳来维护生态平衡。但需要注意的是，这种方法操作复杂，作用过程缓慢。

固态流化开采法是用海底采矿设备把海底表层含天然气水合物的沉积物破碎制浆，再通过矿浆泵输进固态流化开采的管输回路。随着水深的变化，管输回路中的压力逐渐降低，温度逐渐升高，并导致天然气水合物自动解离、举升，然后在地面进行分离并回收气体。在开采过程中，整个系统是封闭的。此方法已在中国南海神狐海域的试采过程中成功实现应用，连续产气 60 天。该方法的优势在于，原位固态开发天然气水合物可防止滑坡、坍塌等地质灾害和甲烷泄漏引起的温室效应。该方法利用管路输送过程中自然发生的温压变化，实现天然气水合物的可控有序分解，破解了天然气水合物分解失控及井底出砂等技术难题，达到了安全开采的目的。需要注意的是，这种方法开采的天然气水合物在管输回路中会分解，使管道中气液固多相流动变得更加复杂，因而对生产井的安全控制要求极高。

以上介绍的每一种天然气水合物开采方法都有各自的优缺点，各种方法联合使用可提高开采效率，降低开采成本。首先，未来可以尝试不同方法的联合，以形成优势互补，从而达到天然气水合物的有效经济开采。目前，大多数学者认为，将降压法与加热法相结合是一种有较好发展前景和足够经济的方法。其次，进行必要的开采试验、实验模拟和数值模拟，这是优选开采方法的必要手段。在使用这些手段时，需要充分考虑到开采过程中的风险，如气体泄漏、海底滑坡、海底沉降等环境风险，以及钻采过程中的固井问题、井控问题、井壁失稳、井周下沉、对周围海洋设施设备的影响等。

四、结语

开采天然气水合物带来的环境问题必须从科学上给予回答，也必须实现技术上的安全保障，这是实现天然气水合物商业开采难以逾越的问题。天然气水合物的主要成分甲烷是一种重要的温室气体，弄清甲烷在全球碳循环中的作用仍然是一个有重大科学意义的课题。特别是要查明天然气水合物脱气的潜在环境影响，以及因钻探和生产所致天然气水合物解离而产生的海底地质灾害。具体而言，就是天然气水合物开发计划中生产试验的设计，以及与生产有关的环境和地质灾害问题的评价。

未来 10～20 年是天然气水合物开采技术与环境安全保障技术获得突破的关键期，有望解决当前开采过程中遇到的泥沙淤堵、环境保护、海底安全等系列技术难题，达到安全、有效、可控、稳定的生产；同时，降低开采成本，最终实现商业性开采。随着开采经验的不断丰富、开采工艺与设备的不断完善（如水力提升法等开采方法的实践），未来更多降低风险、提高效率、经济环保的天然气水合物开采方法必将应运而生。

对中国天然气水合物的开发利用而言，《中国至 2050 年能源科技发展路线图》指出：在 2020 年前完成资源调查、勘探与评价；2021～2035 年，将在研发勘探识别技术的基础上，进行海上商业性试采；2036～2050 年，将开展海上大规模商业化开采利用[9]。

参 考 文 献

[1] 张训华，莫杰，等. 上天入地下海登极——当代地球科学研究新进展与前沿 [M]. 青岛：中国海洋大学出版社，2017：383-406.

[2] 中国地质调查局. 中国天然气水合物资源勘查开发中长期规划（2010—2030）[R]. 2011.

[3] 孙晨曦，李明阳. 天然气水合物开采技术综述 [J]. 自然科学，2017，5（2）：211-217.

[4] 杜垚森，冯起赠，许本冲，等. 海域天然气水合物试采研究现状及存在的问题 [J]. 探矿工程（岩土钻掘工程），2018，45（4）：6-9.

[5] 李守定，孙一鸣，陈卫昌，等. 天然气水合物开采方法及海域试采分析 [J]. 工程地质学报，2019，27：55-68.

[6] 孙建业，业渝光，刘昌岭，等. 天然气水合物新开采方法研究进展 [J]. 海洋地质动态，2008，24（11）：24-31.

[7] 陈月明，李淑霞，郝永卯，等. 天然气水合物开采理论与技术 [M]. 东营：中国石油大学出版社，2011.

[8] 王星，孙子刚，张自印，等. 海域天然气水合物试采实践与技术分析 [J]. 石油钻采工艺，2017，39（6）：744-750.

[9] 中国科学院基础科学司. 中国至 2050 年能源科技发展路线图 [J]. 前沿科学，2009，（3）：4-19.

第四节　集约化、智能化绿色海水养殖技术

张立斌　茹小尚　杨红生
（中国科学院海洋研究所）

一、重要意义

海洋是人类获取高端食品和优质蛋白的"蓝色粮仓"。我国海洋农业发展迅速，取得了举世瞩目的成就，改革开放 40 多年来，实现了 100 多种野生海水动植物的规模化繁殖和增养殖。自 1990 年以来，我国海产品总产量一直雄踞世界第一位，是世界上唯一的养殖产量高于捕捞产量的国家。据测算，我国利用

10%的滩涂与海域面积，获取了 3000 多万 t 的海产品，创造了约 1.3 万亿元的海洋农业总产值（占海洋经济总产值的 26%）。以海水养殖为代表的海洋农业已成为我国海洋产业的主体组成部分，也是依海强国、以海富国的战略基点，在提供优质蛋白和改善国民膳食结构、推动供给侧结构性改革和新旧动能转换等方面具有重要意义。

我国海水养殖产业历经 30 多年的快速发展，取得了重大的成就，然而目前海水养殖产业还面临着一些困难和问题：①养殖过程中所产生的废水、废料与排泄物对周边水域环境产生了污染；②随着我国土地和海洋空间利用的日趋完善，可利用的养殖水域空间受到挤压并逐年下降；③在局部海域内，以养殖品种、养殖规模等为典型的养殖布局不尽合理；④在全国范围内，海水养殖产业的规模化、组织化、品牌化程度整体呈现较低水平，且有着利润较少，以及国际竞争力较弱等问题。以上诸多日益凸显的问题与我国的水产养殖大国的地位极不相称。

以集约化、智能化绿色养殖技术体系为核心的现代海水养殖产业，是实现海洋环境保护和健康海产品资源高效产出的新业态，是综合解决养殖空间、海洋生态保护、水产品质量安全与养殖产业可持续发展的重要举措。集约化养殖技术指综合集成现代生物学、建筑学、化学、电子学与工程学等领域的技术，利用机械、生物过滤技术，去除养殖水体中的残饵、粪便及亚硝酸盐等物质，达到节约水资源、土地资源，减少养殖自身污染，提高养殖效率的工厂化养殖模式 [1]。智能化养殖技术通过构建由环境预警系统、水产养殖技术信息库、网上专家决策系统、渔业市场商情等基本子系统模块集成组建的大数据信息库 [2]，并通过智慧感测、智慧控制等新兴技术，发展出智慧水产养殖系统，同时通过科学制订生产计划和精准开展日常管理，进而达到快速应对环境疾病等突发状况、提高灾害抵御能力、有效节省人力成本与能源成本，并改善水产品品质等综合目标。因此，集成发展集约化、智能化绿色海水养殖技术，全面升级海水产业科技基础的支撑力量，是解决我国海水养殖产业当前面临诸多问题的根本方案。

党和国家对海水养殖产业的健康发展寄予厚望。习近平总书记指出，提高海洋资源开发能力，着力推动海洋经济向质量效益型转变；要保护海洋生态环境，着力推动海洋开发方式向循环利用型转变；坚持集约节约用海，提高海域资源使用率。2017 年，中央一号文件《中共中央 国务院关于深入推进农业供给侧结构性改革加快培育农业农村发展新动能的若干意见》明确提出，"支持集约化海水健康养殖"。2018 年，中央一号文件《中共中央 国务院关于实施乡村振兴战略的意见》再次强调，"科学布局近远海养殖和远洋渔业"。2019 年 2 月，农业农村部、生态环境部、自然资源部、国家发展和改革委员会、财政部、科技部、工业和信息化部、商务部、国家市场监督管理总局和中国银行保险监督管理委员会等十部委联合公布《关于加快推进水产养殖业绿色发展的若干意见》，意见明确强调，"转变养殖方式""提高养殖设施和装备水平""加快推进水产养殖业绿色发展"。而在集约用海的前提下，以智能化为技术突破点，是实现水产养殖的绿色发展的重中之重，也是生态和效率并举的可持续发展新模式。

二、国内外发展现状

（一）国外发展现状

集约化海水养殖技术起源于 20 世纪 60 年代，欧美等发达国家和地区一直处于世界领先地位[3]。全球集约化海水养殖技术的发展方向主要包括陆基和海基两方面。陆基集约化、智能化养殖模式是在内陆海洋水族馆技术、自动化水族箱技术和流水高密度养殖技术等基础上建立起来的综合性海水增养殖生态体系。挪威大西洋鲑养殖业是其典型代表，也是全球最大的集约化养殖物种[4]。该模式的技术特点为，基于鲑鱼的洄游行为特性，利用半封闭式循环水养殖系统，将养殖用水经过一系列的净化处理以实现养殖循环再利用。在保持高质量的水质条件下，它可以降低用水消耗量，进而在保障鱼肉的优良品质的前提下，达到降低养殖成本与提高养殖效益的目标。

在全球海水养殖产业中，多营养级混合养殖模式是浅海集约化养殖中的代表，自古以来在东南亚国家中就相对普及[5]。多营养级混合养殖模式是将藻类、鱼类、浮游和底栖动物等生活于不同水层的物种适当混养，可以把高营养级物种养殖中所产生的食物残渣、代谢产物等，以饵料形式转化为具有经济价值的低营养级作物产品，进而保障养殖环境更有可持续性，并可产生良好的生态效益和环境效益[6]。近 25 年来，集约化多营养级混合养殖模式在全球发展迅速。例如，加拿大、日本、智利、美国等国家，利用藻类和贝类作为生物过滤器，间接处理养殖鱼类污水。此外，澳大利亚、法国和西班牙等国家，将贻贝和牡蛎作为生物过滤器，直接与鱼类进行混合养殖，以达到水产养殖与海洋环境保护并举的目标[7]。

为保护海岸带环境，浅海浮式网箱养殖模式得到优化，逐步从内湾向外海延伸至 20m 等深线以外的海区。挪威大型深水网箱养殖业是全球该产业的技术风向标，深水网箱养殖发展十分迅速[8]。从 20 世纪 70 年代开始，挪威的深海网箱朝着大型化方向发展，配套设施不断完善，形成了成体系、成建制、成规模的集约化养殖产业。此外，深海网箱养殖业十分注重环境保护和食品安全。近年来，其养殖模式也更加绿色健康。日本深水网箱养殖业起步较早，但其发展远落后于挪威，这主要是由于日本的深海网箱养殖业不具有规模化，此外政府财政支持的缺乏影响了其深海网箱养殖业的持续发展。而希腊则非常重视适用于集约化养殖的新品种的开发，在世界海水网箱养殖业中占有重要地位。在政府、企业和科研机构的共同推动下，智利的深海网箱养殖业发展迅速，是拉丁美洲依靠科学技术推动集约化智能海水养殖的代表[9]。

（二）国内发展现状

当前，我国的海水养殖仍以底播、筏式、吊笼、池塘和普通网箱养殖为主，整体呈现出较低的集约化与智能化水平。现阶段我国集约化海水养殖的发展方向主要包括陆基和海基两方面，陆基主要是以循环水养殖系统为核心的工厂化循环水养殖；海基可分为近海和远海，近海是综合性的多营养层次的浅海养殖，远海主要是深水抗风浪网箱和大型养殖工船等。

我国的工厂化循环水养殖起步较晚，20 世纪 80 年代首次尝试从丹麦引进鳗鱼的循环水养殖模式，但以失败告终[10]。近年来，我国不断借鉴和吸收国际上的先进技术，使循环水养殖研究和集成应用得以快速发展。然而，我国工厂化循环水养殖模式尚处于初级阶段，目前仍以实验室研究为主，难以在实际生产中进行大规模推广和应用[11]。其原因是，大规模应用对循环水系统的设备和工艺有更高的要求，且前期投入成本和运行维护成本也较高。

面对国内持续增长的海产品消费需求和不断恶化的海洋环境，多营养层次综合养殖作为一种高效的绿色生态养殖模式，成为我国近海集约化海水养殖发展的必由之路。20 世纪 60 年代，我国开展了对虾和贝类的混养试验，但由于过于追求高经济效益反而忽视了综合养殖模式的生态效应。20 世纪 90 年代，因结构单一的超负荷养殖模式易造成病害的大面积暴发，人们意识到养殖环境的重要性，从而使生态集约化综合养殖概念成为共识，在海水池塘中开展了一系列鱼、贝、虾、藻的混养试验。21 世纪初期，浅海集约化海水综合养殖的相关生态理论和评估技术逐渐成熟，最终形成了多营养层次循环共生的生态养殖模式。如今，我国多营养层次综合养殖模式的养殖品种更加多样化，营养级搭配更加合理，养殖空间更加立体化，在全球已处于领先地位，并形成了以辽宁、山东、福建等省市为核心的集约化增养殖产业关键区域[12]，但在智能收获、环境因子智能监控、养殖动物智能监视等方面仍有欠缺，在全球气候变化的条件下，易在极端天气发生重大经济损失。

我国深海海水网箱养殖兴起于 20 世纪 70 年代。1998 年，海南省从挪威引进全浮式高密度聚乙烯（HDPE）重力网箱，这是我国深水网箱养殖的第一次探索，之后在全国沿海地区相继引入这种网箱。经过近 15 年的探索，到 2002 年，中国第一套具有自主知识产权的产业化 HDPE 双浮管升降式深水网箱研制成功，并于 2008 年在海南省初步实现了深水网箱养殖的规模化和产业化。然而，我国在深海养殖装备领域与发达国家和地区相比仍存在较大的技术差距，整体呈现出养殖装备机械化、智能化、信息化水平较低的特征。例如，网衣水动力特性与数值模拟、网衣材料研发、网箱设施构建模式等离岸养殖科学技术的基础研究比较薄弱；自动投饵系统、网衣清洗装备、鱼捕设施等相关配套装备的研发水平与发达国家相比也存在较大的差距；此外，我国的深水网箱多应用于 60~80m 水深处，体形较小，结构多样性差，对全海况的适应能力不足[9, 13]。

进入 21 世纪以来，我国船舶与海洋装备建造的能力与水平不断提高。为推进海洋强国建设，中国工程院率先提出研发大型养殖工船的战略构想。中国水产科学研究院渔业机械仪器研究所于"十二五"期间率先在大型养殖工船的研究方面取得突破，并于 2014 年开启了我国首个 10 万 t 级深远海大型养殖平台的构建工作[14]。2017 年，中国水产科学研究院渔业机械仪器研究所联合中国海洋大学和日照市万泽丰渔业有限公司研制的我国第一艘冷水团养殖科研示范工船"鲁岚渔 61699"在日照启航，开创了我国海水养殖的新纪元，标志着中国深远海养殖首个具有自主知识产权的成套装备进入产业化实施阶段。我国虽然已具备大型深海养殖平台的建造能力，但在配套设施和技术研究方面仍落后于国际先进水平。

三、重要技术发展方向展望

以集约化、智能化绿色养殖技术为核心的现代海水养殖产业虽然起步较晚，但发展前景广阔，其建设涉及诸多领域技术的交叉与应用。因此，现代海水养殖产业的发展需要多方面的努力，以保障其稳步发展与构建技术体系，未来技术发展方向主要包括以下三个方面。

（1）养殖环境信息获取与生态模型预测技术。我国需建立海水养殖环境因子和养殖生物信息实时监测网络，研发养殖环境生态安全监测平台，建立海水养殖环境因子大数据处理分析中心，采用多元模型预测评估水产品质量安全与产量产出，提高灾害预警能力和智能化管理能力。

（2）关键养殖物种苗种扩繁与行为控制技术。我国需选择重要集约化养殖经济种类，强化种质资源保护，优化高值经济品系良种选育，建立关键物种扩繁技术体系，突破关键物种行为控制技术，建立适应集约化海水养殖体系的关键物种扩繁与生物控制技术模式，提高苗种抗病力，解析高密度养殖环境下的行为特征，保障养殖经济动物快速生长。

（3）高密度条件下多层次物种养殖结构优化与承载力提升技术。基于我国海水养殖高密度特征，需优化集约化池塘养殖模式、浅海模式与深海网箱模式的养殖物种的种类组成，优化食物网结构，建立参-虾、鱼-虾、参-贝、参-藻、鱼-参-贝等多元复合高效多层次食物网系统，丰富养殖生态系统内营养级层次，提高空间利用率，提高养殖生态系统的生物承载力。

集约化、智能化绿色海水养殖技术的发展离不开多学科交叉融合发展，应整合高校、科研院所、企业等研发力量，加快推进相关基础研究和配套设备与技术的研发，积极突破理论和技术瓶颈，在保证食品安全与环境安全的前提下，打造中国特色养殖品牌与技术体系，保障我国海水养殖产业的绿色健康可持续发展。

参 考 文 献

[1] 刘鹰. 海水工业化循环水养殖技术研究进展 [J]. 中国农业科技导报，2011，(5): 50-53.

[2] 李道亮，傅泽田，马莉，等. 智能化水产养殖信息系统的设计与初步实现 [J]. 农业工

程学报，2000，16(4): 135-138.

［3］方建光，门强.海洋水产动物集约化养殖模式概述［C］.2002 年世界水产养殖大会论文交流综述.北京，2002：104-114，5-6.

［4］陈柏松，闫雪，程波，等.挪威三文鱼养殖业及其对我国的启示［J］.中国渔业经济，2016，34(2):19-25.

［5］黄永涛.国外鱼类混养简况［J］.科学养鱼，1987，(3):31.

［6］Troell M，Joyce A，Chopin T，et al. Ecological engineering in aquaculture-potential for integrated multi-trophic aquaculture (IMTA) in marine offshore systems［J］. Aquaculture，2009，297(1-4):1-9.

［7］Buck B H，Troell M F，Krause G，et al. State of the art and challenges for offshore integrated multi-Trophic aquaculture (IMTA)［J］. Frontiers in Marine Science，2018，5:165.

［8］侯海燕，鞠晓晖，陈雨生.国外深海网箱养殖业发展动态及其对中国的启示［J］.世界农业，2017，(5)：162-166.

［9］闫国琦，倪小辉，莫嘉嗣.深远海养殖装备技术研究现状与发展趋势［J］.大连海洋大学学报，2018，(1): 123-129.

［10］姜中蛟.我国海水工业化养殖产业发展对策研究［D］.大连：大连海洋大学硕士学位论文，2018.

［11］孙龙启，刘慧.国内外循环水养殖专利分析及启示［J］.中国工程科学，2016，18(3):115-120.

［12］马雪健，刘大海，胡国斌，等.多营养层次综合养殖模式的发展及其管理应用研究［J］.海洋开发与管理，2016，33(4):74-78.

［13］刘碧涛，王艺颖.深海养殖装备现状及我国发展策略［J］.船舶物资与市场，2018，（2）：39-44.

［14］黄一心，徐皓，丁建乐.我国离岸水产养殖设施装备发展研究［J］.渔业现代化，2016，43（2）：76-81.

第五节　近海渔业资源养护及智能化海洋牧场技术

杨红生

（中国科学院海洋研究所，中国科学院烟台海岸带研究所）

一、重要意义

中国是世界第一渔业大国，海洋渔业是我国农业产业体系的重要组成部分。根据《2019 中国渔业统计年鉴》的最新统计数据，中国渔业人口达 1878.68 万人，水产品总产量达 6457.66 万 t，全社会渔业经济总产值为 25 864.47 亿元[1]。随着人类活动和全球变化影响的不断加剧，我国近海生境严重退化，近一半海湾四季均出现劣四类水质。与 20 世纪 50 年代相比，海草床、珊瑚礁的分布面积减少 80%以上，产卵场、索饵场和洄游通道遭到严重破坏，生物多样性降低，食物网结构简单化、经济生物低龄化、小型化、海底荒漠化趋势明显，近海渔业资源可持续利用性受到严重威胁[2]。

海洋牧场既能养护生物资源，又能修复生态环境，是我国实现近海渔业资源恢复、生态系统和谐发展的重要途径。海洋牧场建设从理念构想到初具规模，其形式和内涵不断丰富。海洋牧场的概念和内涵可描述为：基于生态学原理，充分利用自然生产力，运用现代工程技术和管理模式，通过生境修复和人工增殖，在适宜海域构建的兼具环境保护、资源养护和渔业持续产出功能的生态系统。海洋牧场从以渔业生产为目标，发展到重视环境保护、生态修复和资源养护[3]，从而形成了生态优先、陆海统筹、三产融合的现代化海洋牧场。

海洋牧场作为中国传统渔业转型的新动力，党和国家对现代化海洋牧场建设寄予厚望，并提出了高标准的建设要求。中央一号文件从 2017 年开始，连续三年提到海洋牧场：2017 年提出"支持集约化海水健康养殖，发展现代化海洋牧场"；2018 年强调"统筹海洋渔业资源开发，科学布局近远海养殖和远洋渔业，建设现代化海洋牧场"；2019 年再次重申"合理确定内陆水域养殖规模，压减近海、湖库过密网箱养殖，推进海洋牧场建设"。2018 年 4 月，习近平视察海南时强调："要坚定走人海和谐、合作共赢的发展道路，提高海洋资源开发能力，支持海南建设现代化海洋牧场。"2018 年 6 月，习近平在山东考察时再次作出重要指示："海洋牧场是发展趋势，山东可以搞试点。"截至 2018 年年底，我国已有 86 个国家级海洋牧场示范区获批建设，标志着我国海洋牧场建设初见成效，但其科学发展仍面临诸多挑战，真正意义上的智能化海洋牧场建设刚刚起步，低水平同质化现象严重，一系列问题向我国海洋牧场的高质量发展提出了严峻挑战。

因此，面向国家海洋生态文明建设的重大战略需求和海洋牧场持续健康发展的产业急需，通过多学科交叉与融合，实施海洋牧场原理认知和重大技术突破，形成系统的智能化海洋牧场理论和技术创新体系，支撑智能化海洋牧场发展，是保障我国海洋牧场产业可持续发展的重中之重。

二、国内外发展现状

（一）国外发展现状

水生生物资源养护技术是目前国际生态学研究的前沿和热点领域之一。国际上高度重视生态效益与环境效益，开展了栖息地保护与修复、增殖放流等研究，其中放流、标记、追踪监测、回捕评估等技术发展最好。

日本在 20 世纪 70 年代开始修复与开发浅海增养殖渔场，并在渔业资源学、水产工程学、苗种培育等领域先后开展了沿海鲷类幼鱼期补充机制、人工浮鱼礁、鲑鳟苗种培育技术等研究。在此基础上，日本于 20 世纪 80 年代开始尝试近海渔业资源家鱼化的开发研究，亦称为海洋牧场研究，旨在利用人工鱼礁投放、资源放流增殖、水声投饵驯化和海域生态化管理等技术手段，实现海域生产力提高、资源密度上升、鱼类行为可控和资源规模化生产的目标，以及沿岸、近海鱼种的可持续开发与利用。目前，日本已建立金枪鱼（鹿儿岛）、牙鲆（新潟县佐渡岛）、黑鲪（宫城气仙沼湾）、黑棘鲷（广岛竹居）、真鲷（三重五所湾）等鱼种海洋牧场。由于海域海况各异，日本各增殖鱼种的生物习性有所区别，所以在具体实施海洋牧场计划时，也是根据各海区的自然环境特点和设立的目标，有机组合，运用各种海洋牧场技术。例如，在贫营养的富山湾，利用投放人工鱼礁，将海底富营养水层提升到表层，以促进浮游生物繁殖，从而增殖以浮游生物为食的鱼类。同时，为了减缓波浪对仔稚鱼苗的影响和保护鱼苗生长的栖息地，日本还设计制造了消波堤和开发出藻场修复重建技术，从而使得日本海洋牧场设计更加符合鱼类生活和生物学特性，已取得良好的经济效益和生态效果。近年来，日本的海洋牧场研究开始向深水区域拓展，开展了基于人工上升流等技术以提高海域生产力为目的的海底山脉的生态学研究[4, 5]，同时开展了深度超过 100m 水深海域的以诱集和增殖中上层鱼类及洄游性鱼类为主的大型、超大型鱼礁的研发及实践，成效显著[6]。人工鱼礁之外的人工生境营造新技术的研发，是日本海洋牧场研究发展的重要方向。

美国于 20 世纪 50 年代制订了巨藻场改进计划，以期恢复和发展原有藻场，后使用了移植藻苗和底播巨藻孢子叶、孢子和配子体等海底岩石礁增殖法，但效果不佳，而在改用人工培育胚孢子体密集播撒于海底的方法中取得一定成效。美国于 1968 年提出海洋牧场计划，1972 年开始实施，1974 年建成了加利福尼亚巨藻海洋牧场。鱼礁主要是报废的商船、退役的军舰和航母,主要作用是富集鱼类、营造海底景观,以发展游钓和潜水观光产业。观光和游钓在美国很受欢迎,收益不菲。目前,美国有大约 1 亿人拥有游钓执照,海洋牧场创造的综合经济效益超过 500 亿美元。

欧洲是海洋渔业增殖实践报道最为密集的区域。法国在所辖近海进行了扇贝增殖;英国在北海投放人工鱼礁,也对当地牡蛎进行过增殖;冰岛和苏格兰进行了贻贝增殖;瑞典、芬兰向波罗的海放流 50 万尾 2 龄鲑,存活率高达10%,取得了良好的经济效益;挪威自 1882 年建立第一个商业性鱼类孵化场以来,就致力于鳕鱼的增殖放流,并放流了一些鲑鱼苗,其野外生存率达 1%～2%;苏联未解体前,曾在顿河和伏尔加河进行大量鲟鱼的增殖。此外,挪威还启动了挪威海洋牧场计划 PUSH,选取大西洋鲑、北极红点鲑、鳕鱼与欧洲龙虾等品种,对苗种放流后存活率、世代更替后存活率、放流种群是否会取代野生群体等问题进行了生物学分析和经济可行性研究,并最终推动国家立法,确立了扇贝、龙虾的物权制度。

从 1998 年起,韩国由韩国海洋与渔业部牵头,每年斥资 1000 万美元,尝试在统营市(Tongyeong,1998～2006 年)、全罗南道群岛(Jeonnam Archipelago,2001～2008 年)、东/西/济州岛(East/West/Jeju,2002～2010 年)等地先期建设一批海洋牧场项目。整个计划的技术路线和发展战略由韩国渔业产业界、大学、国立研究所共同讨论制定,分成奠定基础期、牧场形成期、管理评估期三个发展阶段。

(二)国内发展现状

我国海洋渔业资源增殖放流起步较晚,20 世纪 70 年代中后期才开展对虾增殖放流,规模化增殖放流工作则始于 20 世纪 80 年代末[7]。我国此方面工作虽然起步相对较晚,但发展迅速,先后进行了海蜇(*Rhopilema esculentum*)、三疣梭子蟹(*Portunus trituberculatus*)、金乌贼(*Sepia esculenta*)、曼氏无针乌贼(*Sepiella maindroni*)、梭鱼(*Chelon haematocheilus*)、真鲷(*Pagrosomus major*)、黑鲷(*Acanthopagrus schlegelii*)、大黄鱼(*Larimichthys crocea*)、牙鲆(*Paralichthys olivaceus*)、黄盖鲽(*Pseudopleuronectes yokohamae*)、六线鱼(*Hexagrammos otakii*)、许氏平鲉(*Sebastes schlegelii*)、虾夷扇贝(*Patinopecten yessoensis*）、魁蚶（*Scapharca broughtonii*）、仿刺参（*Apostichopus japonicus*）和皱纹盘鲍（*Haliotis discus hannai*）等种类的增殖放流。据不完全统计，截至 2016 年，我国向海洋投放各种鱼、虾、蟹、贝等经济水生生物种苗已超过 1200 亿尾（粒），投入资金超过 30 亿元[8]。许多增殖放流种类获得了良好的投入产出效果。在取得成绩的同时，我国海洋增殖放流工作也存在一些问题，如在选择放流对象、确定放流规格和数量上具有一定的盲目性，难以确定可靠的经济效益和生态效益，对生态系统的影响也缺乏了解等。

自 20 世纪 90 年代以来，我国针对近海渔业的现状和特点，以人工鱼礁（藻礁）建设和幼苗放流（底播）为主要手段，应用人工繁育苗种，在自然海区进行了人工增殖。2006 年国务院发布的《中国水生生物资源养护行动纲要》首次为海洋牧场建设和发展提供了政策依据。截至 2016 年，全国已投入海洋牧场建设资金 55.8 亿元，建成海洋牧场 200 多个[9]，涉及海域面积超过 850km²，投放鱼礁超过 6000 万空立方米。计划到 2025 年，我国将争取建设 178 个国家级海洋牧场示范区。

与此同时，健康苗种培育技术、海藻场生境构建技术、牧场建设设施与工程装备技术、精深加工与高值化技术等海洋牧场建设的关键技术已逐渐成熟，离岸深水大型海洋牧场平台成为离岸型海洋牧场的发展方向与趋势，新技术与新工艺在海洋牧场工程设施中逐渐得以应用。自动化、信息化、抗老化、抗腐蚀技术等大大提高了海洋牧场养殖设施的性能和管理水平。但我国在构建增养殖生产数据信息库、系统评估水域的生物承载力等方面缺乏实质性的突破，总体处于"跟跑"阶段。我国亟待实施科学评估养殖水域生产力和承载力，优化和调整产业结构，减少对环境资源的过度开发与利用；此外，资源管理、捕捞和高值化利用技术的信息化和精准化亟待加强，以实现从"跟跑"向"并跑"的转变。

三、重要技术发展方向展望

近年来，我国科研工作者在海洋牧场相关技术原理与应用实践上都取得了系列进展。但不可忽视的是，海洋牧场由于涉海及涉及多学科交叉的复杂性、综合性，其基础研究与传统农业、基础工程仍有较大差距。在近海海洋生态环境承载力理论与评估方法[10]、典型海洋牧场生态过程及其资源养护和增殖效应[11]、海洋牧场人工生境的工程技术[12]、海洋牧场监测预警信息技术[13, 14]、海洋牧场风险防控与综合管理等方面[15]，科技的支撑能力还相对薄弱。

我国未来必须面向国家海洋生态文明建设的重大战略需求，针对海洋牧场建设和发展亟须解决的瓶颈问题，着重围绕以下 5 个领域，通过学科交叉与融合，实现海洋牧场认知创新和重大技术突破，初步形成现代化海洋牧场理论和技术创新体系，支撑智能化海洋牧场的高质量建设和有序发展。

（一）海洋牧场与毗连海域的互作机制和承载力评估

综合评价我国近海的生产力及其变化特征，廓清我国近海适宜建设海洋牧场的区域；研究海洋牧场建设对近海理化环境的影响，查明气候变化和外源输入对海洋牧场环境的影响，探明其变动特征和迁移转化规律；构建海洋牧场生态系统健康水平与生产力评估指标体系，研究生态承载力评估模型和方法，系统评估其生态承载力。

（二）海洋牧场人工生境的工程技术促进机制

研究海洋牧场人工生境及资源生物增殖与工程技术的耦合关系，解析人工生境工程的流场效应和人工系统结构、布局等对牧场生态的作用过程，开展基于流场调控的生境营造装备、海藻（草）场和珊瑚礁生境修复等共性关键技术的研究，探索提升海域初级生产力和防治低氧灾害等的人工流场调控途径，阐明海洋牧场人工生境的工程技术促进机制。

（三）海洋牧场生态过程及其资源养护和增殖效应

研究不同类型海洋牧场的物质基础与关键动力学过程的耦合机理，解析其生源要素外部补充和内部循环机制；研究海洋牧场食物网结构及营养动力学，解析其生态系统结构及功能实现过程；研究主要增殖种类种群动力学、行为及生理学变化特征，揭示其适应性响应机制；研发不同类型海洋牧场资源环境生态效应评估模型，评价其资源与环境生态效应。

（四）海洋牧场在线组网监测与灾害预警

研究海洋牧场关键环境和渔业资源参量原位在线监测机理、技术方法及水下多参数信息集成通用平台技术；研究水动力、生物量和生态灾害等要素集成的激光雷达、声学遥测和卫星遥感三维成像原理和方法；研究水动力-生态耦合机理及在线观测数据同化预警模型；研究不同载体跨介质信息组网及与灾害数值预警的集成机理和技术，构建信息化原型验证系统。

（五）海洋牧场风险防控与综合管理

研究典型海洋牧场生态风险传递机制，构建风险网络化评估和预报模型，确定生态安全阈值，提出适应性风险调控途径；构建三产融合的全产业链投入产出模型，评估海洋牧场生态、社会、经济综合效益；开展政策情景模拟研究，优化综合管理模式。

参 考 文 献

［1］农业农村部渔业渔政管理局，全国水产技术推广总站，中国水产学会. 2019 中国渔业统计年鉴［M］. 北京：中国农业出版社，2019.

［2］杨红生，邢丽丽，张立斌. 现代渔业创新发展亟待链条设计与原创驱动［J］. 中国科学院院刊，2016，31(12):1339-1346.

［3］杨红生，章守宇，张秀梅，等. 我国现代化海洋牧场建设的战略思考［EB/OL］［2019-06-26］. http://kns.cnki.net/kcms/detail/31.1283.S.20190402.1024.004.html.

［4］Nakayama A，Yagi H，Fujii Y，et al. Evaluation of effect of artificial upwelling producing structure on lower-trophic production using simulation［J］. Journal of Japan Society of Civil Engineers Ser. B2(Coastal Engineering)，2010，66(1): 1131-1135.

［5］Naqamatsu T，Shima N. Experimental study on artificial upwelling device combined V-shaped structure with flexible underwater curtain［J］. Memoirs of Faculty of Fisheries-Kagoshima University，2006，55: 27-35.

［6］盛玲. 博采众长:国外海洋牧场建设经验借赏［J］. 中国农村科技. 2018，(275):56-57.

［7］尹增强，章守宇. 对我国渔业资源增殖放流问题的思考［J］.中国水产，2008，(3):9-11.

［8］中国水产学会. 海洋渔业资源保护与人工鱼礁国际论坛［C］. 北京: 中国水产学会，2016.

［9］农业部. 农业部关于印发《国家级海洋牧场示范区建设规划（2017—2025 年）》的通知［EB/OL］［2017-10-31］. http://www.gov.cn/gongbao/content/2018/content_5277757.htm.

［10］Byron C，Link J，Costa-Pierce B，et al. Modeling ecological carrying capacity of shellfish aquaculture in highly flushed temperate lagoons［J］. Aquaculture，2011，314(1-4):87-99.

［11］Loneragan N R，Jenkins G I，Taylor M D. Marine stock enhancement，restocking，and sea ranching in australia: future directions and a synthesis of two decades of research and development［J］. Reviews in Fisheries Science，2013，21(3-4):222-236.

［12］Forth M，Liljebladh B，Stigebrandt A，et al. Effects of ecological engineered oxygenation on the bacterial community structure in an anoxic fjord in western Sweden［J］. The ISME Journal，2015，9(3):656-669.

［13］Kauppila P，Meeuwig J J，Pitkänen H. Predicting oxygen in small estuaries of the Baltic Sea: a comparative approach［J］. Estuarine，Coastal & Shelf Science，2003，57(5-6):1115-1126.

［14］Hetland R D，Dimarco S F. How does the character of oxygen demand control the structure of hypoxia on the Texas-Louisiana continental shelf?［J］. Journal of Marine Systems，2008，70(1-2):49-62.

［15］Chen S，Chen B，Fath B D . Ecological risk assessment on the system scale: a review of state-of-the-art models and future perspectives［J］. Ecological Modelling，2013，250:25-33.

第六节　海洋生物基资源炼制技术

李鹏程　秦玉坤
（中国科学院海洋研究所）

一、重要意义

海洋占地球表面面积的 71%，是潜力巨大的资源宝库，也是支撑未来发展的战略空间。海洋资源是人类可利用的重要可再生资源，是经济和社会可持续发展的重要来源[1, 2]。向海洋要资源，发展蓝色经济，是在土地资源日益紧缺、石油等一次性化石资源日益枯竭、自然环境遭到严重破坏的情况下，继续推进我国经济社会发展的必然选择。

当今世界新技术不断取得重大突破，孕育和催生了新的海洋产业，为解决人类社会发展面临的食物、健康、能源等重大问题开辟了崭新的路径。对海洋生物资源进行分级利用、功能修饰、转化改造，可以获得具有更好功能特性和更经济附加值的新型生物制品。海洋生物基资源炼制技术是指以海洋生物资源为原料，利用物理、化学、生物方法或这几种方法的集成，制备海洋生物基能源、生物材料、医药和生物制品[3-6]。与以开发海洋食品为主要目的的传统海洋资源水产加工技术不同，海洋生物基资源炼制技术是对海洋生物资源的综合化、高值化和功能化利用，是海洋生物资源产业链的延伸和拓展，具有新经济产业的特征。当前，海洋生物基资源炼制技术已成为新兴海洋生物产业的发展重点，是海洋新兴产业国际竞争最激烈的领域之一，体现了一个国家和地区在未来海洋利用方面的潜力，直接关系到国家和地区能否在 21 世纪的蓝色经济时代占领世界经济发展的制高点。

二、国内外发展现状

（一）国外发展现状

利用生物炼制技术，拓宽海洋生物资源的利用途径，开发海洋生物新能源、新材料、新药物和新制品，是世界各国海洋新兴产业的重要方向[7, 8]。为了适应这种快速发展的形势，美国、日本、澳大利亚等发达国家先后制订了国家发展计划，把海洋生物技术研究确定为 21 世纪优先发展领域[9-12]。自 20 世纪60 年代以来，美国就把发展海洋科技视为建设海洋强国的重要手段，并颁布了一系列政策法令以促进海洋战略性新兴产业的发展。例如，20 世纪 80 年代，美国提出《全球海洋科学计划》，重点发展海洋科技，促进高新技术发展；2004 年和 2007 年，美国海洋政策委员会先后提出《21 世纪海洋蓝图》《绘制美国未来十年海洋科学发展路线——海洋科学研究优先领域和实施战略》；奥巴马总统上任后，签署了《发展海洋经济，保证美国在海洋经济领域占有领先地位》的决定。日本是较早开发海洋战略性新兴产业的国家，自 2000 年起先后出台了《日本海洋开发推进计划》《海洋基本计划》等政策，界定了海洋高新技术，明确提出要大力发展海洋生物资源利用技术。欧盟也高度重视海洋经济的发展，2007年颁布了《欧盟海洋综合政策蓝皮书》，提出要加大对海洋高新技术的投入力度，大力发展海洋生物技术。

海洋拥有巨大的生产力，丰富的渔获物和水产养殖品除供给人类食用外，更成为包括酶类、纤维、多聚物、精细化工产品、生物柴油、特种黏合剂、环保制剂、生物制品、药物等多用途、高值化新产品的独特原料。自 20 世纪六七十年代，科学家就从海洋微生物中找到了抗菌药物头孢菌素 C 与抗结核药物利福霉素；至今，全球共有 13 个海洋药物被批准上市，另有 67 个候选海洋药物处于在研、临床各期试验的阶段[13, 14]。在海洋生物材料研发方面，海洋藻类、甲壳资源正在突破传统利用方式和利用领域，成为重要的生物基材料的原料。利用海洋多糖、蛋白等制备的功能性纤维、膜材料和生物医用材料已在纺织服装、医疗及特种领域等许多领域获得应用，形成了比较稳定的产品和市场。基于海洋生物活性物质的农用生物制品开发受到世界强国，特别是沿海国家的广泛重视，海洋生物有机肥、农用微生态制剂、植物促生长剂等市场发展迅速。挪威每年的海藻肥出口超过 2 万 t；日本的海洋微生态农用制剂每年出口值达 1 亿美元以上；美国和欧洲的生物有机肥使用比例已超过 50%，日本则超过 65%。在海洋生物能源研发方面，世界主要工业国家纷纷开展海藻生物能源生产及其固碳减排技术的研发，以期抢占战略技术高地。全世界开展藻类生物燃料技术研发的公司已达数百家，壳牌国际石油有限公司、美国雪佛龙（Chevron）公司、荷兰海藻链（AlgaeLink）公司等先后投入巨资启动相关技术的研发，在海洋能源藻类育种技术、规模培养技术、燃料转化技术等领域已取得重要突破。

（二）国内发展现状

在连续 4 个五年"863 计划"的支持下，我国的海洋生物科技得到长足发展，与国际先进水平的差距不断缩小。自 20 世纪 80 年代以来，先后成功开发出藻酸双酯钠、甘糖酯、褐藻多糖硫酸酯、海克力特、甘露醇烟酸酯、海昆肾喜胶囊等海洋药物。2018 年 7 月，由中国海洋大学原创并与中国科学院上海药物研究所和上海绿谷制药有限公司联合研发的治疗阿尔茨海默病的新药甘露寡糖二酸（GV-971）顺利完成Ⅲ期临床试验，在开发抗阿尔茨海默病新药上迈出关键一步。目前，中国已经是海洋生物制品原料生产大国，壳聚糖、海藻酸钠产量占世界 80%以上，甲壳素纤维及纺织材料制备的关键技术与装备已取得重大突破，建立了千吨级甲壳素纤维的生产示范线，其产量占世界产量的 1/3 左右。海藻多糖纤维的产业化技术获得突破，已经建成百吨级工程化示范线，开发出多品种海藻纤维并得到初步应用。此外，部分酶制剂如溶菌酶、蛋白酶、脂肪酶、酯酶等已经实现产业化，部分海洋功能材料如止血、愈创、抗菌敷料和手术防粘连产品已进入产业化实施阶段，海洋绿色农用制剂寡糖农药的应用已全面展开，海洋功能食品——多糖、寡糖制品，系列鱼油制品，系列高附加值蛋白肽类制品等品种丰富，海洋水产动物疫苗如鳗弧菌疫苗、迟钝爱德华氏菌疫苗、虹彩病毒疫苗等实现了自主研发[8]。我国在 20 世纪 90 年代中期已成为世界上最大的微藻养殖国，率先实现了海水螺旋藻、雨生红球藻、海洋微拟球藻、海水小球藻的产业化生产；目前，微藻能源领域的藻种选育、规模培养与装备、下游加工等技术已取得很大进展。

新近出台的《"十三五"国家科技创新规划》明确了聚焦深海，拓展远海，深耕近海三大发展方向，围绕海洋生物科学研究和蓝色经济发展需求，针对海洋特有的群体资源、遗传资源、产物资源，在科学问题认知、关键技术突破、产业示范应用三个层面，一体化布局海洋生物资源开发利用重点任务的创新链。这些发展必将培育与壮大我国的海洋生物产业，全面提升海洋生物资源的可持续开发创新能力。

三、重要技术发展方向展望

目前，海洋药物及生物制品的研发热点主要集中在海洋药物、生物酶、生物材料、绿色农用制剂、保健食品、日用化学品等方面，已形成新兴朝阳产业。开发上述产品的核心技术是生物炼制技术，主要包括生物技术、化学合成和化学工程技术。其未来发展方向包括以下几个方面。

（一）海洋药物关键技术开发工程

（1）天然产物资源的利用逐步从近浅海向深远海拓展。应发展深海勘探技术、原位培养技术，瞄准深远海生物的耐压、嗜温、抗还原环境的特性，探索发现全新结构的活性化合物和特殊功能的海洋生物基因；用组合生物合成和合成生物学技术，构建和拓展海洋天然化合物库[13]。此外，正如化学工程单元操作对石油化工炼制产生了巨大的推动作用一样，它同样对生物炼制具有重要意义。如何高效、低能耗地将海洋生物基化学品从低浓度的发酵体系中分离纯化，是一个新的难题。

（2）合理借鉴陆地药物开发的各种高新技术，迅速向海洋产物资源的药用和生物制品的开发利用转移，以孕育新的战略性产业。海洋生物组学、生物有机化学和合成生物学、免疫学和病害学、内分泌和发育与生殖生物学、环境和进化生物学等海洋前沿生物科技的长足发展，推动了海洋传统生物产业和其他新兴生物产业的发展。海洋新兴生物产业的上游是海洋生物技术，强化海洋生物技术的发展，对培育和壮大海洋药物产业有着重大的战略意义。

（3）重点研究候选海洋药物的特点（作用靶点、作用强度等），药代动力学性质（在动物体内的吸收、分布、起效、排泄等），安全性（肝肾毒性、体内残

留等），构建国际认可的临床前研究技术策略体系与评价数据，建立和完善海洋
药物研发技术的平台。海洋药物的临床研究需重点考证新药的临床疗效和应用
的安全性，考察与其他药物合用的临床疗效。

（二）海洋生物制品关键技术开发工程

（1）海洋生物酶制剂的研发与产业化。应构建新的代谢途径，使微生物能
够适用粗放的原料（如虾蟹壳等）来直接清洁生产甲壳素、壳聚糖等产品，同
时可使代谢向产物方向移动。基因工程和代谢组学、蛋白质组学的发展对提高
生物炼制的效率无疑具有重要的推动作用。此外，高效的酶催化反应及具有新
功能的生物催化剂是降低生物炼制成本的关键技术之一[15-19]。应研究酶制剂产
业化制备过程工程技术、规模化酶高效分离工艺工程技术和酶制剂生产下游产
品的工艺关键技术，以构建集成技术平台。应解决实现海洋微生物酶制剂稳定
性与实用性的共性关键技术，突破海洋生物酶催化和转化产品的关键技术。应
研究重要海洋生物酶在轻化工、医药、饲料等工业领域中的应用技术及其催化
和转化产品的工艺技术，全面实现我国海洋生物酶的产业化发展。

（2）海洋生物新材料的研发与产业化。应研发褐藻多糖与甲壳素多糖生物
质原料的综合利用与精炼技术，突破生物基功能材料的复合纺丝与膜成形的关
键工艺技术，研发专用材料成形与加工装备，重点发展复合功能纤维、储能器
件材料、医用复合材料及能源膜材料的产业应用技术与工程示范，建立以海洋
生物质为资源的新材料产业发展链。

（3）海洋绿色农用生物制剂的研发与产业化。应开发减毒活疫苗、亚单位疫
苗和脱氧核糖核酸（DNA）疫苗，建立新型的浸泡或口服给药系统，研发系列海
水养殖疫苗产品并使之产业化，完成可替代抗生素的饲用海洋生物制剂的研发并
实现产业化。应研究海洋动植物多糖、蛋白、酶等物质的生物活性及其功能特
征，开发海洋生物活性物质与制品制备关键技术；挖掘海洋生物中促生长、抑
菌、抗病、抗逆等活性物质，重点发展新型海洋生物源农药、高效农肥、动保制
品、环保与农药残留降解制剂等海洋生物新产品。应研究海洋农药和生物肥料规
模化生产优化与控制核心技术、产业化工艺放大关键技术；突破海洋农药及生物
肥料有效成分和标准物质分离纯化及活性检测技术，建立质量控制体系。

（4）海洋水产加工副产物高值、高效利用技术。应重点研究养殖产品加工

副产物蛋白质的深度水解技术与风味调节技术，开展大宗海洋水产品功能肽、动植物活性多糖、寡糖绿色制备的研究及其应用，研究活性脂质的高效快速分离与工业化制备技术和鱼油的高效利用技术，研制新型适于废水处理高效生物反应发酵罐及油、水、固形物高效分离设备等加工副产物处理设备。

四、结语

党的十九大报告中提出要坚持陆海统筹，加快建设海洋强国，把开发、利用海洋提升到一个新的高度。这为海洋生物产业，包括海洋生物医药、海洋生物制品、海洋生物材料等的发展带来了新契机。我国海洋生物医药与制品产业迎来了蓬勃发展的良好势头，且仍有进一步发展的升级换代空间，海洋生物医药、能源、生物基材料与制品产业集群亟待建立。我国海洋养殖规模大、资源品种多，为发展海洋生物能源、生物基材料和制品产业奠定了良好的资源基础，但总体上呈现出产业化能力不足、产品种类不多和产业规模过小等劣势。2019 年 4 月，自然资源部海洋战略规划与经济司发布的《2018 年中国海洋经济统计公报》指出，2018 年我国海洋生物医药研发不断取得新突破，引领了产业的快速发展，全年实现增加值 413 亿元，比上年增长 9.6%，但海洋生物医药业增加值仅占整个海洋经济产值的 1.2%（图 4-6-1）。对标"十三五"期间国家海洋生物科技重点任务——培育超千亿元的海洋生物战略性新兴产业，我国海洋生物科技仍有不小的差距，任重而道远。

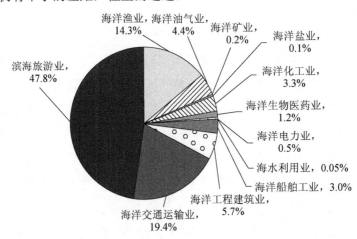

图 4-6-1 2018 年主要海洋产业增加值构成图（摘自《2018 年中国海洋经济统计公报》）

参 考 文 献

［1］ Lallier L E，McMeel O，Greiber T，et al. Access to and use of marine genetic resources: understanding the legal framework ［J］. Natural Product Reports，2014，31(5):612-616.

［2］ 傅秀梅，王长云，王亚楠，等. 海洋生物资源与可持续利用对策研究［J］. 中国生物工程杂志，2006，(7):105-111.

［3］ Choudhary A，Naughton L M，Montánchez I，et al. Current status and future prospects of marine natural products (MNPs) as antimicrobials ［J］. Marine Drugs，2017 15(9):272.

［4］ Imhoff J F，Labes A，Wiese J. Bio-mining the microbial treasures of the ocean: new natural products ［J］. Biotechnology Advances，2011，29(5)，468-482.

［5］ Kobayashi J. Search for new bioactive marine natural products and application to drug development ［J］. Chemical and Pharmaceutical Bulletin，2016，64(8):1079-1083.

［6］ Li K，Chung-Davidson Y W，Bussy U，et al. Recent advances and applications of experimental technologies in marine natural product research ［J］. Marine Drugs，2015，13(5):2694-2713.

［7］ "中国海洋工程与科技发展战略研究" 海洋生物资源课题组. 蓝色海洋生物资源开发战略研究［J］. 中国工程科学，2016，18 (2):32-40.

［8］ 方琼，罗茵. 海洋生物产业发展迎来新契机［J］. 海洋与渔业，2019，(3):28-29.

［9］ 倪国江. 基于海洋可持续发展的中国海洋科技创新战略研究［D］. 青岛：中国海洋大学博士学位论文，2010.

［10］ 李懿，张盈盈. 国外海洋经济发展实践与经验启示［J］. 国家治理，2017，(2):41-48.

［11］ 姜国建，文艳. 世界海洋生物技术产业分析［J］. 中国渔业经济，2006，24(4):45-49.

［12］ 王欣桐. 基于国际比较的我国海洋战略性新兴产业发展研究［D］. 海口：海南大学硕士学位论文，2016.

［13］ 廖静. 开启海洋生物医药产业的"黄金时代"［J］. 海洋与渔业，2019，(3):30-31.

［14］ 蔡超，于广利. 海洋糖类创新药物研究进展［J］. 生物产业技术，2018，(6):55-61.

［15］ 颜永年，熊卓，张人佶，等. 生物制造工程的原理与方法［J］. 清华大学学报（自然科学版），2005，45(2): 145-150.

［16］ 谭天伟，王芳. 生物炼制发展现状及前景展望［J］. 现代化工，2006，(4): 6-10.

［17］ Lin Z，Chen J，Zhang J，et al. Potential for value-added utilization of bamboo shoot processing waste—recommendations for a biorefinery approach ［J］. Food and Bioprocess Technology，2018，11(5): 901-912.

［18］ Rombaut N，Tixier，A S，Bily A，et al. Green extraction processes of natural products as tools for biorefinery ［J］. Biofuels，Bioproducts and Biorefining，2014，8(4): 530-544.

［19］ Julio R，Albet J，Vialle C，et al. Sustainable design of biorefinery processes: existing practices and new methodology [J]. Biofuels, Bioproducts and Biorefining, 2017, 11(2): 373-395.

第七节　大型反渗透海水淡化技术及成套装备

阮国岭

（自然资源部天津海水淡化与综合利用研究所）

一、重要意义

全球人口增长、经济规模增大、日益频发的极端天气现象等使淡水资源的短缺状况变得日益严峻，水已成为制约经济社会可持续发展的重要因素之一。在解决缺水的众多方案之中，海水淡化因可增加水资源总量，且不受季节和气候的影响，越来越受到沿海国家和地区的重视，已成为解决供水不足的重要措施。截至 2018 年，全球已签约的海水淡化厂总装机容量超过 1 亿 m^3/d，解决了 3 亿人的生活用水问题。在众多海水淡化技术中，反渗透膜法淡化技术是当前可商业化大规模应用的主流淡化技术之一，凭借建设场地选址灵活、建设规模可大可小且可扩展性较高等优势，在新增海水淡化市场的占比不断提高[1]。

海水淡化的本质是以能换水。利用技术创新来不断降低海水淡化投资成本和运行能耗，是降低造水成本的核心措施。从当前国际发展趋势看，工程装备规模化和大型化的特点越来越突出，这样做主要是为了节约单位投资和占地，并通过规模效应来提升水泵、电机、能量回收装置、电气设备等的运行效率，从而降低产水的单位电耗和运行成本[2]。截至 2018 年，全球大型海水淡化厂的占比已从 2015 年的 19%左右升高到 50%，其中反渗透膜法淡化技术的最大单机规模已达 2.7 万 m^3/d，最大工程规模达 62.4 万 m^3/d。

二、国内外发展现状

（一）国外发展现状

相对于其他商业化应用的海水淡化技术，全球反渗透膜法海水淡化产业的细分更加显著[3]。以美国陶氏化学公司、海德能、能量回收公司（ERI）和日本东丽集团公司为主的上游关键膜材料、节能装备制造商，在反渗透海水淡化领域一直处于技术创新的领导地位。而法国苏伊士环境集团和威立雅环境集团、以色列 IDE 淡化工程技术公司、韩国斗山集团等装备集成公司，则利用各自的创新工艺、装备集成设计能力和强大的资本运作能力，在国际海水淡化市场"攻城略地"。两者相辅相成，推动反渗透海水淡化技术的成熟度不断提高、工程规模持续增大。目前，10 万 t 级以上的大型反渗透淡化工程在水资源短缺的中东、北非地区，以及中国、澳大利亚等地已较为常见。

韩国于 2007 年启动了高效反渗透海水工程与建筑（Seawater Engineering & Architecture of High Efficiency Reverse Osmosis，SEAHERO）计划，力争成为世界海水淡化领域的技术强国[4]。日本在 2009~2014 年实施了百万吨膜法水处理系统（Mega-ton Water System）计划，以保持并提升其在反渗透海水淡化领域的技术先进性[5]。美国于 2019 年也发布了《以加强水安全为目标的海水淡化总体战略规划》（*Coordinated Strategic Plan to Advance Desalination for Enhanced Water Security*），以持续推进其在上游技术装备材料方面的创新。在这些工作的带动下，百万吨级超大型反渗透膜法海水淡化有望在 21 世纪下一个 10 年变成现实[6]。

超大型反渗透海水淡化并不是现有技术规模的简单叠加，而是上游先进膜材料及大尺寸膜元件、大型高效能量回收器、高压泵，以及下游配套工艺装备集成技术、智能化运行维护技术等的集中体现。例如，以色列 IDE 公司在索莱克项目中尝试采用美国陶氏化学公司开发的 16 寸膜组件，并开发针对大型工程的三中心工艺装备集成技术（泵中心-膜中心-能量回收中心）和双管取水技术，布局了超大型反渗透海水淡化工程技术；美国陶氏化学公司和日本东丽集团公司长期致力于抗氧化性强、耐细菌侵蚀且具有更高脱盐率、脱硼率的新型反渗透膜的研发，以开发出适用于未来超大型工程的反渗透膜技术。技术创新、规模增大、集成度提高的核心目标，就是尽可能降低工程运行能耗和造水成本。

大多数国际海水淡化公司（如法国苏伊士环境集团和威立雅环境集团、以色列 IDE 淡化工程技术公司、韩国斗山集团等）都在研究大型反渗透膜法海水淡化工艺技术，以抢占国际海水淡化市场。预计未来 10~15 年，大型反渗透膜法海水淡化技术将在关键材料组件、大型节能装备、绿色环保工艺技术、工艺集成优化、大型装备运营维护技术方面取得显著进展，将持续推动反渗透膜法淡化技术的规模化发展。

（二）国内发展现状

我国反渗透海水淡化技术在近 20 年发展较快，已逐步掌握了日产千吨级、万吨级反渗透工艺装备集成技术[7]，已具备单机 2 万 m^3/d、总规模 10 万 m^3/d 的大型反渗透海水淡化工程设计和运行维护能力。在配套关键材料装备研发方面，我国已具备反渗透膜组件规模化制造，大规模膜堆设计，以及高压泵、能量回收器等部件的研发能力，国内反渗透膜壳已占领部分国际市场，国产高压泵在部分工程中得到了示范应用[8]。这些为我国海水淡化产业规模化发展奠定了良好基础。但与国外相比，我国反渗透海水淡化的核心材料和装备尚有差距，主要体现在反渗透膜的规模化生产效率和成品率仍较低，应用可靠性尚待验证，关键设备（高压泵、能量回收器等）运行效率和成套率较低，以及大规模工程设计建设和运行维护经验较少等方面。

三、重要技术发展方向展望

大型反渗透海水淡化作为未来的主流发展方向，需要重点解决以下五个方面的问题。

（一）高性能膜材料和膜组件技术

反渗透膜是膜法海水淡化的基础和核心材料，其性能和使用寿命是决定海水淡化技术经济指标的重要因素之一。应开展反渗透膜结构与其综合性能间的构效关系的基础理论研究，开发适用于工业化生产的膜结构精确控制方法和技术装备，形成适合低压驱动且具有抗污染、耐氧化、高脱硼的高性能反渗透膜[9]。同时，应优化复合膜成膜工艺、膜制备产业化技术和自动化卷膜技术与设备等，形成高性能、大尺寸（如 16～24in）海水淡化反渗透膜和纳滤软化膜元件产品的生产能力[10, 11]。大型反渗透海水淡化在为市政供水时需满足频繁变工况运行的要求，应开展反渗透膜的变工况适应性研究，以优化膜材料和组件结构，提高运行稳定性，实现定制化工程的目标[12, 13]。此外，应重点研究以有机无机复合材料、纳米材料、生物仿生材料为代表的新型反渗透膜，布局下一代膜材料的创新研发。

（二）高效绿色环保预处理技术

几乎所有的海水淡化技术均需要一个前置预处理过程，以去除海水中的固体悬浮物、浮游生物、细菌等，减少后端盐水分离过程的污堵。虽然改进反渗透膜材料和能量回收技术，可以极大地降低反渗透海水淡化的成本和过程能耗，但相对而言，预处理过程的成本仍然偏高。高效绿色环保的预处理技术，是大型反渗透海水淡化技术发展的一个重要方面，也是超大型海水淡化工程技术的薄弱环节，其中预处理工艺和药剂的优化是需要着力解决的关键点之一。此外，还需要深入探讨膜法淡化中生物污染和有机污堵的过程机理。可以通过构建理论模型、研究污染物和膜表面之间的作用机制，阐明原水水质、取水技术、污染类型等与膜污堵的经验关系和科学机理[14]，为淡化工程选择合理取水方式提供依据，并针对不同水质条件提供特定的预处理方案。同时，借鉴其他行业的应用经验，推广使用动态气浮等高效预处理技术。

（三）关键部件节能降耗技术

节能降耗以降低造水成本，是反渗透海水淡化技术领域的主要目标之一，其中以高压泵和能量回收更为突出[15, 16]。大型反渗透海水淡化工程的高压泵主要采用多级离心泵，其耗电约占系统运行费用的 35%。针对该装备的节能降耗，主要研究流体机械理论、数值模拟技术、精密加工技术和抗磨耐蚀材料、表面改性技术，设计研发更高通量与效率的离心叶轮，开发新式水润滑轴承以应对更高载荷，开发水力部件精密加工制造技术以突破转子不平衡量对动力平衡的影响限制[17]。在能量回收技术装备方面，我国水力设计和流体机械理论薄弱，配套材料性能不足，高精度加工与装配水平不高，与国外的差距较为明显。未来，应重点围绕水力结构原理分析设计、水膜动压润滑机理、转动面摩擦磨损特性等核心问题开展研究，结合耐蚀材料、间隙密封、精密制造等共性技术，攻克反渗透能量回收核心技术，开发自主产品，降低反渗透单元的能耗。同时，能量回收装置在流体温度和盐度波动条件下的运行稳定性也是未来大型工程应解决的重要问题之一[18]。

（四）系统优化和产水调度技术

市政供水是超大型反渗透海水淡化工程的主要市场方向。市政供水通常随季节、气温乃至工休日等差异，呈现出一定的用水波动性。为了保证市政供水安全，供水设施往往需要按供水量的上限设计和建设，这就导致在用水需求量较低时存在用水波谷期，使海水淡化工程偏离额定工作条件，导致单位运行能耗增加。作为未来市政供水的大型反渗透海水淡化工程，需要针对项目的供水特点和用户需求进行系统优化设计，以满足不同程度的产水调度需求，最大限度地降低综合造水成本[19-21]。为此，首先需要建立用户用水量预测模型，针对几种典型供水工况特点（不同季节、供水负荷等），通过仿真模拟、制定工艺系统优化设计方法，保持高压泵和能量回收处于最佳运行效率区间。同时，在对下阶段供水量进行科学预测的基础上，结合蓄水池设计、变压力和变流量调节模式、峰谷电价优化调度模型，形成更合理且低成本的制水方案，实现效益最大化[22]。

（五）智能化运行维护技术

随着大型反渗透海水淡化厂产能规模的不断扩大和控制管理的日趋精细化，其对运行维护人员能力的要求也在不断提高。在当前我国制造业向工业 4.0 方向发展的大趋势下，海水淡化领域也逐渐倾向于应用智能化技术，以实现集运行管理、安全评估、技能培训等于一体的综合性、智能化海水淡化集成管理系统。未来的研究重点将围绕建立健全海水淡化运行维护技术标准体系，开发仿真培训软硬件平台，以提高运维人员的技能水平；建立海水淡化工程运行监测及安全评估系统，提高海水淡化系统控制设计的可靠性、有效性和易用性；开发集大数据性能分析、智能故障警告于一体的智能运维技术，向无人运维方向发展，旨在切实提高淡化厂的管理水平，降低运行成本，保障海水淡化系统的安全、经济、高效运行。发展大型反渗透海水淡化的智能化运行维护技术，有利于提高故障提前检测排除率和海水淡化系统运行效率，有效降低海水淡化业主的运营成本和负担。

四、结语

目前，我国在大型反渗透海水淡化的关键技术领域虽然取得了显著进展，但在关键材料、部件、装备的研发和产业化制造方面与国外先进技术相比尚有差距，还存在成果转化不足、装备和产品的成套化不够等问题。在新的历史时期，以大型化反渗透海水淡化工程为导向，围绕关键技术和装备开展研究，我国的海水淡化将朝着产业规模化、装备国产化、工艺多元化、成本低廉化的方向发展。随着反渗透海水淡化关键技术和装备研发创新强度的不断加大，未来5～10年我国将解决反渗透海水淡化关键材料和部件的国产化问题；未来10～20年，大型反渗透海水淡化技术及成套装备将得到广泛应用，淡化水将进入城市供水管网并成为沿海城市和地区的重要水源。未来，中国的大型反渗透海水淡化技术必将实现产业关键技术的凝聚、核心竞争力的提升、国际市场份额的增加，进而引领全球海水淡化技术的发展。

参 考 文 献

[1] Missimer T M, Maliva R G. Environmental issues in seawater reverse osmosis desalination: intakes and outfalls [J]. Desalination, 2018, 434:198-215.

[2] Blanco-Marigorta A M, Lozaro-Medina A, Marcos J D. The exergetic efficiency as a performance evaluation tool in reverse osmosis desalination plants in operation [J]. Desalination, 2017, 413:19-28.

[3] 阮国岭, 高从堦. 海水资源综合利用装备与材料 [M]. 北京: 化学工业出版社, 2017.

[4] Kurihara M, Takeuchi H. Chapter 16—The next generation energy efficient membrane desalination system with advanced key technologies: Mega-ton Water System [J]. Current Trends and Future Development on (Bio-)Membranes, 2019: 387-406.

[5] Kurihara M, Takeuchi H. SWRO-PRO system in "Mega-ton Water System" for energy reduction and low environmental impact [J]. Water, 2018, 10:48.

[6] Kurihara M, Hanakawa M. "Mega-ton Water System": Japanese national research and development project on seawater desalination and wastewater reclamation [J]. Desalination, 2013, 308:131-137.

[7] 余涛, 杨波, 薛立波, 等. 国产化单机日产水 1 万吨的反渗透海水淡化工程 [J]. 水处理技术, 2012, (9): 114-116.

[8] 阮国岭. 海水淡化工程设计 [M]. 北京: 中国电力出版社, 2013.

[9] Zhao X, Zhang R, Liu Y, et al. Antifouling membrane surface construction: chemistry plays a critical role [J]. Journal of Membrane Science, 2018, 551:145-171.

[10] Fane A G T. A grand challenge for membrane desalination: more water, less carbon [J]. Desalination, 2018, 426:155-163.

[11] Sarai Atab M, Smallbone A J, Roskilly A P. An operational and economic study of a reverse osmosis desalination system for potable water and land irrigation [J]. Desalination, 2016, 397:174-184.

[12] Dimitrioua E, Boutikos P, Mohameda E S, et al. Theoretical performance prediction of a reverse osmosis desalination membrane element under variable operating conditions [J]. Desalination, 2017, 419: 70-78.

[13] Park J, Lee K S. A two-dimensional model for the spiral wound reverse osmosis membrane module [J]. Desalination, 2017, 416:157-165.

[14] Badruzzaman M, Voutchkov N, Weinrich L, et al. Selection of pretreatment technologies for seawater reverse osmosis plants: a review [J]. Desalination, 2019, 449:78-91.

[15] Goh P S, Matsuura T, Ismail A F, et al. The water-energy nexus: solutions towards energy-efficient desalination [J]. Energy Technology, 2017, 5: 1136-1155.

[16] Shahzad M W, Burhan M, Ang L, et al. Energy-water-environment nexus underpinning future desalination sustainability [J]. Desalination, 2017, 413: 52-64.

[17] 杨光, 付伟. 膜法万吨级海水淡化高压泵水润滑陶瓷轴承的设计 [J]. 河南科技, 2016 (23): 91-93.

[18] Zhou J, Wang Y, Duan Y, et al. Capacity flexibility evaluation of a reciprocating-switcher energy recovery device for SWRO desalination system [J]. Desalination, 2017, 416: 45-53.

[19] Abbas A. Model predictive control of a reverse osmosis desalination unit. Desalination, 2006, 194:268-280.

[20] 王小龙. 大型反渗透海水淡化工程优化调度方法研究 [D]. 杭州: 杭州电子科技大学硕士学位论文, 2015.

[21] 王剑. 大规模反渗透海水淡化工程调度问题研究及应用 [D]. 杭州: 浙江大学博士学位论文, 2015.

[22] Latorre F J G, Báez S O P, Gotor A G. Energy performance of a reverse osmosis desalination plant operating with variable pressure and flow [J]. Desalination, 2015, 366:146-153.

第八节　近海生态灾害长效预测预报技术

王宗灵[1]　杨建强[2]　魏　皓[3]　刘东艳[4]　李超伦[5]
傅明珠[1]　张　芳[5]　于仁成[5]　胡　伟[6]

（1 自然资源部第一海洋研究所；2 自然资源部北海海洋工程勘察研究院；3 天津科技大学；4 华东师范大学；5 中国科学院海洋研究所；6 自然资源部北海预报中心）

一、重要意义

近年来，随着气候变化和人类活动对海洋环境影响的持续加剧，海洋生态灾害暴发呈增加趋势，已成为全球性的海洋生态环境问题，严重威胁海洋生态系统的健康、生态安全、海洋经济的可持续发展与人类的健康。海洋生态灾害种类多样，其中有害藻华（harmful algal bloom，HAB）和水母爆发（jellyfish bloom）是两种最主要的生态灾害类型。有害藻华按藻种不同可分为微型生物形成的赤潮和大型藻形成的绿潮两种。

赤潮又称红潮，国际上也称为有害藻类或"红色幽灵"。它是一类典型的海洋生态灾害，是在特定的环境条件下，海水中某些浮游植物、原生生物或细菌暴发性增殖或高度聚集，使生物量在短时间急剧增加，从而带来一系列危害的生态异常现象。赤潮常见于近岸河口、海湾等区域，很多时候一旦出现，会演化成常态化的现象，可持续发生数年甚至数十年。部分赤潮原因种［如甲藻类中的米氏凯伦藻（*Karenia mikimotoi*）、链状亚历山大藻（*Alexandrium catenella*）、针胞藻类中的卡盾藻（*Chattonella* spp.）、赤潮异弯藻（*Heterosigma akashiwo*）等］，能够产生藻毒素［如麻痹性贝毒（paralytic shellfish poison，PSP）、腹泻性贝毒（diarrhetic shellfish poison，DSP）、记忆丧失性贝毒（amnesic shellfish poison，ASP）、神经性贝毒（neurotoxic shellfish poison，NSP）和雪卡毒素（ciguatoxin，CTX）等］[1]，这些毒素能够在鱼、贝类等海洋动物体内累积，进而经过食物链威胁海洋生态系统和人类健康。球形棕囊藻（*Phaeocystis globosa*）等能够形成较大的囊体（直径从几十微米到 3cm），在赤潮暴发时会堵塞网具，影响沿海地区核电和常规电力冷却系统的安全，甚至造成电厂关停的严重事故。

绿潮是指由大型海藻（通常为绿藻）快速聚集或增殖而在近岸海域大量聚集并造成严重危害的生态异常现象。绿潮作为一种有害藻华，普遍出现在世界沿海国家的近岸海域、海湾和河口地区，会直接危害海洋环境与生态系统，造成严重的经济损失，甚至带来次生环境灾害[2, 3]。

绿潮的危害是多方面的。海上漂浮海藻会造成水体遮阴，同时与浮游植物竞争营养物质，可影响上层初级生产力，进而影响海洋生态系统的物质循环和能量流动，甚至影响海上的交通运输[4]。高生物量绿潮生物在岸滩堆积，不仅直接影响海洋景观，而且会快速腐烂并释放有毒有害气体，进而影响沿岸居民的生活，危害人类健康。所产生的有毒有害物质进入海洋，会危害海洋环境与生态系统。进入沿岸养殖区的绿潮，则会造成养殖生物的大面积死亡，造成巨大的经济损失。绿潮衰退，高生物量大型海藻沉入海底腐烂后，不仅能产生有毒有害物质，而且会造成局域海底缺氧，进而危害下层水体和底栖生物的生存。

水母爆发是指水母在一定时期、一定海域内数量比通常情况下显著增加的异常现象。近年来,水母爆发事件在全球范围内频发,已成为一种新的海洋生态灾害。水母是海洋生态系统的重要组成部分,水母爆发可直接或间接地导致海洋食物链的改变[5, 6],水母会和鱼类竞争饵料并且摄食鱼类幼体,进而给渔业生产带来致命打击[7, 8],同时也给沿海工业、滨海旅游业及航运业等造成重大损失,影响社会经济的发展。水母一旦统治生态系统,将导致生态系统体制的转变(regime shift)(亦称生态系统年代际转型)[9-11]。由于其刺细胞含有毒素,水母蜇伤游客的事件屡见报道,蜇伤严重者甚至危及生命[12, 13]。水母爆发可堵塞核电站、海水淡化厂及化工厂等的循环水冷却系统,从而影响正常的工业生产,造成经济损失[14-16]。

海洋生态灾害已成为我国近海严重的生态环境问题,会改变海洋生态系统的物质和能量流动,影响海洋生态系统的结构与功能,破坏海水养殖业,威胁海域的生态安全。此外,海洋生态灾害还会产生有毒有害物质,并经过食物链威胁到人类健康。因此,需要开展海洋生态灾害的预测预报,这是海洋防灾减灾的前提和基础。

二、国内外发展现状

(一)赤潮灾害

赤潮预报方法可分为两种,即概率统计预测模式和生态动力预测模式。概率统计预测是概率意义上的预测方法。统计学观点认为,某一时刻的状态是不可预测的,它的取值是随机的,某一状态可用出现的概率来预测,其预测值是概率意义上的数值,与实际值不是一一对应的关系,而是概率对应或多值对应。统计学模型由于忽略了赤潮生态系统内各环境因子的时间变化,因而不足以刻画出赤潮起始—发展—形成—消亡的动态过程,因而生态动力预测模式越来越受到重视。生态动力预测模式侧重于物理与生物过程的耦合作用,通过建立描述系统变化的微分方程,即把不同营养水平生物种群的分布和生存变化与食物条件、捕食关系等生物条件,以及其他(如物理环境等)非生物条件联系起来进行分析,来建立生物-物理-化学因子的耦合模型[17, 18]。

（二）绿潮灾害

绿潮灾害一般可分为两种类型：一种是本地起源型，即绿潮灾害发生和消亡于同一富营养化程度较高的近岸水域，法国、美国、日本等的绿潮灾害均属于该类型[19-22]；另一种是以黄海浒苔绿潮为代表的异地起源型，即绿潮起源与灾害形成在不同海域，属于典型的跨区域海洋生态灾害，在其长距离的运移过程中经历了复杂的海洋过程[23-31]。

对于本地起源型的绿潮而言，石莼属、江蓠和松藻等大型藻在一定环境条件下会由定生状态转变为自由漂浮状态，并在近岸快速生长、大量繁殖和堆积。造成这种绿潮灾害的主要原因是人类活动，如农业肥料、污水排放带来的营养盐污染。

黄海绿潮具有独特性，而世界其他海域可供黄海绿潮借鉴的监测和预测模式较少，因此必须针对黄海海域做专门的研究。

研究表明，黄海绿潮起源于其南部浅滩筏式养殖区。自 2008 年以来，国内外开展了大量的现场跟踪调查、模拟实验、遥感监测、数值模拟等方面的研究，初步认识了黄海绿潮的起源与发生过程，并开展了浒苔绿潮的业务化监测，也开发出绿潮漂移的预测模型。根据其起源与发生发展过程，它的预测预报主要包括以下几方面。①筏架定生绿藻生物量调查与筏架回收时间评估。即通过精确估算辐射沙洲养殖筏架上定生绿藻的生物量，预测绿藻早期发生的时间和生物量。②漂浮绿藻分布面积、生物量及其动态变化的监测与预报。海面漂浮绿藻在可见光和近红外波段与陆地植被具有类似的光谱特征，且与背景海水的光谱特征有较大差异，因此常采用已有或改进光谱指数的方法对漂浮绿藻进行识别和定量检测。③海面漂浮绿藻的运动受到多种因素的影响，在不考虑绿藻自身生长、繁殖和死亡等生物学过程时，其运动可看作受风、海浪和海流共同作用的质点，因此主要采用拉格朗日粒子追踪方法对其运动轨迹进行模拟。即基于黄海海洋环境动力预报系统的风场和流场，利用浒苔漂移输运模式来预测未来绿潮漂移的路径、方向、速度和可能的影响范围。

（三）水母灾害

目前，关于水母生活史和旺发前的生存特征了解得比较少，水母旺发的预测主要集中在发生后的运移过程和溯源。海洋动力模式多样，涉及的海洋学过程和生态学过程又十分复杂，研究结果差异很大。例如，Moon 等基于区域海洋模式系统（regional ocean modeling system，ROMS）模型，利用拉格朗日粒子追踪方法追溯日本海沙水母的来源，认为日本海爆发的水母的可能源地之一为长江口，而且水母的分布受中国东海到日本海之间的风应力及沿岸流的影响较大[32]。罗晓凡等[33]采用含潮汐过程的普林斯顿大学模型（POM）进行气候态模拟，认为济州岛沿岸质点几乎全部穿过朝鲜/对马海峡进入日本海，而其他释放区的质点主要在黄海潮汐锋区和长江口以南沿岸锋聚集。张海彦等[34]采用拉格朗日粒子追踪方法追溯其运动路径及可能源地，并结合水母的运动路径和种类分布特征，提出青岛外海为大型水母的潜在源头。国外学者 Berline 等[35]考虑到 0~300m 的垂直迁移，利用拉格朗日粒子追踪模型，建立了法国利古里亚海夜光游水母高分辨率的模式，并把它用于模拟水母的运动，认为北向流和海面风场是影响水母向近岸漂移的主要因素。

三、重要技术发展方向展望

（一）赤潮预报

近年来，迅速发展起来的基于非线性方法的人工神经网络等，具有自适应、自组织和较强的逼近、容错能力等特点，在解决多变量、非线性、机理尚不十分清楚的问题方面有其独特的优势，而且其计算简便、所需要的参数较少，符合业务化预警预报赤潮的要求。在国外，Aussem 和 Hill[36]利用神经网络模拟预报地中海绿藻（*Caulerpa taxifolia*）的发育情况，Recknagel 等[37]利用人工神经网络模拟和预报湖泊藻华，Yabunaka 等[38]利用反向传播算法（BP）预报藻华等，均取得较好效果。国内以丁德文院士为首的项目组开展了赤潮预警预报的人工神经网络方法研究，并取得初步成功，使预报精度达到 50%，证明了利用神经网络开展业务化赤潮预报的可行性。在国内，暨南大学齐雨藻、吴京洪等利用神经网络研究了赤潮与环境因子之间的关系，预报了浮游植物的生长趋势，说明神经网络在赤潮研究中具有巨大优势。此外，采用其他非线性方法（如突变理论等）开展赤潮预警预报工作，也是赤潮预报技术发展的重要方向。

（二）绿潮预报

浒苔绿潮已成为我国黄海海域最引人关注的生态灾害。采用多种手段对绿潮起源区及整个绿潮灾害周期进行综合的规范化监测和预警预测，是近海观测和灾害管理的重要内容。未来，绿潮预报将立足于发展多探测器遥感（卫星、无人机、地物光谱测定）、船舶现场监测等浒苔绿潮的立体监测技术、多源数据融合技术，建立高精度和精细化的浒苔漂移的预报模型和生态动力学模型，掌握长效预警预报技术，以提高对绿潮的早期预警预报能力和防控能力，满足国家防灾减灾的重大需求。

（三）水母旺发

水母旺发预报的难点在于目前对水母旺发前的生长繁殖过程及相关环境条件缺少足够了解，因此水母旺发预报主要是爆发生长前期的动态模拟，如温度对水母出芽生殖及爆发的影响，水母蝶状体和成体数量变化的数值模拟，以及水母出芽和横裂与水温及饵料的关系等。将水母生活史与海洋学过程耦合，即将水母生长、繁殖和死亡等过程与海洋环境相关因素及饵料的耦合进行综合分析，来建立基于水母生活史和迁移全过程的动力学模式，是水母旺发预报的主要发展方向。

此外，吴玲娟等[39]围绕大型水母的迁移规律、溯源研究、数值模拟的方法，在综述了国内外对大型水母迁移规律和灾害监测预警技术的研究进展后认为，需加强和完善水母漂移聚集机理的研究，为监测预警技术的进一步发展奠定基础。

四、结语

近年来，我国近海生态灾害类型趋于多样化，危害加剧，严重威胁着海洋生态系统的健康，已造成严重的经济损失和社会影响，部分生态灾害已严重威胁到人类的健康。海洋生态灾害的发生具有复杂的原因，其中人类活动所导致的海洋环境改变是主要原因。研究表明，有害藻华的出现与营养盐污染引起的海域富营养化存在密切关联。在近岸的寡营养海域，通常以海草或底栖多年生的大型藻类为主。随着海域富营养化程度的不断增加，初级生产者逐渐演变为快速生长的附生性大型藻类。在富营养化严重的海域，则会出现绿潮或赤潮等。赤潮的发生改变了海洋初级生产与次级生产的过程，特别是甲藻赤潮的爆发，促进了水母旺发。另外，近岸大型人工建设被认为是水母生活史的关键阶段——为水螅体提供附着基，是水母旺发的重要原因。因此，海洋生态灾害的预警预报，不仅涉及复杂的生物学与生态学过程，而且受到海洋环境过程的驱动，并与人类活动密切相关，将这些复杂的过程耦合，是实现对海洋生态灾害进行长期预报的基础。

参 考 文 献

[1] FAO. FAO Food and Nutrition Paper [R]. Food and Agriculture Organization of the United Nations，2004.

[2] Fletcher R L. The Occurrence of "Green Tides"— A Review [M] // Schramm W，Nienhuis. Marine Benthic Vegetation. Berlin：Springer，1996：7-43.

[3] Valiela I，Mcclell and J，Hauxwell J，et al. Macroalgal blooms in shallow estuaries: controls and ecophysiological and ecosystem consequences [J]. Limnology and Occanography，1997，42:1105-1118.

[4] 王超. 浒苔（Ulva prolifera）绿潮危害效应与机制的基础研究 [D]. 青岛：中国科学院海洋研究所，2010.

[5] Barz K，Hirche H J. Abundance，distribution and prey composition of scyphomedusae in the southern North Sea [J]. Marine Biology，2007，151(3):1021-1033.

[6] Condon R H，Steinberg D K，Del Giorgio P A，et al. Jellyfish blooms result in a major microbial respiratory sink of carbon in marine systems [C]. Proceedings of the National Academy of Sciences of the United States of America. 2011，108(25): 10225-10230.

[7] Brodeur R D，Mills C E，Overland J E，et al. Evidence for a substantial increase in gelatinous zooplankton in the Bering Sea，with possible links to climate change [J]. Fisheries Oceanography，1999. 8(4):296-306.

[8] Jiang H，Cheng H Q，Xu H G，et al. Trophic controls of jellyfish blooms and links with fisheries in the East China Sea [J]. Ecological Modelling，2008，212:492-503.

[9] Araújo J N，Mackinson S，Stanford R J，et al. Modelling food web interactions，variation in plankton production，and fisheries in the western English Channel ecosystem [J]. Marine Ecology Progress Series，2006，309:175-187.

[10] Condon R H，Graham W M，Duarte C M，et al. Questioning the rise of gelatinous zooplankton in the world's oceans [J]. Bio materials Science，2012，62(2):160-169.

[11] Decker M B，Robinson K L，Dorji S，et al. Jellyfish and forage fish spatial overlap on the eastern Bering Sea shelf during periods of high and low jellyfish biomass [J]. Marine Ecology Progress Series，2017，591:57-69.

[12] Yu H，Liu X，Xing R，et al. Radical scavenging activity of protein from tentacles of jellyfish *Rhopilema esculentum* [J]. Bioorganic and Medicinal Chemistry Letters，2005，15(10): 2659-2664.

[13] 王丽静，王爱娜. 重型海蜇蜇伤 18 例救治体会 [J]. 中国综合临床，2002，(3):271.

［14］Purcell J E, Uye S, Lo W T. Anthropogenic causes of jellyfish blooms and their direct consequences for humans: a review ［J］. Marine Ecology Progress Series, 2007, 350:153-174.

［15］Richardson A, Bakun A, Hays G, et al. The jellyfish joyride: causes, consequences and management responses to a more gelatinous future ［J］. Trends in Ecology and Evolution, 2009, 24(6):312-322.

［16］Shin-Ichi U, Ueta U. Recent increase of jellyfish populations and their nuisance to fisheries in the Inland Sea of Japan ［J］. Bulletin of the Japanese Society of Fisheries Oceanography, 2004, 68: 9-19.

［17］许卫忆, 朱德弟, 张经, 等. 实际海域的赤潮生消过程数值模拟［J］. 海洋与湖沼, 2001, 32 (6): 598-604.

［18］杨建强, 高振会, 孙培艳, 等. 应用遗传神经网络方法分析赤潮监测数据［J］. 黄渤海海洋, 2002, 20 (2): 77-82.

［19］Kamer K, Boyle K A, Fong P. Macroalgal bloom dynamics in a highly eutrophic Southern California estuary ［J］. Estuaries, 2001, 24(4): 623-635.

［20］Charlier R H, Morand P, Finkl C W, et al. Green tides on the Brittany coasts. Environmental Research ［J］. Engineering and Management, 2007, 3(41): 52-59.

［21］Yabe T, Ishii Y, Amano Y, et al. Green tide formed by free-floating *Ulva* spp. at Yatsu tidal flat, Japan ［J］. Limnology, 2009, 10(3): 239-245.

［22］Teichberg M, Fox S E, Olsen Y S, et al. Eutrophication and macroalgal blooms in temperate and tropical coastal waters: nutrient enrichment experiments with *Ulva* spp ［J］. Global Change Biology, 2010, 16(9): 2624-2637.

［23］Liu D Y, Keesing J K, Xing Q G, et al. World's largest macroalgal bloom caused by expansion of seaweed aquaculture in China ［J］. Marine Pollution Bulletin, 2009, 58(6): 888-895.

［24］Liu D Y, Keesing J K, He P, et al. The world's largest macroalgal bloom in the Yellow Sea, China: formation and implications ［J］. Estuarine, Coastal and Shelf Science, 2013, 129: 2–10.

［25］Hu C M, Li D Q, Chen C S, et al. On the recurrent *Ulva prolifera* blooms in the Yellow Sea and East China Sea ［J］. Journal of Geophysical Research, 2010. 115:C05017.

［26］Keesing J K, Liu D, Fearns P, et al. Inter- and intra-annual patterns of *Ulva prolifera* green tides in the Yellow Sea during 2007-2009, their origin and relationship to the expansion of coastal seaweed aquaculture in China ［J］. Marine Pollution Bulletin, 2011, 62(6):1169-1182.

［27］Huo Y Z, Zhang J H, Chen L P, et al. Green algae blooms caused by *Ulva prolifera* in the southern Yellow Sea: identification of the original bloom location and evaluation of biological processes occurring during the early northward floating period ［J］. Limnology and Oceanography, 2013, 58(6): 2206-2218.

［28］Zhang J H, Huo Y Z, Wu H L, et al. The origin of the *Ulva macroalgal* blooms in the Yellow

Sea in 2013 [J]. Marine Pollution Bulletin, 2014, 89:276-283.

[29] Wang Z L, Xiao J, Fan S L, et al. Who made the world's largest green tide in China?—an integrated study on the initiation and early development of the green tide in Yellow Sea [J]. Limnology and Oceanography. 2015, 60(4):1105-1117.

[30] Zhou M J, Liu D Y, Anderson D M, et al. Introduction to the Special Issue on green tides in the Yellow Sea [J]. Estuarine, Coastal & Shelf Science. 2015, 163:3-8.

[31] Xing Q G, An D Y, Zheng X Y, et al. Monitoring seaweed aquaculture in the Yellow Sea with multiple sensors for managing the disaster of macroalgal blooms [J]. Remote Sensing of Environment, 2019, 231: 111279.

[32] Moon J H, Pang I C, Yang J Y, et al. Behavior of the giant jellyfish *Nemopilema nomurai* in the East China Sea and East/Japan Sea during the summer of 2005: a numerical model approach using a particle-tracking experiment [J]. Journal of Marine Systems, 2010, 80(1-2): 101-114.

[33] 罗晓凡, 魏皓, 王玉衡. 黄、东海水母质点追踪影响因素分析 [J]. 海洋与湖沼, 2012, 43（3）: 635-642.

[34] 张海彦, 赵亮, 魏皓. 青岛外海夏季水母路径溯源研究 [J]. 海洋与湖沼, 2012, 43（3）: 662-668.

[35] Berline L, Zakardjian B, Molcard A, et al. Modeling jellyfish *Pelagia noctiluca* transport and stranding in the Ligurian Sea [J]. Marine Pollution Bulletin, 2013, 70(1-2): 90-99.

[36] Aussem A, Hill D. Neural-network metamodelling for the prediction of *Caulerpa taxifolia* development in the Mediterranean sea [J]. Neurocomputing, 2000, 30(1-4): 71-78.

[37] Recknagel F, French M, Harkonen P, et al. Artificial neural network approach for modeling and prediction of algal blooms [J]. Ecological Modelling, 1997, 96(1-3): 11-28.

[38] Yabunaka K, Hosomi M, Murakami A. Novel application of a back-propagation artificial neural network model formulated to predict algal bloom [J]. Water Science and Technology, 1997. 36(5): 89-97.

[39] 吴玲娟, 高松, 白涛. 大型水母迁移规律和灾害监测预警技术研究进展 [J]. 生态学报, 2016, 36（10）: 3103-3107.

第九节　近海关键生态功能区恢复与生态廊道保护技术

王宗灵　张朝晖　屈　佩　曲方圆

（自然资源部第一海洋研究所）

一、重要意义

人类对海洋资源的过度开发利用，以及污染物的排放入海，导致近海生态系统和生物资源受到长期的破坏，引起了世界各国的重视。海洋保护区作为海洋生态保护的有效手段，已广泛用于恢复近海生态功能[1]。随着近海生态保护和恢复需求的不断上升，保护区建设规模不断扩大。独立的小型保护区已不能满足生态保护和恢复的需求，人类开始谋求建设更加广泛的大型保护区或大型保护区网络。受到近海实现条件的限制（如渔业发展的需求），大型保护区建设进展缓慢；相反，保护区网络可在生态恢复和当地用海需求之间取得平衡，更适用于近海实际情况[2]。

近海关键生态功能区恢复技术主要通过建立海洋保护区网络来实现。相应地，保证网络区域间的生态连通性（connectivity）主要依靠生态廊道（ecological corridor）[3]。生态连通性是廊道结构的度量指标。海洋生态连通性目前的研究表明，近海海洋具有动态性和高空间异质性的特点，生态系统之间通常通过水文、生物、地质和地球化学过程的耦合进行连通。这种生态系统之间的连通性对维持种群数量和结构，维护物种遗传的多样性，恢复和重建濒危种群具有十分重要的作用[4]。利用生态廊道可增加种群迁徙和基因交流，给扩散能力较弱的物种一个连续的栖息地网络，从而增加了物种的交流和生存机会。因此，生态廊道是维持保护区网络连性的关键。

相比陆地生态系统，海洋生物的分布和迁徙路径趋向立体化，更难以确定生态廊道的位置和范围。因此，目前，生态廊道主要用于保护陆地生态系统，尚未有海洋生态廊道的相关报道。然而，随着保护区网络建设需求的不断增加，以及获取海洋基础资料和数据量的不断增多，生态廊道将是保护区网络建设的必然发展趋势。利用保护区网络化和生态廊道技术，可以实现更加科学的海洋保护区的选划和管理，达到近海生态恢复和生物资源可持续利用的目标[5]。

二、国内外研究现状

20 世纪 40 年代以来，随着科技的进步，人类开发利用自然的能力与日俱增，同时对自然生态环境的破坏也日益加剧，对生态系统的干扰已成为一个全球性的问题，多种生态系统正加速退化[6]。因此，生态恢复作为遏制生态系统退化和改善全球生态环境的有效手段，受到全球各界的重视。生态恢复理论的发展主要包括：Diamond 于 1987 年提出了"恢复自然群落或维持自我平衡的可持续性群落"[7]；1992 年，Cairns 提出"受损生态系统的结构和功能恢复到人类干扰前的过程"[7]；1995 年，国际恢复生态学会、美国自然资源委员提出"使受损或退化生态系统恢复到接近其受到人为干扰前或者历史上的状态"；1996 年，Hobbs 和 Norton 提出"重建特定区域内历史上出现的植物和动物群落，并保持生态系统和人类的传统文化功能的持续性"[8]；2002 年，美国自然资源委员会补充提出"促进受损或退化生态系统恢复过程"。这些提议体现了对受损生态系统的结构和功能的恢复与重建。此外，在国内方面，张永泽和王垣在全面总结国内外湿地生态恢复研究的基础上，提出我国今后尚需加强研究的湿地生态恢复的基础理论、方法学和应用技术等[9]；陈彬和俞炜炜从生态退化诊断、修复目标、相关措施、监测、成效评估等几个角度，对我国滨海湿地生态修复进行了探讨，指出退化机制和恢复机理不清等目前存在的问题，并给出了相关建议[10]。

恢复与重建受损生态系统的结构和功能的最有效手段是建设保护区，即通过保护手段使生态系统不受或少受人类干扰并自然演替，恢复到人类干扰之前的自然状态。目前，世界广泛认可的保护区定义首推联合国环境与发展大会签署的《生物多样性公约》所定义的，即为达到特定保护目标而实行必要管制的地区[11]。虽然世界各国当前对海洋保护区的概念和分类等还未达成共识，但作为一种有效的海洋保护手段，它已被世界各国和国际组织广泛采用。我国的保护区建设始于 20 世纪 50 年代。鼎湖山自然保护区于 1956 年成立，是我国的第一处自然保护区[12]。我国最早的海洋保护区是 1963 年建立的位于渤海海域的蛇岛保护区。1988 年，国家海洋局制定了《建立海洋自然保护区工作纲要》。1990 年，经国务院批准建立了大洲岛金丝燕海洋生态、山口红树林生态、昌黎黄金海岸、三亚珊瑚礁、南麂列岛 5 个国家级海洋自然保护区。20 世纪 80 年代后，我国海洋保护区的建设有了较快发展，独立的小型保护区已不能满足生态保护和恢复的需求，保护区网络开始在生态恢复研究与实践中占主导地位。目前，我国海洋保护区网络体系已初具规模，各种典型海洋生态系统、珍稀濒危海洋生物、具有重大科学文化价值的海洋自然历史遗迹与自然景观等逐步得到保护[13]。

保护区网络建设的关键在于实现整个网络各区域间的生态连通性，这需要依靠生态廊道来实现。人类活动对自然景观造成的破坏，导致了生境趋于破碎化及动植物栖息地间的连通被阻隔。相应地，自然保护的关注点也从相对孤立的单个保护区转移到保护区网络[14]。1975 年，Wilson 和 Willis 在"岛屿生物地理学说"的基础上提出,用廊道联结相互隔离的生境斑块,以减少生境破碎化给物种生存带来的负面影响[15]。1997 年,世界自然保护联盟提出将孤立保护区串联起来的"网络化"新路径,生态廊道的概念正式诞生[16]。类似于上述陆地生态系统,在海洋环境中,物种个体发育中的每个阶段之间的连通性对维持种群稳定、增强基因交流具有极为重要的意义[17, 18]。海洋生境的破碎化,会在一定程度上影响个体行为的特性、种群间基因的交换、物种间的相互作用,进而影响到整个海洋生态系统的功能。海洋环境的特殊性与复杂性,使得海洋物种迁移模式难以很好地把握[19],连通性也很难被直接评估。大部分海洋生物(尤其是无脊椎动物)有两种生活史阶段:活动范围较小的成体阶段和幼体扩散阶段。幼体扩散阶段的持续时间从几个小时到几年不等,很难追踪其扩散模式[20]。因此,新的基因分析技术与生物追踪对评估连通性具有重要意义。尽管存在以上种种困难和争议,但海洋生态廊道无疑对海洋保护区网络的建设,以及生物多样性的保护具有十分重要的意义,亟待进行更深入的研究。

三、未来发展展望

保护区网络是重要的海洋生态保护手段,可利用生态廊道将不同的海洋生境连接起来,实现功能互补、管理协调的生态恢复和保护。生态廊道能够实现多个海洋保护区的有效关联,避免"生态孤岛"现象的发生,从而更好地保护整个海洋生态系统。随着保护区网络的逐步建设,以及掌握海洋基础资料和数据量的增多,生态廊道理念将更加广泛和准确地应用到生态恢复过程中。

(一)陆海生态廊道

近年来的研究在综合陆海规划方面取得了重大进展,但在陆海生态廊道方面仍然存在显著的研究空白[21]。例如,没有比较不同类型陆海连接的空间差异的相关研究,以及简单适用的模型来模拟保护区域的陆海连接动力过程。

在珊瑚礁海洋保护区,无论是否禁止海基活动(如捕鱼),局部陆基活动及其他全球性和区域性的压力都可能导致珊瑚礁系统状况的下降[22]。通过河流,从陆地带到海洋的侵蚀沉积物在离河口几千米的范围内沉积,增加了水的浑浊度,可窒息珊瑚或减弱珊瑚共生藻的光合作用[23]。为了保持积极的路海连通性,避免生境退化的消极后果,迫切需要综合规划路海生态廊道,以优化陆地和海洋生态系统之间的联系[24]。

（二）近海和深远海生态廊道

深远海约占海洋总表面积的 64%[25]。人类逐渐认识到深远海对提供关键生态系统服务的重要性，但目前对深远海对沿海水域的作用、影响和重要性了解较少。然而，越来越多的证据表明，深远海和沿海水域是通过各种类型的生态廊道紧密相连的。沿海的生产活动依赖于深远海的资源输送，深远海正在影响沿海地区。

深远海生态系统的连接有两种类型：由洋流或环流引导的连接及海洋生物通过游泳实现的迁移[26]。对其连通性进行分析，可为海洋管理和保护规划提供有用的信息；对其连接模式进行分析，可用于描述海洋规划的管辖边界，以及更多与生态相关的保护区网络的管理区域。深远海和近海区域连通性模式还可用于评估保护网络设计的优先级。

海洋生物迁徙途径是近海和深远海之间的重要生态廊道。随着大数据模型和识别技术的发展，基于它们建立的保护区网络可为迁移物种提供保护[27]，并对沿海区域的渔业经济产生积极的影响。然而，确定海洋生物的迁移路线并非易事，这也给生态廊道的定位带来了困难。例如，平背龟（*Natator depressus*）是澳大利亚特有的海龟种群，目前还无法明确它的迁移路线。海洋生物的迁移路线受到很多因素的影响，并非一成不变，这些不确定性给确认生态廊道的具体位置增加了难度[28]。

（三）岛屿和大陆生态廊道

理想的海岛保护区除了保护重要的物种或生态系统外，还应作为种群繁殖场，并通过生态廊道接收物种遗传物质的输入，以缓冲种群的局部灭绝。与大陆保护区相比，岛屿保护区更具优势，能够有效地保护生物多样性，具有本地化的渔业效益，但岛屿保护区如何与大陆地区联系在很大程度上仍不清楚。

确定海洋种群之间的连通性水平对理解岛屿种群遗传结构和种群动态至关重要[29]。与大陆沿海种群相比，岛屿种群的栖息地往往较小，因此更容易受到自然和人为的干扰[30]。研究种群连通性的方法包括幼体标记、耳石化学变化、稳定同位素和分子标记[31]，但这些技术仍然存在不确定性[29]。尽管目前许多科学家认为海岛保护区向陆地输出了生物和其他资源，但多数仍缺乏直接证据。岛屿和大陆生态廊道仍需深入研究。

（四）保护区间的连通性及网络化

海洋保护区建设是保护海洋生态系统的重要手段，网络化是保护区建设的趋势。然而，不同保护区布局的连通程度不尽相同，如何有效保证保护区间的生态连通性，是保护区网络建设中尚待解决的问题。近海海洋连通性研究始于20世纪90年代中期[4]，且相较于一般生态连通性的研究，相关研究论文发表较少。其主要原因是海洋生态连通性的研究相对困难，同时也说明该方向仍有很大的研究空间。

我国在建立海洋保护区之初，采用的是抢救式保护，由于缺乏科学的统筹和规划，忽视生境廊道，导致保护区彼此间的隔离，结果使保护区变成了"保护孤岛"[12]。这样的保护区虽然可对本地物种进行比较好的保护，却没有考虑到种群延续所需的基因交流，以及受保护生态系统间的物质和能量的循环途径。因此，无法从根本上遏制保护物种尤其是濒危物种数量的减少，以及生态系统退化的趋势。生境廊道可将保护区网络的各个区域生境连接，从而减小生境割裂对海洋生态系统恢复带来的阻力和危害。生态廊道能够充当保护种群迁徙的通道，满足受保护的生态系统间物质和能量交换的需求。未来，生态廊道将是保护区网络建设方向的必然发展趋势和研究重点[5]。

（五）生态廊道潜在的负面作用

生态廊道也可能为生态系统带来潜在的负面作用。例如，它会打破某些物种所必需的隔离状态，使种群面对更多的竞争者、外来物种和疾病，并破坏局部适应性[32]。Elmhirst 等[33]在研究中指出，连通性会将有利和有害的因素同时引入。以珊瑚礁为例，在鱼类等生物重度啃食珊瑚的情况下，珊瑚幼体的大量引入会降低大型藻类生态系统的恢复力；在轻度啃食的情况下，大型藻类的大量引入又会破坏珊瑚群落的恢复力。因此，对生态廊道的潜在威胁的研究也会为未来海洋保护区网络建设提供有力的基础资料，促使人类以更加准确的方式利用生态廊道保护技术进行近海生态恢复。

参 考 文 献

[1] Worm B. Marine conservation: how to heal an ocean [J]. Nature, 2017, 543(7647): 630–631.

[2] Sala E, Aburto-Oropeza O, Paredes G, et al. A general model for designing networks of marine reserves [J]. Science, 2002, 298(5600): 1991-1993.

[3] 李正玲, 陈明勇, 吴兆录. 生物保护廊道研究进展 [J], 生态学杂志, 2009, (3): 523-528.

[4] 杜建国, 叶观琼, 周秋麟, 等. 近海海洋生态连通性研究进展 [J]. 生态学报, 2015, 35(21): 6923-6933.

[5] Ban N C, Bax N J, Gjerde K M, et al. Systematic conservation planning: a better recipe for managing the high seas for biodiversity conservation and sustainable use [J]. Conservation Letters, 2014, 7(1): 41-54.

[6] Daily G C. Restoring Value to the World's Degraded Lands [J]. Science, 1995, 269 (5222): 350-354.

[7] 董世魁, 刘世梁, 邵新庆, 等. 恢复生态学 [M]. 北京: 高等教育出版社, 2009.

[8] Hobbs R J, Norton D A. Towards a conceptual framework for restoration ecology [J]. Restoration Ecology, 1996, 4(2):93-110.

[9] 张永泽, 王垣. 自然湿地生态恢复研究综述 [J]. 生态学报, 2001, 21(2):309-314.

[10] 陈彬, 俞炜炜. 海洋生态恢复理论与实践 [M]. 北京: 海洋出版社, 2012.

[11] 朱艳. 我国海洋保护区建设与管理研究 [D]. 厦门: 厦门大学硕士学位论文, 2009.

[12] 姚英茹. 建设海洋自然保护区网络的法律制度研究 [D]. 青岛: 中国海洋大学硕士学位论文, 2014.

[13] 刘洪滨, 刘振. 我国海洋保护区现状、存在问题和对策 [J]. 海洋信息, 2015, (1):36-41.

[14] 罗布·H.G.容曼, 格洛里亚·蓬杰蒂. 生态网络与绿道——概念、设计与实施 [M]. 余青, 陈海沐, 梁莺莺译. 北京: 中国建筑工业出版社, 2011.

[15] Wilson E O, Willis E O. Applied biogeography ecology and the evolution of communities [M]. Massachusetts: Harvard University Press, 1975.

[16] 左莉娜, 毕凌岚. 国内外生态廊道的理论发展动态及建设实践探讨 [J]. 四川建筑, 2012, 32 (5): 17-18, 22.

[17] Brown C J, Harborne A R, Paris C B, et al. Uniting paradigms of connectivity in marine ecology [J]. Ecology, 2016, 97(9): 2447-2457.

[18] Thomas L, Bell J J. Testing the consistency of connectivity patterns for a widely dispersing marine species [J]. Heredity, 2013, 111(4): 345-354.

[19] Selkoe K A, Toonen R J. Marine connectivity: a new look at pelagic larval duration and genetic metrics of dispersal [J]. Marine Ecology Progress Series, 2011, 436: 291-305.

[20] Leis J M, van Herwerden L, Patterson H M. Estimating connectivity in marine fish populations: what works best? [J]. Oceanography and Marine Biology, 2011, 49: 193-234.

[21] Klein C J, Jupiter S D, Selig E R, et al. Forest conservation delivers highly variable coral reef conservation outcomes [J]. Ecological Applications, 2012, 22(4): 1246-1256.

[22] Jones G P, McCormick M I, Srinivasan M, et al. Coral decline threatens fish biodiversity in marine reserves [J]. Proceedings of the National Academy of Sciences of the United States of America, 2004, 101(21): 8251-8253.

[23] Fabricius K E. Effects of terrestrial runoff on the ecology of corals and coral reefs: review and synthesis [J]. Marine Pollution Bulletins, 2005, 50(2): 125-146.

[24] Klein C J, Jupiter S D, Selig E R, et al. Forest conservation delivers highly variable coral reef conservation outcomes [J]. Ecological Applications, 2012, 22(4):1246-1256.

[25] Matz-Luck N, Fuchs J. The impact of OSPAR on protected area management beyond national jurisdiction: effective regional cooperation or a network of paper parks? [J]. Marine Policy, 2014, 49: 155-166.

[26] Cowen R K, Paris C B, Srinivasan A. Scaling of connectivity in marine populations [J]. Science, 2006, 311(5760): 522-527.

[27] Game E T, Grantham H S, Hobday A J, et al. Pelagic protected areas: the missing dimension in ocean conservation [J]. Trendsin Ecology and Evolution, 2009, 24 (7): 360-369.

[28] Sissener E H, Bjϕrndal T. Climate change and the migratory pattern for norwegian spring-spawning herring—implications for management [J]. Marine Policy, 2005, 29(4):299-309.

[29] Cowen R K, Lwiza K M M, Sponaugle S, et al. Connectivity of marine populations: open or closed? [J]. Science, 2000, 287(5454): 857-859.

[30] Frankham R, Inbreeding and extinction: a threshold effect [J]. Conservation Biology, 1995, 9(4): 792-799.

[31] Moran A L, Marko P B. A simple technique for physical marking of larvae of marine bivalves [J]. Journal of Shellfish Research, 2005, 24(2): 567-571.

[32] Hughes T P, Graham N A J, Jackson J B C, et al. Rising to the challenge of sustaining coral reef resilience [J]. Trends in Ecology and Evolution, 2010, 25(11): 633-642.

[33] Elmhirst T, Connolly S R, Hughes T P. Connectivity, regime shifts and the resilience of coral reefs [J]. Coral Reefs, 2009, 28(4): 949-957.

第十节　水下非声导航定位技术

王秋良

（中国科学院电工研究所）

一、重要意义

随着世界经济和军事的发展，海洋资源开发、海洋能源利用等现代海洋高新技术的开发已成为世界新科技革命的主要领域之一。水下定位导航是一切海洋开发活动与海洋高技术发展的基础,在探测海底地形地貌、建设海洋工程、开发海洋资源、发展海洋科学、维护国家海洋权益等诸多方面发挥了极其重要的作用[1]。在各种水下定位导航系统中,惯性导航系统(INS)因其不依赖于任何外部信息和不向外部辐射能量的特点,能够突破水下信息传输的局限性,解决部分水下任务的隐蔽性问题。在远洋水下军事任务中,它对保障作战效能和航行安全至关重要,能够辅助执行战场监视、隐蔽打击、战略威慑等多种任务,是一种具有重要战略意义的技术[2]。从目前的情况来看,惯性导航系统是全世界唯一可以实现导航方式完全自主化的导航系统[3]。针对海洋环境的特殊性,水下惯性导航定位技术将是未来开展海洋科学探测、海洋开发利用和综合制海的关键技术。

惯性导航定位系统是一种自主式的导航系统,可在不与外界通信的条件下,在全天候、全球范围内和任何介质环境里自主地、隐蔽地进行连续的三维定位和定向[2],是船只或水下隐蔽航行设备最安全有效的指引方式。惯性导航系统精度越高,潜艇水下航行时间越长,精确制导武器打击精度越高,战术上的优势和战略上的威慑力就越大。但它的缺点是存在随时间积累的位置误差,长时间航行时需要参考信息的校正,而水下特殊环境限制了电磁波及光波的传播[2]。如果使用水面上层空间的无线电导航、卫星导航和天文导航等技术,潜行器就不得不浮出水面,从而造成动力损失,且对作业的隐蔽性也有影响。

未来,为满足海军的战略和战术要求,水下潜艇需要在不受时间限制、不使用全球定位系统(GPS)的情况下实现精确导航。为此,需要从两个方向发展水下惯性导航定位技术:①提高惯性器件的精度和性能;②以惯性导航为基本导航手段,并与具有自主性和无源性的地球物理属性导航相结合[4]。成熟的水下惯性导航定位技术将结合计算机、现代控制和信息化等技术,与控制、雷达避碰、安全管理等功能和设备有机集成与组合,进行综合系统的构建,以提高潜行器航行的安全性、有效性和经济性[5],使之更便于航海和作战。

二、国内外研究现状

惯性导航定位技术已经经历了百余年发展,其精度取决于惯性器件的性能,它集光、机、电等多学科高新技术于一体,属于国防尖端技术中的关键支

撑技术，在精确打击中占有极其重要的地位，受到世界各发达国家的高度重视
[6]。惯性导航定位技术研究的核心是解决惯性仪表及惯性系统在不同应用环境
因素（如高/低温、振动、冲击、电磁场干扰、低气压等）综合作用下的长期稳
定性和动态测量精度问题，主要包括两类技术问题[7]：①内因性误差，即工作
原理与机、电、光、材料及结构等因素引起的固有误差；②外因性误差，即应
用环境条件和干扰引起的误差。

（一）国外发展现状

惯性导航技术虽然是一项军民两用技术，但由于拥有明显的军用属性，其
发展一直受到军事需求的牵引，并作为一项特别敏感的军用技术受到美国国防
部的高度重视和关注。由美国国防部发布并不断重新修订的《军用关键技术清
单》《发展中的科学技术清单》《军用技术管制条例》等文件中，都有单独的章
节对惯性导航技术进行描述和阐释[8]。2006 年和 2007 年公布的《军用关键技术
清单》分别提出了下一代惯性传感器，以及 10 个类别系统、装置和器件的关键
技术现阶段应达到的参数水平。

为满足现代复杂战场强对抗环境的应用需求，以美国为首的国家大力发
展了 GPS 拒止环境下的新型导航技术[9]。如前所述，惯性技术的发展朝着提
高惯性器件精度和发展组合导航两个方向进行，所以可从这两个方向介绍其
发展现状。

1. 陀螺仪表技术

目前，陀螺仪表技术研究的热点主要集中于光纤陀螺（FOG）技术、微
机电系统（MEMS）陀螺技术、半球谐振陀螺（HRG）技术和原子陀螺技术
等[9]。

在光纤陀螺方面，俄罗斯光联（Optolink）公司在 2018 年的惯性相关会议上，
宣布开发出一款光纤陀螺仪样机 SRS-5000，其角度随机游走约为 $69\times10^{-6}(°)/\sqrt{h}$，
零偏稳定性优于 $8\times10^{-5}(°)/h$，远高于 1996 年生产的高精度光纤陀螺 $0.001(°)/h(1\sigma)$
的精度。在 SRS-5000 的基础上，Optolink 公司还开发出 IMU-5000 和 SINS-5000，
目前正在测试中。同年，美国霍尼韦尔公司在德国导航学会举办的惯性传感器与系
统会议上，展示了一种对谐振式光纤陀螺至关重要的新型调制技术，消除了由调制
引起的零偏漂移，陀螺仪的长期零偏漂移为 $0.02\sim0.007(°)/h$。

在高精度微机电陀螺技术方面，美国密歇根大学在美国国防部高级研究计划局（DARPA）微速率积分陀螺（MRIG）项目的支持下，提出了一种鸟盆形轴对称三维微壳谐振器设计，使陀螺仪的角度随机游走由 $1.26 \times 10^{-3}(°)/\sqrt{h}$ 提升到 $0.59 \times 10^{-3}(°)/\sqrt{h}$，零偏稳定性达 $0.0391(°)/h$；若零偏稳定性与 $1/\tau$（τ 为不对称阻尼）呈线性关系，则预计零偏稳定性可提升到 $6.29 \times 10^{-4}(°)/h$。

在原子惯性传感器方面，英国全球化合物半导体技术（CST Global）公司在 2018 年 2 月牵头冷原子系统用大功率磷基分布反馈激光器项目，以支持锶离子原子钟系统的小型化。该项目将有助于减少量子钟光源的尺寸、质量和成本，改进其可靠性和输出功率；预计与现有系统相比，它在精度上将实现 1 万倍的提升。2018 年 5 月，日本国家信息与通信技术研究所、日本东北大学和东京工业大学联合，采用新结构研发出一款芯片尺寸的原子钟，其性能比已商业化的模块级原子钟提高了一个量级。

在半球谐振陀螺方面，美国诺格公司提出利用软件对科里奥利振动陀螺仪进行动态自校准的方法，可大幅简化生产部件，使小尺寸的毫米半球谐振陀螺仪确保 $0.00025(°)/\sqrt{h}$ 的角度随机游走和 $0.0005(°)/h$ 的零偏稳定性[9]。在 2018 年定位与导航研讨会（PLANS）上，诺格公司提出将把这种能够完全实时自校准的微半球谐振陀螺（mHRG）产品化。2018 年 4 月，在电气与电子工程师协会（IEEE）惯性传感器与系统会议上，法国赛峰电子与防务公司称其半球谐振陀螺测试的结果表明，2000h 内的零偏稳定性优于 $0.0001(°)/h$。

2. 加速度计技术

石英挠性加速度计是机械摆式加速度计的主流产品，其精度可达 $10^{-6}g$ 水平，技术已成熟且应用最广。摆式积分陀螺加速度计（pendulous integrating gyro accelerometer，PIGA）则利用陀螺力矩平衡惯性的原理来测量加速度，精度可达 $10^{-8}g$，在现有加速度计中精度最高，但结构复杂、体积大、成本高，主要用于远程导弹等领域。体积小巧的中低精度石英振梁加速度计，利用谐振器的力-频率特性来测量加速度，在国外已大量应用。高性能谐振式陀螺加速度计样机的偏置达 $1\mu g$ 量级，标度因数精度达百万分之一水平[10, 11]。

量子加速度计通过测量超冷原子的特性来确定精度和准确度。2018 年 11 月，英国国家量子科技展上，展示了 M Squared 激光系统公司和伦敦帝国理工学院联合研制的量子加速度计[9]。该设备完全不依赖 GPS 等卫星导航系统，可在任何位置进行精确定位导航。

3. 惯性执行机构技术

惯性执行机构可认为是一种特殊的惯性装置，主要分为飞轮（动量轮）和控制力矩陀螺两类，主要用作空间飞行器姿态稳定/控制系统的执行机构。它的重点发展方向是大力矩、长寿命、高精度、高可靠的装置，实现的关键技术途径是采用磁悬浮轴承。西方国家在该领域有 50 多年的研究历史，目前已达到较高水平 [7]。例如，法国于 1986 年在地球观测系统（SPOT）卫星上首次采用磁悬浮飞轮，成功地实现了高精度定姿和定向。目前，该领域的研究方向包括新型磁悬浮、姿控/储能一体化、多自由度控制、陀螺/飞轮一体化等技术。

4. 组合导航系统技术

为实现水下完全自主导航定位，惯性导航系统只能与地球物理属性导航进行组合。目前，典型的水下惯性导航定位系统的组合导航方式主要是惯性/地磁或重力场匹配组合技术，这是当前组合导航技术研究的热点之一。美国已编制出全球磁力矢量分布图，以实现空间、海洋，尤其是海底的高精度地磁匹配自主定位。其他的辅助导航设备还有无线电定位系统、大气数据系统、测速仪/里程计等。

为获得更佳的组合性能，在实际中往往同时采用多种设备与惯性系统进行组合，并利用卡尔曼（Kalman）滤波等最优数据融合手段使各系统充分实现优势互补，从而使惯性领域成为 Kalman 滤波技术最早得到成功应用的领域之一。为进一步改善实用性能，随后发展起来的自适应滤波、联邦滤波、H_∞ 滤波、小波滤波、神经网络等新型滤波技术也在组合导航系统的初始对准（尤其是传递对准）中得到研究和应用 [12-15]。

（二）国内发展现状

我国惯性技术的发展从无到有，已取得很大进步，为我国航天、航空、航海事业及武器装备的发展提供了关键的技术支撑，是目前控制工程领域最具活力的现代工程技术学科之一。因受材料、微电子器件、精密及微结构加工工艺等基础工业水平的制约，我国转子式陀螺及微机电系统惯性仪表与国际先进水平相比还有一定差距，体现在仪表的精度、环境适应性、产品成品率及应用水平等方面。在光学陀螺技术方面，国内激光陀螺研制从 20 世纪 70 年代起步，经过多年发展已达到国际先进水平，在飞机、火箭等多个领域得到成功应用。在国内光纤通信和光电子器件发展的基础上，我国光纤陀螺发展较早，进步较快。目前，我国光纤陀螺性能和应用均已达到国际先进水平[15-17]。国内在微光机电系统（micro-optical electromechanical system，MOEMS）陀螺研究方面开展了硅基和石英基样机的研制工作，在光子晶体光纤陀螺、原子陀螺、微加速度计等新型惯性仪表方面正加紧原理探索和试验研究，目前均取得了新进展。

在水下惯性导航定位系统及组合导航系统方面，近年来，通过深入研究相关理论及误差机理，我国相关产品的综合技术取得显著进步，在许多领域得到推广应用，今后还需在产品的环境适应性、产品一致性、参数长期稳定性等方面不断改进，同时着力提高惯性仪表水平，加大对系统误差机理与建模、误差系数精确标定、快速对准、先进导航算法与最优滤波等技术的研究力度。在惯性导航/地磁场及重力场匹配定位等导航技术方面，我国对惯性导航系统旋转调制、监控陀螺 H 调制等技术的研究相对较深入，近年来取得长足进展，但在监控陀螺多位置测漂等技术方面的研究还有待加强。国内惯性执行机构的研究起步相对较晚，现有航天器主要采用滚珠轴承飞轮。我国磁悬浮轴承技术已获得突破，目前正处于应用研制和搭载试验阶段[18]。

三、重要技术发展展望

为满足未来海军的战略和战术要求，即在不使用 GPS 的情况下实现精确导航，需要建成完全独立自主的水下惯性导航定位系统。未来的研究方向和发展重点将集中在高精度量子导航器件技术、重力梯度辅助导航技术和地磁辅助导航技术等方面。

（一）高精度量子导航器件技术

冷原子干涉量子陀螺仪是一种全新的惯性测量传感器，具有超高精度和超高分辨率，受到世界各国的重视。它可用于许多特殊要求的测量（如重力加速度和加速度的测量，以及高灵敏导航系统等），还可广泛应用在航空、航海、地球物理和广义相对论的等效原理的验证等诸多领域，发展潜力十分诱人[19]。欧美发达国家和地区已在这方面投入大量资金和力量开展研发工作。

美国斯坦福大学和麻省理工学院等研究单位对原子陀螺仪进行了深入的科

学研究，美国国家航空航天局（NASA）启动了空间原子重力梯度仪研制计划，用以精密测量地球重力场。欧洲太空署（ESA）启动了空间超精密冷原子干涉测量（Hyper-Precision Cold Atom Interferometry in Space，HYPER）计划[20]，首次用原子干涉仪作为加速度和转动的传感器来控制飞船（与卫星定位系统连用），并进行重力磁效应和量子重力的科学研究（包括精细结构常数的测量和物质波相干等实验）。

（二）重力梯度辅助导航技术

随着加速度计技术的发展，全加速度计惯性导航系统逐渐受到重视。它具有成本低、体积小、功耗小、反应快、寿命长、可靠性高等优点[21]，是近年来惯性技术应用领域的研究热点。随着美国贝尔航空公司旋转加速度计重力梯度仪的研究成功，利用加速度计技术进行重力梯度测量亦成为当今一个热点研究方向。利用海洋自身环境的重力梯度辅助惯性导航系统，能够克服传统惯性导航外部标校的弱点和缺陷，有效地改善潜艇水下导航定位的精度，保证潜艇水下长时间远距离的隐蔽航行[22]。然而，全加速度计惯性导航系统目前还不成熟，仅停留在理论研究阶段，而实用动基座重力梯度仪的价格昂贵且其应用有一定限制。随着加速度计技术的不断成熟和完善，预计利用加速度计进行惯性导航和重力梯度测量将成为现实[23]。二者均以加速度计作为测量元件，将二者结合并用于研究全加速度计惯性导航与重力梯度测量系统是一种具有可行性和吸引力的设想。

将惯性导航与重力梯度测量结合在一起，可以同时实现惯性导航和重力梯度的测量。对于惯性导航而言，这样做可以测量与补偿重力偏差，实现无源重力梯度辅助导航；对于重力梯度测量而言，可以完成载体运动加速度的测量与补偿[24, 25]。因此，相对于传统的惯性导航而言，惯性导航与重力梯度测量的结合极具优势，必将成为未来惯性导航的发展方向。

（三）地磁辅助导航技术

地磁/惯性组合导航为水下航行器提供了一种实现高精度、长航时、自主定位的技术途径[26]。目前，非常规潜艇一般采用以惯性导航为核心的导航系统，但惯性导航系统的误差会随时间不断积累，如果不定期修正，就会限制潜艇的应用；而采用 GPS、无线电和天文导航等信息对惯性导航系统进行校正，又增加了潜艇被发现的危险。随着无源导航技术的发展，地磁辅助导航技术为实现这一目标提供了新的技术途径。地磁场在全球范围内点值都不相同，在理论上和经纬度一一对应，同时某些地区的磁场特征也很明显，因此，地磁辅助导航成为目前研究的一个热点。利用地磁导航结果对惯导系统进行定时重调，可以实现潜艇在水下长期隐蔽的目的[27]。地磁导航技术在获取地磁信息时对外无能量辐射，同时具有良好的隐蔽性，因此可以很好地辅助潜艇的惯导系统实现长期高精度水下定位。

总之，战略高精度水下惯性导航定位技术在国防中发挥着日益重要的作用。我国必须面对现实，抓住机遇，快速推动惯性技术的发展[28]，提高惯性技术的研发水平，切实加快惯性敏感器的研发，进而发展自主导航、制导与控制技术，以建设国防强国，满足未来战争的需要。

参 考 文 献

[1] 王泽民，罗建国，陈琴仙，等. 水下高精度立体定位导航系统 [J].声学与电子工程，2005，(2): 1-3.

[2] 尹伟伟，郭士荦. 非卫星水下导航定位技术综述 [J].舰船电子工程，2017, 37(3): 8-11.

[3] 张炎华，王立端，战兴群，等. 惯性导航技术的新进展及发展趋势 [J].中国造船，2008, 49: 134-144.

[4] 许昭霞，王泽元. 国外水下导航技术发展现状及趋势 [J].舰船科学技术，2013，35(11): 154-157.

[5] 张崇猛，蔡智渊，舒东亮，等. 船舶惯性导航技术应用与展望 [J].舰船科学技术，2012，34(6): 3-8.

[6] 薛连莉，王常虹，杨孟兴，等.自主导航控制及惯性技术发展趋势 [J].导航与控制，2017, 16(6): 83-90.

[7] 王巍. 惯性技术研究现状及发展趋势 [J].自动化学报，2013, 39(6): 723-729.

[8] 祝彬，郑娟.美国惯性导航与制导技术的新发展 [J]. 中国航天，2008, (1):43-45.

[9] 薛连莉，戴敏，葛悦涛，等. 2018 年国外惯性技术发展与回顾 [J].飞航导弹，2019，(4): 16-21.

[10] 邓宏论. 石英振梁加速度计概述 [J]. 战术导弹控制技术，2004, (4): 52-57.

[11] Le Traon O，Janiaud D，Muller S，et al. The via vibrating beam accelerometer: concept and performance [C]. Proceedings of the 1998 Position Location and Navigation Symposium. Palm Springs, CA: IEEE, 1998: 25-29.

[12] Loebis D，Chudley J，Sutton R. A Fuzzy Kalman Filter Optimized Using a Genetic Algorithm

for Accurate Navigation of An Autonomous Underwater Vehicle［EB/OL］［2019-06-30］. https://www.sciencedirect.com/science/article/pii/S1474667017377741.

［13］Ahn H S, Won C H. Fast alignment using rotation vector and adaptive Kalman filter［J］. IEEE Transactions on Aerospace and Electronic Systems, 2006, 42(1):70-83.

［14］Zhao L, Wang X X, Ding J C, et al. Overview of nonlinear filter methods applied in integrated navigation system［J］. Journal of Chinese Inertial Technology, 2009, 17(1): 46-52, 58.

［15］Wang W, Wang J L. Study of modulation phase drift in an interferometric fiber optic gyroscope ［J］. Optical Engineering, 2010, 49(11):114401.

［16］Wang W, Yang Q S, Wang X F. Application of fiber-optic gyro in space and key technology ［J］. Infrared and Laser Engineering, 2006, 35(5):509-512.

［17］Wang W, Wang X F, Xia J L. The influence of Er-doped fiber source under irradiation on flber optic gyro［J］. Optical Fiber Technology, 2012, 18(1):39-43.

［18］Liu H, Fang J C, Liu G. Research on the stability of magnetic bearing system in magnetically suspended momentum wheel under on orbit condition［J］. Journal of Astronautics, 2009, 30(2):625-630.

［19］陆璇辉, 王将峰. 基于原子干涉的量子陀螺仪［J］. 红外与激光工程, 2007, 36(3): 293-295, 311.

［20］Jentsch C, Müller T, Rasel E M, et al. HYPER: a satellite mission in fundamental physics based on high precision atom interferometry［J］. Gen. Rel. Grav., 2004, 36(10): 2197-2221.

［21］周红进, 许江宁, 刘睿. 基于加速度计的无陀螺惯性导航系统设计与仿真［J］. 系统工程与电子技术, 2007, 29 (7):1209-1212.

［22］王志刚, 边少锋, 肖胜红. 基于局部地球重力场模型的水下重力辅助惯性导航［J］. 测绘学报, 2009, 38(5):408-414.

［23］Zorn A H. A merging of system technologies: all-accelerometer inertial navigation and gravity gradiometry［C］. Proceedings of 2002 IEEE Position Location and Navigation Symposium. Palms Springs: IEEE, 2002: 66-73.

［24］刘凤鸣, 赵琳, 刘繁明. 全加速度计惯性导航与重力梯度测量系统设计［J］. 中国惯性技术学报, 2009, 17(2): 132-135.

［25］纪兵, 边少锋, 金际航, 等. 重力梯度水下探测与导航［M］. 北京: 科学出版社, 2016.

［26］穆华, 吴志添, 吴美平. 水下地磁/惯性组合导航试验分析［J］. 中国惯性技术学报, 2013, 21(3):386-391.

［27］杨功流, 李士心, 姜朝宇. 地磁辅助惯性导航系统的数据融合算法［J］. 中国惯性技术学报, 2007, 15(1): 47-50.

［28］薛连莉, 王常虹, 杨孟兴, 等. 自主导航控制及惯性技术发展趋势［J］. 导航与控制, 2017, 16(6):83-90.

第十一节 水声通信组网技术

武岩波 [1, 2] 朱 敏 [1, 2]

（1 中国科学院声学研究所；2 北京市海洋声学装备工程
技术研究中心）

一、重要意义

水声通信网络由水下布放的多个水声通信节点组成。通信节点可搭载在多种海洋平台上，如水下潜标、水面试验船、载人潜水器、水下航行器、海底光电缆接驳盒、卫星通信浮标等[1]。多个不同类型的通信节点组成一定的网络拓扑结构，根据传输的数据种类、数据量、更新周期、数据流向，对网络接入和传输协议进行分层设计及系统优化，可用于多种海洋领域，如洋流监测、海洋资源勘测、水下目标检测与灾害预警等[1]。不断出现的应用需求推动了点对点水声通信和水声组网实际应用的发展，主要体现在以下几个方面。

（1）海洋中蕴含着丰富的资源，如何更好地调查和开发海洋资源对我国未来的海洋经济发展具有重要意义。海洋资源的开采需要多种设备之间进行无线通信和协作，水声通信网络是海洋资源利用中重要的信息传输手段。

（2）海洋环境污染及地质灾害的频繁发生，促使人类加强了对海洋的研究和大范围的监测。海洋环境观测通常依赖海洋物理、化学等多个学科的传感器联合工作，在海底和不同深度剖面上同时进行，需借助水声通信组网技术，实现多传感器的无线信息融合及实时数据传输，实现海洋的立体多尺度实时、准实时观测及预警。

（3）多类型水下自主航行器的大规模应用，依赖先进的水声通信组网技术形成水下移动自组织信息网络，可实现水下自主航行器的网络化指令和数据传输及通信和定位的联合，进行自主编队航行和灵活协同的观测。

（4）近年来，微小型水下航行器、水下无人作战平台等新型水下侦察武器装备发展迅速，对水下目标的探测显得至关重要。水下探测环境十分复杂，靠单一传感器很难在海区实现有效的目标探测。水下目标探测需要将多个不同种类的传感器接入水声通信网络，进行不同层级的探测信息传输，以实现水下无线融合探测。

（5）北极高纬度地区有丰富的自然资源，引起了各国的高度关注[2]。冰下通信是现代水声学研究的最新方向。但北极冰盖、海洋环境噪声、混响特性和北极海区独特环境（半声道效应）对 AUV 的导航和定位、传感器节点的布放、数据的回传提出了巨大的挑战。如何为移动冰下网络建立可靠的通信链路，如何在动态海洋环境中创建灵活、可扩展的架构是需要重新考虑的问题。

总之，水声通信组网可开展区域内观测设备的联合作业，实现多参数、多站位同步联合观测，并且可以和水下潜器进行组网工作，以拓展水下潜器的作业效能，在民用和军事上都有着巨大的应用前景。

二、水声通信组网技术的研究内容和难点

（一）研究内容

目前，水声通信网络技术的研究主要集中在物理层、媒体访问控制（MAC）层和网络层。

1. 物理层

水声信道的复杂性使得水声通信的通信速率、通信距离和通信稳定性受到极大限制。非相干通信技术对信道适应性更强，已得到广泛应用；相干通信技术通信速率比非相干通信技术提高一个数量级，但受信道限制更大，目前还在发展完善。为了进一步改善通信的性能，相关研究正在不断完善自适应均衡算法、纠错编码算法等，也在开发时反技术、多输入多输出技术等新方法。

2. 媒体访问控制层

能量有效性是不同 MAC 协议最关注的指标。水声通信网络 MAC 协议的发展趋势主要有[3]：①开发基于接收端的 MAC 协议，可避免接受失败和隐藏/暴露终端的问题；②设计轻量级 MAC 协议，减少控制消息带来的系统开销；③跨层 MAC 协议设计，联合物理层、路由层对 MAC 协议进行优化，最大化地提升通信系统性能；④智能 MAC 协议，为适应不断变化的水下环境，节点动态需利用智能 MAC 协议实时获取水声环境参数，以适应环境变化；⑤考虑节点移动性，提高水声通信服务质量。

3. 网络层

网络层的主要功能是提供路由协议。近年来，针对不同的应用场景，国内

外提出了不同的路由协议：①二维静态路由协议，包括基于矢量转发（vector-based forwarding，VBF）的路由协议、逐跳式矢量转发（hop by hop-VBF）路由协议、聚焦波束路由（focused beaming routing，FBR）协议；②三维静态路由协议，包括基于深度信息的路由（depth-based routing，DBR）协议、无需任何位置信息的逐跳-动态地址路由协议（HH-DAB）、自适应路由（AR）协议；③适用于移动节点的动态路由协议，包括基于区块划分并联合目的节点位置预测技术的路由协议（SBR-DLP）等。

在众多水声网络路由协议的研究中，只有少数协议在真实海洋环境中得到试验验证，其余的大都停留在仿真阶段。水声通信网络路由技术研究的主要方向包括：①从集中式协议过渡到分布式协议；②路由建立过程中充分利用节点位置信息，减少路由搜索范围，提高搜索效率；③支持移动性，解决快变动态拓扑下的路由问题；④发展跨层优化设计方法，联合 MAC 层、物理层等信息进行路由协议的优化设计；⑤安全路由。

（二）难点

在水下传感网络中，水下声学通信是进行信息传输的手段。针对不同的传输距离，可采用不同的声波频段。短距离通信采用 20kHz 以上的声波频段，中等距离通信采用5～20kHz 的声波频段，远距离（几十千米）通信采用低于 5kHz 的声波频段。

水声信道的一些特性使得水声通信网络具有独特的特点，主要包括以下几个方面。①网络传播时延长，传播时延变化大。②误比特率高和链路临时性失效。特别是在多跳传输时，水声网络误比特率进一步加剧。同时，由于水声信道噪声影响，网络链路也容易临时失效。③节点能量受限。水声传感节点的电源不易更换，水声通信网络的能量受到极大限制，所以网络协议设计需要考虑能量的效率及均衡。④节点失效和移动性，以及网络拓扑结构变化。海洋物理因素造成的声信道异常或船舶噪声等的干扰，可能会导致通信节点出现临时链路失效的情况。利用具有水声通信功能的 AUV 作为无线数据搬移的手段，可填补临时失效的链路和节点，增加网络的灵活性。节点移动性和网络拓扑结构的变化都是设计水声通信网络结构和协议时需要考虑的问题。

三、国外水声通信组网技术的发展

目前，世界各国和地区都在积极开展水声通信网络的研究和建设，以争取在该领域取得技术优势和主动权。美国和欧洲沿海国家和地区在该领域比较突出，已进行多次海上试验，并取得大量实际数据和成果。美国是世界上最早研究水声通信网络的国家，是目前世界上水声通信网络技术最先进的国家。

（一）美国

1. Seaweb 计划

美国海网（Seaweb）计划是目前持续时间最长，测试最为详尽的水声通信组网试验。该计划的网络节点分布在 $100 \sim 10\ 000 \text{km}^2$ 范围内，可提供声学通信、探测、定位和导航等功能，采用了先进的组网协议来完成给定的任务，目的在于推动水下通信节点和组网技术的发展。

Seaweb 计划于 1998 年在马萨诸塞州的布泽德湾进行海洋试验。该试验使用 17 个水下节点，其中包含 3 个网关节点。利用这个网络，可轻松实现海底与陆地设备之间的实时交互信息。在 Seaweb98' 的基础上，Seaweb99' 增加了节点和网关以及运行在网关上的 Seaweb 服务器，并由 Seaweb 服务器管理整个网络，配置 Seaweb 的网关和节点成员，监测和记录网络状态，以实现网络配置和网络动态控制。Seaweb 2000' 新增加了协议的控制功能，使用握手方式来避免网络通信中的数据冲突。Seaweb 2001' 用潜艇作为移动节点。Seaweb 2003'～2005' 的试验用 1～3 个 UUV 作为移动节点，并与多个固定在水下的节点协同工作（其中 Seaweb 2004' 布设了约 40 个节点），试验了分布式拓扑结构和动态路由协议。Seaweb 2005' 还开展了利用固定的水下节点为 UUV 提供导航功能的试验。Seaweb 2008' 试验在加拿大玛格丽特海湾进行，包含 19 个节点，由主节点控制网络路由发现和自组织过程，并利用水面浮标对整个过程进行监测，成功实现了对随机布放的自组织（ad hoc）网络进行邻节点发现和网络自组织过程。Seaweb 2010' 试验在加利福尼亚莫尔黑德城进行，用 2 个传感器节点监测过往船只，用 6 个中继调制解调器（modem）进行数据传输，利用 1 个水面浮标将水下信息经卫星传递给控制中心。试验验证了浅海水下盯梢系统的有效性和利用声学链路进行数据传输的可靠性。最近几年，出于国家安全等原因，美国 Seaweb

计划已很少向公众公开成果信息。

Seaweb 计划的成功带动了美国实施多种 Seaweb 应用计划。依据 Seaweb 的概念，军事应用上可构建可布放的自主分布系统（DADS），使得水下的军事任务能以跨系统、跨平台、跨国家的协作方式进行；推动了舰队作战实验（FBE）、浅海反潜战（ASW，Hydra 项目）、水下通信（Sublink 项目）、UUV 的命令与控制（SLOCOM 和 EMAIT 项目）等计划，用于沿海广大区域的警戒、反潜战和反水雷系统，实施命令、控制、通信和导航功能。对于非军事方面的应用，美国构建了利用遥测技术的前方分辨观测网络（the-front resolving observational network with telemetry，FRONT）。FRONT1～FRONT4 系列试验在 1999～2002年进行。其中，FRONT1～FRONT3 侧重于研究使用握手（handshaking）、自动重传请求（automatic repeat request，ARQ）来获取可靠的数据传输协议，同时促进了 Seaweb 服务器的产生与发展；FRONT4 包含使用收集的网络数据来分析网络性能的功能，在用户层应用方面引入了基于 MySQL 数据库构建的图形用户使用界面。

此外，美国还进行了其他有关水声通信网的试验，以发展较为复杂的网络通信协议，如受控洪泛（controlled flooding）小型网络（COFSNet）和自动水下系统网络（AUSNet），将早期 Seaweb 的静态路由发展到动态路由，分别适用于短时、非频繁通信和长时、频繁通信。

2. Ocean-TUNE 计划

用于水下网络实验的海洋试验台（ocean testbed for underwater networks experiments，Ocean-TUNE）[4] 项目在 2012 年由美国康涅狄格大学、华盛顿大学、加利福尼亚州立大学洛杉矶分校及得克萨斯 A&M 大学联合承担。平台包括可供灵活选择的浮标节点、底部节点和具有可重新配置水声调制解调器的移动节点。

2015 年 7 月 30 日，康涅狄格大学在长岛海域进行了试验（图 4-11-1），试验有 1 个接收节点和 2 个源节点，验证了新增退避方案 UW-ALOHA 的性能。2018 年，康涅狄格大学 Peng Zheng 等从能量利用率的角度设计了水声通信网络系统 [5]，并在 Ocean-TUNE LIS 平台上进行了应用测试，同时提出了基于传输量预测、接收端驱动的 MAC（traffic estimation-based receiver-initiated MAC，TERI-MAC）协议 [6]，从而提高了能量利用率。

图 4-11-1　2015 年长岛试验节点部署图

3. 纽约大学的研究

2017 年，美国纽约大学 Paul 团队提出一种适用于大规模海洋环境观测网络的在水声网络中没有时钟同步的时分多址（TDMA without clock synchronization in underwater acoustic networks，TDA-MAC）协议[7]，并进行了 100 个传感器节点组网的仿真，在不需要进行时间同步的情况下，降低了传播速度慢对时分多址接入的不利影响，提高了网络的吞吐量，并于 2018 年将所提出的 TDA-MAC 协议在英国的威廉堡（Fort William）进行了小规模海试[8]及协议改进，提高了协议在实际应用中的鲁棒性。

（二）欧洲

1. ACME 计划

用于沿海地区水下环境监测的水声通信网络[9]（acoustic communication network for monitoring of underwater environment in coastal areas，ACME）计划的目的在于设计鲁棒性强、高效的通信算法和水声通信协议。在该计划开展的浅水试验中，水声通信网络由多个水下传感器节点和 1 个中心节点组成，针对具体的应用需求测试，并评估了网络的配置和性能。该项目在 2006 年完成了 3 次海上试验。

（1）荷兰西斯海尔德水上航道附近的试验，通过监测水面和水下环境，获取水下通信链路的限制因素（如噪声谱、频率和时延扩展等），并利用收集到的周围环境数据来判断使用的水声调制解调器的优缺点。

（2）法国杜瓦尔纳内兹海湾试验，验证了 ACMENet 协议具备多个节点的中继、调度和轮询数据检索等功能。

（3）荷兰西斯海尔德水上航道附近的试验，在水上航道的关键位置部署了 3 个从节点，进行了 18 天的测试，测试了长期、实时水下环境监测的网络性能。

2. SUNRISE 计划

"通过扩展未来互联网的联合研究基础设施，对水下世界进行传感、监控和驱动"（sensing, monitoring and actuating on the underwater world through a federated research infrastructure extending the future internet，SUNRISE）是由欧洲多所科研院校和机构共同合作建立的联合试验项目[10]，目标是基于已有设施和项目开发新的网络协议、水下航行器等平台，并在欧洲范围内建立 5 种工作于不同水域环境（地中海、海洋、黑海、湖泊、运河）下的水声通信组网。其已经公开报道的试验结果有：2013 年 9 月 9～22 日，北约海事研究和试验中心（CMRE）在帕尔玛利亚（Palmaria）岛海岸进行水声通信组网试验 CommsNet'13，网络结构如图 4-11-2 所示，包括沿海海洋观测网络（LOON，由 4 个声学静态节点 M1、M2、M3 和 M4 组成）、网关浮标、2 个费拉加（Folaga）自主水下航行器、1 个波浪滑翔机（WaveGlider）和北约研究用船。试验目的是开发和测试用于水下网络的新通信协议，测试真实环境对 3 种远程数据检索协议［Uw-Polling（a controlled access scheme），MSUN（a source routing approach with support for mobility）和 U-Fetch（a scheme based on two hierarchical levels of controlled access）］的影响，验证了协议的稳定性，并指出在不利的信道条件下还需要额外优化。

2015 年 10 月，CMRE 在西班牙卡塔赫纳南部水域组织了 TJMEX'15 试验（Trident Juncture MCM Experiment 2015），拓扑结构如图 4-11-3 所示，包含相同深度的 3 个潜标节点：节点 1 使用了标准实时时钟，节点 2 和节点 3 配备了原子钟。由于海流的影响，节点在锚定点周围自由移动。通过试验，研究了配备不同时钟的水下节点所能到达的时钟同步和距离估算的性能。

2015 年 6 月，普罗托（Proto）大学在意大利西西里岛马尔扎梅米（Marzamemi）海岸进行了海上试验。水声通信网由 4 个静态节点和 3 个轻型自主水下航行器组成，可对所有水下航行器在单跳和多跳通信时进行远程和在线控制。

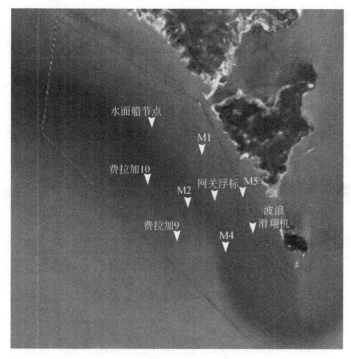

图 4-11-2 CommsNet'13 海上试验网络部署图

　　总体来讲，美国、欧洲等国家和地区在水声通信组网技术等方面处于国际领先地位，且主要的创新多出自美国的研究团队。美国、欧洲等国家和地区在水声通信组网湖海试的试验次数、试验规模、水声通信节点样机研制等方面均属于"领跑者"。

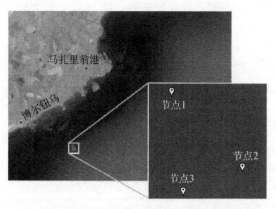

图 4-11-3 TJMEX'15 试验 1 拓扑结构

四、国内水声通信组网技术的发展

在水声通信网技术方面，国内很多单位参与了协议的研究，研究手段以仿真分析居多。中国科学院声学研究所、中国船舶重工集团公司第七一五研究所、哈尔滨工程大学等单位利用自行验证的通信节点开展了湖上和海上的小规模组网试验。与国外相比，我国在水声通信网的协议研究和仿真分析方面处于"跟跑"状态，在海上试验的规模、试验科目的深度和广度、与应用的结合紧密程度方面都有较大差距。

在点对点通信方面，中国科学院承担了"蛟龙号"和"深海勇士号"载人潜水器声学系统的研制工作，开发出的水声通信系统具备多种通信模式，在国际上首次实现了 7000m 深度的潜器与母船间的图像、语音、数据和文字的水声通信传输。目前，为全海深载人潜水器研制的水声通信系统将达到 12km×10kbps 的国际先进指标。

在多节点组网通信方面，"十一五"期间的"863 计划"重点项目"水声通信网络节点及组网关键技术"由中国科学院声学研究所承担，联合哈尔滨工程大学、中国船舶重工集团公司第七一五研究所、浙江大学共同完成，是迄今国内最大规模的水声通信组网项目。中国科学院声学研究所完成了总体方案、技术协议制定、湖海试组织实施、多模式节点研制，中国船舶重工集团公司第七一五研究所完成了非相干通信节点的研制，哈尔滨工程大学完成了正交频分复用试验样机的研制，浙江大学完成时反技术的试验研究工作。2014 年，中国科学院声学研究所组织进行了面向海洋环境观测应用的海上组网试验，在距离海南陵水县疾病预防控制中心 18km、水深 80m 的 5km×5km 海域，布设了多个节点（图 4-11-4）。其最大水声通信跳数为 3 跳，数据更新周期为 25min，连续运行时间超过 45 天[11]。在运行期间，获得授权的用户在互联网上登录控制中心的 web 服务器，可实时观察、获取 TD、CTD、ADCP 数据及网络状态数据，也可在线配置网络节点或传感器的运行状态。

中国科学院在"十二五"期间研制出南海海底观测实验示范网，并于 2013 年在南海布设，以中国科学院声学研究所研制的海底声学无线节点为拓展，突

破了海底固定式观测网络的空间限制。该网的无线系统由 1 个无线通信网关、2
个通信观测潜标组成，布放水深20m。通信机在水下布放了 1 年以上，到设备回
收时一直正常工作，工作期间半小时回传一次 TD 数据。

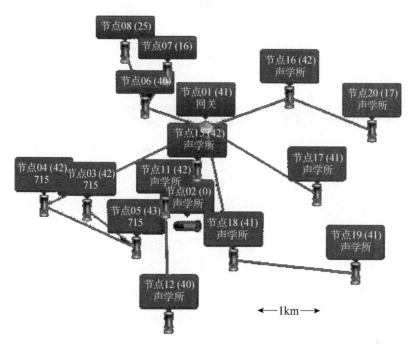

图 4-11-4   2014 年海上试验场与试验性水声通信网
（含多个观测节点、浮标网关节点和移动节点）

注：图中声学所指中国科学院声学研究所，715 指中国船舶重工集团公司第七一五研究所

2017 年 6 月，科技部"863 计划"海底观测网完成了水声通信网关和水声通
信观测节点的布放[12]，观测节点处海底深度为 1750m，通信距离为 2500m，水
声通信机由中国科学院声学研究所研制。目前，岸基站可通过水声通信系统实
时接收拓展观测点传感器数据，半小时更新一次。水声通信系统的位置关系及
回传的 TD 数据及状态信息如图 4-11-5 所示。

近 15 年来，国家加大了对水声通信和组网技术的支持力度，缩短了我国与
国外的技术差距。总体而言，我国在理论研究、湖海实验等方面仍滞后于美国
等发达国家，相关研究以跟踪国外研究为主，在一些技术点上有创新，今后需
要继续大力发展水声通信网络协议研究、试验与应用。

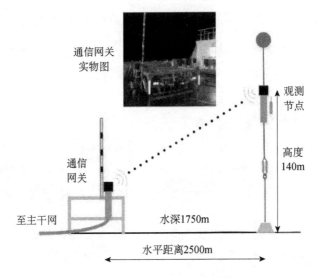

（a）水声通信网关和观测节点的相对位置

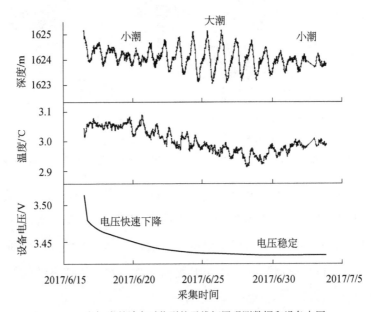

（b）岸基站实时收到的无线拓展观测数据和设备电压

图 4-11-5　水声通信系统在科技部海底观测网中的工作情况

五、未来展望

根据我国的需求和发展现状判断，未来国内水声通信组网的主要技术方向包括以下四个方面。

1. 近程高速水声通信节点与组网技术

研究近程高速水声通信技术，重点提高在浅海信道下的性能；研制作用距离在 1～2km 的近程高速水声通信节点，集成定位信标和释放器功能，以满足浅海组网观测中大量数据的交互需要；研究优化组网协议和技术方案。

2. 远程和超远程低速通信技术

发展远程和超远程低速通信技术，提高通信距离和速率，研究与远程低速相适应的网络协议。

3. 与水声通信网能力相匹配的协同观测技术

由于水声通信网的信道容量有限，网络节点间可交互的信息量较少。为充分发挥网络观测的协同优势，需要发展协同观测技术，以提高观测站的数据预处理能力，实现从大量的原始数据中提取出少量的特征信息即可达到协同观测的目标。

4. 海上演示验证试验

结合海洋观测、安全防护等应用需求，在港口、近海、深海等不同试验海区开展海上演示验证试验，扩大网络规模和运行时间长度，提高网络组成和任务使命的复杂度，以充分检验网络观测的能力。将水声通信网与海底观测网相结合，实现水声通信网络与海底光电缆网络之间的更好衔接和优化，以提高深远海观测网络的灵活性。

参 考 文 献

[1] 朱敏，武岩波. 水声通信及组网的现状和展望 [J]. 海洋技术学报，2015，34(3):75-79.

[2] 李启虎，黄海宁，尹力，等. 北极水声学研究的新进展和新动向 [J].声学学报，2018，43(4):420-431.

[3] Jiang S. State-of-the-art medium access control (MAC) protocols for underwater acoustic networks: a survey based on a MAC reference model [J]. IEEE Communications Surveys & Tutorials, 2017, 20(1): 96-131.

[4] Cui J H, Zhou S, Shi Z, et al. Ocean-TUNE: a community ocean testbed for underwater wireless networks [C]. Proceedings of the Seventh ACM International Conference on Underwater Networks and Systems. Los Angeles, California: ACM, 2012:1-2.

[5] Wei L, Wang Z G, Liu J, et al. Power efficient deployment planning for wireless oceanographic systems [J]. IEEE Systems Journal, 2016, 12(1):516-526.

［6］Dong Y，Pu L，Luo Y，et al. Receiver-initiated handshaking MAC based on traffic estimation for underwater sensor networks［J］. Sensors，2018，18(11):3895.

［7］Morozs N，Mitchell P，Zakharov Y V，et al. TDA-MAC: TDMA without clock synchronization in underwater acoustic networks［J］. IEEE Access，2017，6:1091-1108.

［8］Morozs N，Mitchell P，Zakharov Y V，et al. Robust TDA-MAC for practical underwater sensor network deployment: lessons from USMART sea trials［C］. Proceedings of the Thirteenth ACM international conference on underwater networks & System(WUWNet). Shenzhen：ACM，2018:1-8.

［9］Acar G，Adams A E. ACMENet: an underwater acoustic sensor network protocol for real-time environmental monitoring in coastal areas［J］. IEE Proceedings-Radar，Sonar and Navigation，2006，153(4): 365-380.

［10］Martins R，De Sousa J B，Caldas R，et al. SUNRISE project: Porto university testbed［C］. 2014 Underwater Communications and Networking(UComms). Sestri Levante：IEEE，2014:1-5.

［11］朱敏，武岩波. 水声通信技术进展［J］. 中国科学院院刊，2019，34（3）：289-296.

［12］房小芳，武岩波，朱敏，等. 海底观测网无线拓展技术［J］. 声学技术，2018，37(6): 193-194.

第十二节　海洋大数据智能挖掘与知识发现技术

陈　戈[1]　田丰林[1]　钱程程[2]

（1 中国海洋大学青岛海洋科学与技术国家实验室；
2 国家海洋局北海预报中心）

一、重要意义

近年来，我国海洋大数据采集和分析领域进展显著，这得益于相关信息技术领域的蓬勃发展和国家对海洋探索、认知的大力支持。习近平总书记在党的十九大报告中明确要求"坚持陆海统筹，加快建设海洋强国"，为建设海洋强国再一次吹响了号角。现阶段人类对海洋，特别是其内部的认知是不全面、不连续的，而大数据智能挖掘在一定程度上有助于补全人们对海洋的认知短板，为建立一套完整的海洋信息数据库添砖加瓦。2018 年 6 月 12 日，习近平在青岛海洋科学与技术试点国家实验室考察时强调："海洋经济发展前途无量。建设海洋强国，必须进一步关心海洋、认识海洋、经略海洋，加快海洋科技创新步伐。"进一步加快海洋信息的采集、分析和挖掘，对新时代我国加快实现海洋强国战略，实现中华民族伟大复兴具有重要意义[1]。

海洋科学的发展经历了 3 个阶段。①理论牵引阶段。该阶段的许多重大理论圆满地解释了海洋中的物理现象，极大地提高了人类对海洋的认识。虽然该阶段缺少观测资料，但发展的理论基本都具有里程碑式的意义。②观测牵引阶段。在该阶段，各类观测手段逐渐发展起来，主要包括海洋调查船、浮标、潜水器、遥感以及 ARGO 观测网等。③数据牵引阶段。随着观测技术手段的不断丰富，数据量不断攀升，海洋科学迎来了第三个阶段。从 2008 年开始，《自然》《科学》《经济学人》等期刊及计算社区联盟（Computing Community Consortium）等组织将"大数据"引入各个领域。"大数据"被定义为当数据量快速增长时无法在一定时间内用常规的数据工具进行采集、处理、存储和计算的数据集合，它具有数据量大（volume）、类型繁多（variety）、价值（value）密度低、速度（velocity）快时效高和在线式（online）五大特征[2-4]。海洋数据来源广泛、种类繁多，数据量已增至 PB 量级，且时间分辨率跨越不同尺度，需要及时处理分析以支撑各类决策，因此海洋数据已成为"大数据"的典范。

海洋大数据的独特性质，使传统的理论基础和技术手段逐渐暴露出弊端。海洋大数据有两个区别于其他数据的典型特征，即时空耦合和地理关联。

（1）时空耦合。海洋大数据是同时拥有时间与空间属性的数据，即多维度数据。随着观测技术的进一步发展，数据维度的采集分辨率与频率越来越高。因此，数据分析过程需要同时从时间轴和空间轴两个维度进行分析，而在时间轴和空间轴上进行分析的因素又是多样的、高维的，这给大数据的分析带来了更大的挑战。

（2）地理关联。与其他大数据具有随机性与偶然性不同，海洋大数据因地理属性会产生近邻效应。相邻区域空间位置关系存在线性或非线性的关联，从而拥有不同时空尺度的模态特征。因此，海洋大数据科学的发展存在诸多挑战[2]。

二、国内外发展现状

（一）国外发展现状

在海洋大数据存储管理方面，世界各主要海洋国家均有负责数据处理和管理的海洋数据中心。NASA 的地球观测中心建立了地球观测系统数据和信息系统，以存储和管理全部数据。该系统采用的是开放的分布式系统架构[2, 5]。ESA 也建立了基于任务的分布式存储数据中心[2, 6]。在海洋大数据挖掘分析方面，目前已有分布式计算系统 MapReduce、Storm、StreamBase、Pregel 等先进的并行计算框架[2, 7-9]，在各领域中得到广泛应用。海洋大数据的信息挖掘方法也从传统的经验正交函数（EOF），发展到具有时空解耦特性的四维谐波提取法（4D-HEM）[2, 10-13]。然而，海洋大数据的时空耦合及地理关联特性，导致传统的数据挖掘算法无法有效地进行时空解耦与地理分解，从而使数据挖掘算法成为海洋大数据科学全链条运转中亟待改进与调整的重要环节。在海洋大数据可视化方面，利用科学可视化技术展示海洋数据，进一步挖掘时空数据规律，是建立从感知到认知的关键技术桥梁。海洋矢量场可视化算法主要有图表法、几何法[14, 15]、纹理法[16]、拓扑法[17]等，标量场可视化算法在大规模体绘制[18-20]、实时光照[21, 22]、多变量特征提取[20, 23]、二维时空可视化等方面都取得了重要成果[24-27]。海洋数据体量的继续增大，对可视化表达方式、处理效能等都提出了非常高的要求，这就需要：一方面，尽可能真实地反映数据的特性；另一方面，充分提高系统的承载能力和处理能力，以提高数据的更新和绘制能力。此外，ABCD-I［人工智能（AI）、区块链（blockchain）、云技术（cloud）、数据分析（data analytics）、物联网（IoT）］技术的发展，为海洋大数据的智能挖掘与知识发现提供了更多可能。

海洋大数据的应用主要是为社会经济发展及气候预测等提供决策支撑。目前，世界各国都在积极投入"数字海洋"的建设，为进一步建设"智慧海洋"平台奠定基础。这方面的举措有美国和加拿大制订的"海王星"海底观测网、日本的 ARANA 计划、非洲沿海 25 国的"非洲近海资源数据和网络信息平台"等。

在海洋大数据为气候预警决策提供支撑方面，主要是在高性能集群基础上建立完备的数值预报体系。如美国国家海洋和大气局（NOAA）计划在 2023 年推出基于（数值）预报的预警（Warn-on Forecast，WOF）系统。该系统可为美国及其临近海域提供精细化天气预报和灾害预警，使美国本土计算网格大小精细至 3～10km，全球区域内网格精细至 15km；该系统的计算需求高达 10^{20} 次[2]。

（二）国内发展现状

中国拥有面积达 300 万 km^2 的海洋国土，其中丰富的海洋资源不仅关系到国计民生，更具有重要的经济、政治和军事价值。然而，海洋观测非常复杂，其数据来源包括但不限于雷达、图像、声呐、卫星等设备，覆盖了水文、气象、物理等多个学科。

海洋数据在实际中具有巨大的应用价值和意义[28]。分析海洋数据，可以获取附近海洋的自然环境状况、海洋资源和船舶活动情况等，这些信息对中国海洋管理具有重要意义。然而，海洋数据具有多样性、复杂性和多源性，无法用传统的数据库工具进行管理和处理。近年来，随着大数据技术的不断发展，对海洋数据进行分析处理的能力有了很大提高。与传统型数据库工具相比，大数据技术和框架在处理海洋数据方面具有处理速度快、规模大的优势。在海洋数据处理中引入大数据的理念，不仅能更好地实现对海洋数据的组织管理，还可以利用大数据分析与挖掘技术，发掘海洋数据的潜在应用价值。目前，国内海洋大数据分析及可视化领域蓬勃发展，代表成果包括国家海洋信息中心的 iOcean 平台和中国海洋大学的 i4Ocean 平台等。

国内海洋大数据的存储采用属于地域上的集中式服务器。随着数据量的增长，有限的在线存储资源难以实现动态扩展和灵活配置，且离线数据的获取耗时，导致无法在线直接访问任意数据[29]。

中国系列海洋卫星产品在赤潮/绿潮监测、海冰监测、渔业生产和水质调查等方面得到了全面的业务化应用。其中，HY-2 产品应用于中国与欧盟的数值模式预报及多源融合产品中，而高分辨率海面温度产品为马航失联客机海上搜救、极地大洋航线提供了重要的支撑保障。

纵观国内外海洋大数据分析技术的研究可以看出，中国在数据存储管理及挖掘方面仍处于"跟跑"阶段，而在可视化分析方面已实现"并跑"。

三、重要技术展望

围绕国家海洋发展战略，中国需要明确未来5～10年海洋大数据科学发展的方向，确定海洋科学领域应用大数据的关键技术，提出推进海洋数据科学发展的关键步骤和重点支持领域，实现海洋数据从"数据大"困境到"大数据"时代的战略性转变[2]。为此，需要做好以下几个方面的工作。

（1）研究海洋科学与数据科学融合发展的主要方向与理论。应分析海洋大数据的特点，结合海洋科学各领域的发展现状和趋势，探索海洋科学与数据科学融合发展的核心问题，明确未来 5～10 年海洋数据科学的重点发展方向；以海洋科研需求推动数据科研体系的发展，建立有效推动海洋科研的数据驱动方法。

（2）制订支撑海洋大数据发展的重点观测和探测计划。根据海洋科学发展的历史和现状，结合海洋科学发展趋势与国家海洋战略的需求，研究支撑未来5～10 年海洋大数据发展的重点观测和探测区域，从海、陆、空、天、时 5 个维度进行深入探索，以建立海洋大数据的关键基础并形成相应的能力。

（3）研究适应大数据特点的海洋科学和信息科学的发展趋势。针对海洋科学的综合与交叉的学科特性，分析海洋大数据在物理、化学、生物、地质等主要海洋学科发展中的作用和影响，探索海洋大数据与各学科交叉融合过程中的关键技术瓶颈，以及人工智能、区块链、云计算、云存储、物联网、泛在计算、交互可视、混合现实等前沿信息技术在海洋中的应用前景，为构建面向现代海洋科学的大数据分析学理论与大数据海洋学知识发现体系提供指导。

（4）研究海洋大数据的共享机制和协同创新平台建设。根据"海洋强国""海陆统筹""军民融合"等国家战略、"一带一路"倡议，以及经济社会发展对海洋科学各领域的具体需求，分析海洋大数据的共享机制，开发建设海洋大数据协同创新平台的关键技术，促进产、学、研、用的有机融合。

（5）探索应用海洋大数据的新兴产业发展趋势与科技需求。以大数据感知、计算、信息产品三大类数据服务为基础，围绕海洋科学、海洋健康与生物多样性、全球气候变化、海洋水产品食物安全、海洋污染与人类健康、海洋灾难与海事安全、蓝色经济等各个领域的需求，分析应用海洋大数据的新兴产业发展趋势，推进海洋科技与蓝色经济的深度融合。

海洋大数据时代已经到来，机遇与挑战并存。国际社会已认识到海洋大数据科学对于人类社会发展的重要性，世界各国也意识到海洋大数据科学对国家核心竞争力的提升具有重要的标志性意义。海洋大数据科学应从上、中、下游逐步攻坚克难，真正发展成为保障"海洋强国""海陆统筹""军民融合"等国家战略及"一带一路"倡议顺利实施的重要支撑，以及维护中国国家与人民利益的重要保障。

参 考 文 献

［1］王仁宏，曹昆. 习近平谈建设海洋强国［EB/OL］［2018-08-13］. http://politics.people.com. cn/n1/2018/0813/c1001-30225727.html.

［2］钱程程，陈戈. 海洋大数据科学发展现状与展望［J］. 中国科学院院刊，2018，33(8): 884-891.

［3］Tankard C. Big data security［J］. Network Security，2012，(7): 5-8.

［4］郭华东，王力哲，陈方，等. 科学大数据与数字地球［J］. 科学通报，2014，59(12): 1047-1054.

［5］Martin S. An Introduction to Ocean Remote Sensing［M］. Cambridge: Cambridge University Press，2004.

［6］Cárdenas A A，Manadhata P K，Rajan S P. Big data analytics for security［J］. IEEE Security and Privacy，2013，11(6): 74-76.

［7］蒋兴伟，林明森，张有广. HY-2 卫星地面应用系统综述［J］. 中国工程科学，2014，16 (6): 4-12.

［8］Dean J，Ghemawat S. MapReduce: simplified data processing on large clusters［J］. Communications of the ACM，2008，51(1): 107-113.

［9］Pan E. Stream Base Announces Hadoop Integration to Provide Real-Time Analytics for Big Data ［EB/OL］［2018-07-20］. https://searchbusinessanalytics.techtarget.com/feature/Streaming-datasystems- take-big-data-analytics-into-real-time-realm.

［10］Malewicz G，Austern M H，Bik A J C，et al. Pregel: a system for large-scale graph processing ［C］. Proceedings of the 2010 ACM SIGMOD International Conference on Management of data. New York: ACM，2010: 135-146.

［11］Lorenz K Z. The comparative method in studying innate behavior pattern［M］//Steckhan E. Physiological Mechanisms in Animal Behavior. Oxford: Academic Press，1950: 221-268.

［12］Chen G. A novel scheme for identifying principal modes in geophysical variability with application to global precipitation［J］. Journal of Geophysical Research: Atmospheres，2006，111: D11103.

［13］Chen G，Wang X. Vertical structure of upper-ocean seasonality: annual and semiannual cycles with oceanographic implications［J］. Journal of Climate，2016，29(1): 37-59.

［14］李德仁，王树良，李德毅. 空间数据挖掘理论与应用. 2 版［M］. 北京: 科学出版社，2013: 10-13.

［15］McLoughlin T，Laramee R S，Peikert R，et al. Over two decades of integration-based, geometric flow visualization [J]. Computer Graphics Forum, 2010, 29: 1807-1829.

[16] Weiskopf D. GPU-Based Interactive Visualization Techniques [EB/OL] [2019-07-20]. https://link.springer.com/content/pdf/10.1007%2F978-3-540-33263-3.pdf.

[17] Huang J, Pan Z, Chen G, et al. Image-space texture-based output-coherent surface flow visualization [J]. IEEE Transactions on Visualization and Computer Graphics, 2013, 19(9): 1476-1487.

[18] Hansen C D, Johnson C R. Visualization Handbook [M]. Netherlands: Academic Press, 2011.

[19] Chen C K, Wang C, Ma K L, et al. Static correlation visualization for large time-varying volume data [C]. 2011 IEEE Pacific Visualization Symposium. Hong Kong: IEEE, 2011: 27-34.

[20] Wang C, Yu H, Ma K L. Application-driven compression for visualizing large-scale time-varying data [J]. IEEE Computer Graphics and Applications, 2009, 30(1): 59-69.

[21] Xie J, Sauer F, Ma K L. Fast uncertainty-driven large-scale volume feature extraction on desktop PCs [C]. 2015 IEEE 5th Symposium on Large Data Analysis and Visualization (LDAV). Chicago: IEEE, 2015: 17-24.

[22] Zheng L, Chaudhari A J, Badawi R D, et al. Using global illumination in volume visualization of rheumatoid arthritis CT data [J]. IEEE Computer Graphics and Applications 2014, 34(6): 16-23.

[23] Zhang Y, Dong Z, Ma K L. Real-time volume rendering in dynamic lighting environments using precomputed photon mapping [J]. IEEE Transactions on Visualization and Computer Graphics, 2013, 19(8): 1317-1330.

[24] Xie J R, Yu H F, Maz K L. Visualizing large 3D geodesic grid data with massively distributed GPUs [C]. 2014 IEEE 4th Symposium on Large Data Analysis and Visualization (LDAV). Paris: IEEE, 2014: 3-10.

[25] He Y W, Su F Z, Du Y Y, et al. Web-based spatiotemporal visualization of marine environment data [J]. Chinese Journal of Oceanology and Limnology, 2010, 28(5):1086-1094.

[26] He Y W, Su F Z, Du Y Y, et al. Web-based visualization of marine environment data [C]. 2010 18th International Conference on Geoinformatics. Beijing: IEEE, 2010, 2(1): 1-6.

[27] Liu X, Shen H W. Association analysis for visual exploration of multivariate scientific data sets [J]. IEEE Transactions on Visualization and Computer Graphics, 2015, 22(1): 955-964.

[28] 樊路遥, 张晶, 陈小龙, 等. 开源大数据框架在海洋信息处理中的应用 [J]. 科技导报, 2017, 35(20):126-133.

[29] 宋坤. 大数据理念在海洋环境观测数据共享中的应用研究 [J]. 海洋开发与管理，2015，(6):43-45.

第十三节　海洋"互联网+"关键技术

姜晓轶　康林冲　王　漪　符　昱
（国家海洋信息中心）

一、重要意义

　　海洋是生命的源泉，是地球系统的调节器，是国土空间的重要组成部分，也是世界各国争夺的战略要地。物联网即万物相连的互联网，是在互联网基础上延伸和扩展的网络，是将各种信息传感设备与互联网相结合而形成的一个巨大网络，可在任何时间和地点实现人、机、物的互联互通[1, 2]。随着人类对海洋认知和态势感知需求的不断增加，探索海洋奥秘、获取三维海洋信息成为海洋领域的研究热点。海洋物联网是利用互联网技术，将各种传感设备相互联通，构造一个立体覆盖海洋环境、目标和装备三大板块信息的物物互联的感知网络，将获取的多源海洋信息进行汇集整合和实时分析处理，以实现对海洋环境，以及承载的各种目标和装备的系统化管理。不久前，美国国防部高级研究计划局推出了一个全新的传感器网络，旨在通过成千上万个小型、低成本的可漂浮传感器，收集舰船、海上设施、装备和海洋生物的活动信息，并利用卫星网络上传数据进行实时分析，以搭建海上物联网，提升海洋信息持续感知能力，开启海上物联的新时代。海洋物联网的核心是物联网技术，但海洋具有广袤、多维、动态的特征和温度、湿度、盐度、压力等物理和生化环境急剧变化的特殊性，这会导致海洋物联网所采用的传感器件和通信手段比陆地上更为复杂、更为苛刻。预计未来 15 年，复杂海洋环境下的信息感知与通信传输技术，重大海上观监测基础设施建设，以及海洋大数据、云计算、人工智能等关键技术将取得重大突破，可实现全球海域重点关注区域的全域感知的透明化，为海洋探索、空间活动、经济建设和国防安全提供重要支撑。

　　当前，全球海洋观测体系正处于技术变革的关键时期，与海洋物联网相关的传感器、核心零部件、水下通信、新型材料、加工工艺及能源供应等关键技术已取得突破，推动了海洋观测技术向立体化、实时化、网络化、智能化方向发展。传统海洋强国正在布局新一代海洋观测体系，以保持和扩大海洋科技的领先优势和战略利益。我国在推动海洋科技创新的过程中，必须重视和认真研究海洋观监测技术创新的全球变化趋势，抓住技术革命有利契机，并通过关键技术研发、网络体系建设和典型应用示范，实现我国海洋信息感知和挖掘分析能力从"跟跑"向"并跑""领跑"的跨越式发展。这对加快海洋强国建设，服务"两个一百年"目标，都具有重大战略意义。

二、国内外发展现状

1999 年，美国首先提出物联网的概念。该概念主要建立在物品编码、射频识别（RFID）技术和互联网的基础上。物联网在国内被称为传感网，中国科学院在 1999 年也启动了相关研究 [3, 4]。2005 年，在突尼斯举行的信息社会世界峰会（WSIS）上，国际电信联盟（ITU）发布了《ITU 互联网报告 2005：物联网》，正式提出物联网的概念。该报告指出，无所不在的物联网通信时代即将来临，世界上所有的物体都可以通过因特网主动进行信息交换。从通信对象和过程来看，物与物、人与物之间的信息交互是物联网的核心。物联网的基本特征可以概括为整体感知、可靠传输和智能处理 [3, 4]。随着技术突破的加快和需求的扩大升级，物联网从 2005 年的概念探索和应用示范的市场培育期，进入目前的跨界融合与生态加速的产品暴发期。截至 2017 年 11 月，全球已有 28 张移动物联网投入商用，其中 23 张为基于蜂窝的窄带物联网（NB-IoT），5 张为 LTE-M 网络 [5]。目前，关于海洋物联网的内涵和外延还没有明确界定。通常认为，海洋物联网是利用部署在天、空、岸、水面和水下不同平台上的传感设备，采集与海洋相关的各项参数，经多种通信手段将数据发送到数据中心，再利用云计算技术在云端处理，从而为人类认知海洋、开发利用海洋提供信息服务。广义的海洋物联网应包括部署在前端的海洋信息采集传感器件、中端的通信网络和后端的分析处理系统。

（一）国外发展现状

2018 年 11 月，美国国家科学技术委员会发布了《美国国家海洋科技发展：

未来十年愿景》[6]。该报告强调，需充分利用全球范围内远程和原位传感器收集各种海洋数据，强化海洋模型研究和产品研制，从而提高决策能力。日本在2018年9月发布的《第11次科学技术预测调查——面向2040年的日本》[7]中指出，基础数据调查、海洋资源量把握、数值模拟仿真、海洋资源采集技术和海洋空间利用技术是日本可持续发展的重要环节。2016年，俄罗斯海军最新研制出一种能将通信信息与声波相互转换的系统[8]。该系统把水下活动潜艇、深海载人潜水器、无人潜航器和潜水员联系起来，构筑了水下"互联网"，已在俄罗斯多种军事设备上通过测试，并在部分海军舰队上启用。

海洋传感器处于感知海洋的最前端。美国占据了海洋传感器研发与市场的主导地位，技术最为全面和领先，挪威、日本、英国、德国等则在某些领域有自己的特长。例如，在温盐深传感器方面[9]，美国海鸟（Sea-Bird）公司的产品一直居全球市场主导地位，具有体积小、易携带、功耗低、功能丰富等优点；在潮位仪方面[10]，美国 Aquatrak 公司的声学潮位传感器产品（分辨率可达到1mm，精度可达±3mm）和 WaterLOG 公司的雷达潮位传感器产品（精度可达±3mm）世界知名。目前，海洋感知更加注重利用新原理、新结构、新材料，以适应海上恶劣的自然环境与条件，并逐步由平台为中心向网络为中心转变。美国开发的"智能灰尘"微机电系统传感器，大小只有 $1.5mm^3$，重量为5mg，却集成了激光通信、中央处理器（CPU）、电池等组件和速度、加速度、温度等多个传感器，并可进行信号处理。新概念智能浮标系统可自动传输信息、自动选择多能互补的供电方式，可根据海况自动选择工作模式。仿生水下潜器、动物遥测传感器、剖面测量传感器、水听器等一系列特殊用途的专业性仪器装备不断涌现。在组网观测方面，美国的综合海洋观测系统[11-13]、加拿大的"海王星"海底观测网[11-13]分别代表海洋观测和海底观测的国际最高水平。全球其他的海洋观测系统还包括日本的深海地震观测网 ARANA 计划[11,12]、密集型地震海啸海底监测网系统（DONET）等。

海洋信息传输向无线宽带、宽覆盖、跨介质、网络化和全天候实时传输方向发展。目前，利用宽带通信卫星系统、移动通信卫星系统等，已基本能实现全球通信无缝覆盖。谷歌投资建设的 O3b 卫星网络在轨卫星数升至16颗，旨在打造偏远地区和海洋用户的"空中光纤"[14]。2017年，美国一网（OneWeb）公司在其总容量达 5Tbps 的720颗低轨卫星星座基础上，提出了由2000颗卫星组成的星座互联网计划，并被批准进入美国市场[14]。2018 年，美国太空探索技术公司（SpaceX）的星链（StarLink）卫星星座计划获批，预计发射 11 943 颗卫星，可提供最高容量达每用户 1Gbps 的宽带服务[14]。水下中远距离通信技术一直是制约海洋通信系统发展的瓶颈。水下远距离通信主要采用水声通信和激光通信等技术。2017 年 5 月，韩国在水深 100m 下实现了通信距离 30km，比现有技术的传输距离提高 2 倍以上。蓝绿激光水下通信具有海水穿透能力强、数据传输速率快和方向性好等优点，得到了快速发展，其不足之处是光源易被可视侦察手段探知[15]。2017 年 7 月，日本在水深 700m 下完成了水下移动物体之间蓝绿激光无线通信，通信距离超过 100m，速率达 20MbB/s[15]。磁感应通信作为近两年研究的新型通信手段，兼顾光通信与电磁波通信的优势，传输距离可达 100m[16, 17]，速率可达 MbB/s 量级，且具有极强的隐蔽性，受到美国自然科学基金和 DARPA 的高度重视。水下通信技术的大幅提升，将大幅提高海洋物联网多单元组网和协同能力。

在海洋物联网的后端数据处理方面，目前各研究团队均以云计算、大数据、人工智能等新兴技术为核心，研发数据实时处理系统以及与传感器交互的新方法，以实现多源、异构、超大规模的海洋环境、目标、活动和态势信息快速在线处理与融合分析。2015 年，美国国家海洋和大气管理局联合亚马逊、谷歌等公司和开放云联盟，组织实施了"大数据计划"[18]，旨在基于国家海洋和大气管理局已有的海洋观测数据，利用各方的技术优势，建设海洋大数据服务平台。日本海洋研究机构和九州大学联合，利用人工智能深度学习技术，开发出可从全球云系统分辨率模型（NICAM）气候实验数据中高精度识别出热带低气压征兆云的方法。该方法可识别夏季西北太平洋热带低气压发生一周前的征兆。新一代信息技术将在海洋气象预测预报、蓝色生物资源开发利用、海底资源开采、海洋地形地貌测绘等方面逐步发挥作用并显示出广阔的应用前景。

（二）国内发展现状

近年来，在"互联网+"等政策的驱动下，我国物联网技术和产业得到突破性发展。基于蜂窝的窄带物联网作为发展最为迅速的广域网技术之一，具有低功耗、低成本、广覆盖、大连接等优势，已成为国内外物联网发展的热点。中国移动通信集团有限公司于 2017 年年初率先在江西建成全国第一张地市级全域覆盖的 NB-IoT 网络[5]。中国电信集团有限公司于 2017 年 5 月宣布建成全球首个覆盖面最广的 NB-IoT 商用网络，并公布了全球首个 NB-IoT 业务资费套餐[5]。与全球其他国家相比，我国 NB-IoT 网络在覆盖范围、连接规模和网络质量等多方面取得了领先地位，为应用的规模化打下了较好的基础。预计到 2020 年，我国的物联网产业体系将基本形成，包括感知制造、网络传输、智能信息服务在内的总体产业规模将突破 1.5 万亿元[19]。海洋物联网已纳入当前海洋领域重点研究方向之一，但整体上仍以跟踪和模仿国外海洋观监测系统建设为主。

我国已初步形成涵盖岸基、离岸、大洋和极地海洋的观监测系统的基本框架，初步建成业务化运行的海洋站网、雷达、浮标、志愿船观测系统等。截至 2019 年 6 月，我国已有 3 个系列共 5 颗海洋卫星正常在轨运行。"十四五"期间，我国还将继续研制和发射新一代海洋水色卫星、海洋动力环境卫星、盐度卫星、1m 分辨率 C-SAR 卫星、高时间分辨率静止轨道海洋卫星等，实现海洋水色卫星星座、海洋动力卫星星座和海洋监视监测卫星 3 个系列的同时在轨组网运行和协同观测。我国天基海洋遥感技术正逐渐接近国际先进水平。在海基探测方面，我国自主研制的 4000m 深海自持式剖面浮标"浮星"获得海试成功。此外，重大海洋信息装备研制取得重要成果，"蛟龙号"载人潜水器、"海翼号"水下滑翔机、"海斗号"无人潜水器、南海深水区定时卫星通信潜标海试样机成功实施海试。在组网观测方面，我国目前正在规划实施全球海洋立体观测网、海底观测网、透明海洋等项目和计划，以整合先进的海洋观测/监测等技术手段，实现海洋环境、资源、目标、活动等的高密度、多要素、全天候、全自动的信息获取。

在海洋通信网络方面，我国目前广泛应用的海洋通信系统主要包括海上无线短波通信、海洋卫星通信和岸基移动通信。2016 年，我国第一颗同步轨道移动通信卫星"天通一号 01 星"发射，解决了我国国土范围内移动语音和窄带数据通信问题。2017 年，我国首颗高通量通信试验卫星"中兴 16 号"发射，可覆盖我国东南、西南陆地和近海海域，这标志着我国在宽带卫星通信和互联网接入领域迈出了坚实的一步。我国正在建设"北斗三号"系统，于 2019 年 11 月发射了第 50 颗和第 51 颗卫星[20]。"北斗三号"主要面向亚太区域提供导航与通信服务，其短报文通信服务功能不断增强。此外，我国还建设了"鸿雁""虹云""行云"等商业组网小卫星星座[21]。我国卫星互联网的需求主要体现在国家战略、海上应急通信保障、防灾减灾、移动互联网和物联网业务等方面。与美国、日本等相比，我国通信卫星的发展还存在较大差距。由于轨道和频率的限制，我国现有的通信卫星仍以提供区域性服务为主，管辖海域、远海、深海大洋和极地的通信目前还不能满足自主可控的需求。在水下通信与导航方面，我国在技术与装备上取得一定的突破，但主要集中在军事领域，没有形成民用推广。总体来说，面向全球业务发展的需求，建设立体覆盖的自主海洋综合通信网络，是当前我国海洋强国建设的必备条件和亟须解决的问题。在新一代信息技术交叉融合方面，我国进行了有益的尝试。例如，基于大数据技术，对海洋三维温盐流、台风路径和赤潮等的预测已取得一定成果；基于Spark、Hadoop 等框架的海洋大数据服务平台建设已初具规模；基于机器可读可理解理念的海洋地质数据平台建设等已初步实现。此外，基于人工智能技术的海洋遥感图像识别、海洋生物监测分类、海洋中尺度现象监测追踪等也取得一定应用成果。

总体来看，我国的海洋感知技术仍以传统技术和跟踪仿制技术为主，特别是在海洋传感器方面普遍存在精度低、稳定性差、可靠性弱等问题，且难以形成产业化规模。面向组网应用的集数据收集、检测、记忆、传输等功能于一体的智能传感器处于起步阶段。中远海数据实时传输能力不足，普遍存在海量数据传不完、敏感信息不敢传、跨介质数据穿不透等问题，且通信链路不能自主可控。云计算、边缘计算、大数据、人工智能等新技术在海洋领域的实际应用相对较少，大多处于研究探索阶段。信息处理的相关算法大都借鉴国外，缺乏自主创新。海洋物联网建设的理念虽然得到广泛认可，但还没有高水平产出。

三、重要技术发展方向展望

海洋物联网是未来实现海洋透彻感知，占领海洋制高点的重要技术手段之一。美、日、欧等海洋强国和地区都在加紧研究，以期突破关键技术和实现应用。目前，以城市物联网、工业物联网为代表的陆地物联网技术发展迅速，但受海洋自然环境的制约，海洋物联网仍存在信息采集能力不足、数据传输速率低、信息不安全等诸多问题。未来要重点研究复杂海洋环境下的数据感知、海洋网络空间异构传输、海洋大数据和云计算等技术，以满足海洋多传感器的数据传输、融合、处理、挖掘的需求。

（一）海洋信息感知智能技术

立足自主研发和业务化应用，瞄准当前国际同类产品先进技术水平和填补国内外海洋装备技术的空白，以低功耗、智能化、小型化、隐蔽性、高分辨率为主要技术特点，应开展有关机理、材料、工艺和应用系统的攻关，发展海洋动力环境、生态环境、水下目标观测、监测、探测等高精度仪器和网络智能感知终端，研发基于模式、数据等驱动的空中、水面及水下网络化智能移动观测平台系统[21, 22]。结合当前海洋重大工程所需及沿海省市海洋产业发展的特色，需培育和发展以使用自主传感器为主的产业链和生态环境。

（二）海洋信息传输网络关键技术

应发展中微子、微波光子、太赫兹等新型海洋通信技术，跨介质通信等技术，以及基于大气波导、超视距雷达信息的中继技术。应研发新一代海洋信息智能节点（如多功能大型浮台），开展天基、水面移动及水下声学通信网络系统研究，构建支撑空间-地面-海洋-海底多传感器网络之间的实时通信，开发支持多节点、多用户的随机接入和网络自适应等技术并进行系统集成和应用示范。

（三）基于人工智能的海洋大数据挖掘服务技术

面向全球超高分辨率耦合计算系统建设的需求，研究和构建海洋智能计算科学、海洋数据科学和海洋信息科学等信息海洋学的基础理论和方法体系。应发展多源异构数据采集检测存储技术、数据清洗和质量控制、多源信息融合技术[23, 24]。围绕满足云端协同的多源异构海量信息的智能感知、边缘计算等需求，研究构建微超算、移动超算和云超算等超算新生态与海洋物联网智能协同计算体系[23, 24]。研究支持密文检索、区块链等的海洋大数据安全访问技术。研究设计海洋大数据与人工智能标准规范体系与开放共享平台，开展海洋动力环境、气象预测预报等典型应用和公共信息产品服务。

总之，构建海洋物联网的关键在于突破海洋传感网、海洋通信网和卫星通信网的多层次连接和复用技术。应聚焦国家重大战略需求，以建设我国全球海洋立体观测网为大背景，研发自主的空间-地面-海面-海底一体化的组网感知和通信技术，以保证海上多传感器信息的高效、安全采集与传输，整体带动海洋技术、装备和产业的发展，为海洋强国建设等国家重大战略提供有力支撑。

参 考 文 献

［1］姜胜明. 海洋互联网的战略战术与挑战［J］.电信科学. 2018，34(6):2-8.

［2］郭忠文，姜思宁，刘超，等. 海洋物联网云平台发展趋势与挑战［J］.海洋信息.2018，33(1): 24-30.

［3］甘志祥. 物联网的起源和发展背景的研究［J］.现代经济信息. 2010，(1):158，157.

［4］Atzori L，Lera A，Morabito G. The Internet of Things: A survey［J］.Computer Networks，2010，54(15):2787-2805.

［5］周宏仁. 信息化蓝皮书: 中国信息化形势分析与预测(2017～2018)［M］. 北京: 社会科学文献出版社，2018.

［6］NOAA. Advancing a Vision of Science and Technology for America's Oceans［EB/OL］.2018-06-28］. https://www.noaa.gov/stories/advancing-vision-of-science-and-technology-for-americas-oceans.

［7］科学技術予測センター. 第 11 回科学技術予測調査　2040 年に目指す社会の検討（ワークショップ報告）［EB/OL］［2018-09-01］. http://doi.org/10.15108/rm276.

［8］栾海. 俄罗斯海军构建水下通信"互联网"［J］.军民两用技术与产品，2017，(3):28.

［9］于宇，黄孝鹏，崔威威，等. 国外海洋环境观测系统和技术发展趋势［J］.舰船科学技术，2017，39(12):179-183.

［10］王祎，李彦，高艳波. 我国业务化海洋观测仪器发展探讨——浅析中美海洋站仪器的差异、趋势及对策［J］.海洋学研究. 2016，(3):69-75.

［11］李大海，吴立新，陈朝晖."透明海洋"的战略方向与建设路径［J］.山东大学学报（哲学社会科学版），2019，(2):130-136.

［12］汪品先. 从海洋内部研究海洋［J］.地球科学进展，2013，28(5):517-520.

［13］U. S. IOOS Office. U. S. Intergraded Ocean Observing System: A Blueprint for Full Capability Version 1.0［EB/OL］［2019-6-30］. http://www.iooc.us/wp-content/uploads/2010/11/US-IOOS-Blueprint-for-Full-Capability-Version-1.0.pdf.

［14］刘帅军，胡月. Telesat、OneWeb 及 SpaceX 三个全球宽带低轨卫星星座系统的技术对比［J］.卫星与网络，2019，07:48-60.

［15］杨帆. 水下信息传输网及其关键技术分析研究［J］.通信技术，2018，51(5):1073-1081.

［16］焦瑜星. 海水中电磁波特性的分析与研究［J］.舰船电子工程，2018，38(8):176-179.

［17］张建华，孙卫华. 潜艇水下隐蔽通信技术研究［J］.舰船电子工程，2010，30(2):24-26.

［18］National Research Council. Sea Change: 2015-2025 Decadal Survey of Ocean Sciences［EB/OL］［2019-06-30］. https://www.nap.edu/read/21655/chapter/1#iv.

［19］佚名. 物联网的十三五规划（2016—2020 年）［EB/OL］［2017-07-26］. http://e-gov.org.cn/article-164273.html.

［20］章文，杨欣. 我国成功发射第 50、51 颗北斗导航卫星［EB/OL］［2019-11-24］. http://epaper.gmw.cn/gmrb/html/2019-11/24/nw.D110000gmrb_20191124_4-01.htm.

［21］程骏超，何中文. 我国海洋信息化发展现状分析及展望［J］.海洋开发与管理，2017，34(2):46-51.

［22］"中国工程科技 2035 发展战略研究"海洋领域课题组. 中国海洋工程科技 2035 发展战略研究［J］.中国工程科学，2017，19(1):108-117.

［23］侯雪燕，洪阳，张建民，等. 海洋大数据：内涵、应用及平台建设［J］.海洋通报，2017(4):361-369.

［24］钱程程，陈戈. 海洋大数据科学发展现状与展望［J］.中国科学院院刊，2018，33(8):884-891.

第十四节　声学及非声学海洋传感器国产化

李红志[1]　田纪伟[2]　瞿逢重[3]　郭金家[2]　张文涛[4]

（1 国家海洋技术中心；2 中国海洋大学；3 浙江大学；
4 中国科学院半导体研究所）

一、重要意义

建设海洋强国是中国的国家长期发展战略。党的十九大明确提出要"坚持陆海统筹，加快建设海洋强国"。海洋传感器技术是海洋强国建设的重要支撑。随着世界经济社会的不断发展，人口膨胀、资源短缺、环境恶化等现象日益严重，世界各国纷纷将目光投向海洋。海洋作为地球上的资源宝库、生命摇篮和环境调节器，可以接替陆地，为人类提供可持续发展的各类物质资源。向广阔的海洋拓展生存发展空间，已成为世界海洋国家的战略抉择。我国在海洋资源开发、海洋生态文明建设、海洋经济发展、海洋科学研究等方面呈现出较好的势头。随着各国海上竞争的加剧，我国面临着日趋复杂严峻的海洋安全形势，建设海洋强国面临一系列新问题和新挑战，亟须加强认知海洋、管控海洋、开发海洋和建设海上防御的各项能力，以提高维护国家海洋安全的综合能力。海洋传感器技术是进行海洋开发、控制、管理的基础和关键技术，建设一个海洋安全局面良好、环境经济发达、海洋生态文明、海洋科技先进的综合性海洋强国需要海洋传感器技术提供强力的支撑。同时，海洋传感器技术也集中体现了国家的海洋科技能力，在一定程度上是国家综合国力和科技水平的标志。因此，发展海洋传感器技术对建设海洋强国具有极其重要的战略意义。

二、国内外发展现状

海洋传感器种类繁多，在不同的应用领域有不同的观测目标和参数，而同一参数的观测方法和原理也是多种多样的。根据检测参数的类别，海洋传感器大致分为水质类、水文类、地质地震类、声学探测类、光学探测类等。每一类检测参数多则包含上百项检测目标，少则包含数十项检测目标。而且，根据应用领域和应用环境的不同，每一项检测参数的工作原理和技术实现手段各有不同。海洋传感器按工作原理可分为声学传感器与非声学传感器（如光纤、电磁、机械、生物传感器等）。近年来，随着材料、电子、机械、卫星通信等技术的不断突破，在海洋规划和海洋技术基础研究计划的支持下，海洋传感器技术取得了长足的进步，不断推动海洋调查、观测、监测及探测技术向前发展。

（一）国外发展现状

1. 声学海洋传感器

1915 年，法国的保罗·朗之万利用电容发射器和碳粒接收器进行了水声试验，这两种器件就是最初的水声传感器。100 多年来，水声传感器技术在各水下应用的推动下得到长足发展。基础的声学传感器是水声换能器，它可实现电能与声能的相互转化，在此基础上拓展出多种应用传感器。目前，国外研发海洋声学传感器的著名公司主要有丹麦必凯（Bruel and Kjaer，BK）公司，英国 Neptune 公司，美国 High Tech、澳大利亚 L-3 Oceania 公司，法国舍塞尔（Sercel）和 Xblue 公司，德国 Evologics 公司、美国 Teledyne Benthos 和林克斯特（LinkQuest）公司及英国 Aquatec Group、Sonardyne 公司等。这些公司生产的产品囊括了换能器、通信、探测、定位、导航、成像等各类水下声学仪器。低频声学传感器是 21 世纪以来的水声传感器领域最受关注的热点之一。美国 Allliant Techsystems 公司的超远程探测与通信声呐工作频带已降低到 75 Hz 左右，工作带宽为 57～92Hz，最大声源级达到 197dB，体积超过 2m，重达 2.3t[1]。低频矢量水听器技术在近年也成为国际研究的热点。美国在拖曳式阵列传感器系统（SURTASS）中已采用矢量水听器拖曳线阵，用于监测航船噪声、地震波海啸等低频声波[2]。中频声学传感器主要用于通信和定位，在售的民用通信机主要有 GPM 300 系列、MATS 3G、ATM-9 系列、AquaSeNT、UWM 系列等产品[3, 4]。这些传感器普遍能够达到几千比特/秒到几十千比特/秒的通信速率，通信频率为

7～78kHz，通信距离随频率的增大而减小，工作距离普遍在 1～8km，而类似的定位设备如超短基线（USBL）定位的精度普遍可达 0.25%[5]。美国海军实验室研制的光纤水听器已达到实用状态，2013 年最新型攻击核潜艇上装备的舷侧阵列由 2700 个光纤水听器阵元组成[6]。高频声学传感器主要用于探测，其中 Benthos、Teledyne、EdgeTech 等品牌的浅地层剖面仪利用 200～400kHz 的大功率声学信号，可探测海底以下 40m 范围的地层和掩埋物，精度达 2.5cm，其配套软件可进行地层分析。Sonic、SeaBat、Kongsberg 等品牌的多波束测深仪可实现最大 600m 测深范围、1770m 覆盖范围和最大 6mm 的测深精度。这些功能并非同时实现，频率越高精度越高，但探测范围越小。侧扫声呐可实现比多波束更大范围更高效率的海底扫描，但精度相对较低，适于开展大范围海域扫描，如果配合多波束探测，可实现最优的扫描效果。RTI、LinkQuest 等品牌的声学多普勒流速剖面仪占据绝大多数市场，最大可测 200m 左右深度范围内的流速剖面，流速测量精度为 0.25%～1%，工作频率通常在 300～1200kHz。此外，前视声呐、3D 成像声呐、探鱼声呐等商业化产品都是高频声学探测传感器。近几年，国外水声微机电系统传感器等新型材料水声传感器也取得新进展，采用基于单晶硅的压阻效应原理或机械传感细胞感知水运动原理的敏感芯片，具有小体积、高灵敏度、低成本的特点。

2. 非声学海洋传感器

非声学海洋传感器主要包括海洋光纤、电磁及光谱类传感器等。

（1）海洋光纤传感器。目前，非声学海洋光纤传感器主要有光纤海底地震电缆、光纤海底地震仪、光纤温盐深传感器等。世界各大石油巨头均在大力发展可大规模组网的光纤海底光缆，2015 年，挪威石油地质服务（Petroleum Geo-Services，PGS）公司在国际勘探地球物理学家学会（Society of Exploration Geophysicists，SEG）年会上对光纤海底电缆进行了专场推介[7]。日本电报电话（NTT）公司研发出高精度光纤光栅海底地震和海啸预警系统，能够对日本东海、东南海、南海的海底地震、海啸进行监测，探测距离达到 100km 以上[8]。2005 年，法国资源实验室利用光纤光栅和长周期光纤光栅混合式传感器，组成了三维 48 元水下立体监测传感网络，可同时监测海洋中的温度和盐度[9]。

（2）海洋电磁传感器。海洋电磁传感器用于探测海洋中的微弱磁场信号[10-12]。为消除日变的影响，削弱海水运动感应磁场噪声，提高磁异常探测能力，磁梯度和磁张量测量得到广泛应用。美国海军已开发出移动平台机载磁梯度仪和磁张量仪，并得到成功应用。20 世纪 90 年代，德国、澳大利亚和美国等利用超导量子干涉仪搭建了航空磁梯度系统。英国 Ultra 公司、西班牙 SEAS 公司和瑞典 Polyamp 公司等已研制出用于舰船电磁场探测的电场传感器。近年来，高精度磁场传感器如量子磁力仪、超导磁力仪等的研发取得突破，但不适用于水下的长期观测。

（3）海洋光谱类传感器。海洋光谱类传感器作为新兴的海洋原位探测技术，具有探测方式灵活、探测目标多样且能够进行非接触多组分同时探测的特点，是目前海洋原位传感器开发的热点。根据原理和探测目标的不同，海洋光谱类传感器可分为荧光光谱传感器、紫外-可见光谱传感器、红外吸收光谱传感器、激光诱导击穿光谱（LIBS）仪和激光拉曼光谱仪等。比较成熟的产品有几种，美国 Wet Labs 公司的单通道荧光计，用于测量叶绿素或有色可溶性有机物（colored dissolved organic matter，CDOM）的浓度[13]；美国蒙特利湾海洋研究所（MBARI）的 ISUS 原位紫外吸收光谱测量系统，用于测量海水中营养盐的浓度[14]；德国 Contros System and Solutions 公司的 HydroC® 系列传感器，采用非色散红外吸收光谱技术测量海水中的溶存气体[15]。2013 年后，日本东京大学研制出两代深海 LIBS 原位系统 I-Sea 和 ChemiCam，获得了深海 1000m 海水及海底矿物的 LIBS 信号，原位测量了锌、铅、铜之间的相对含量[16]。2018 年，美国国家能源技术实验室报道了一套用于原位探测铈、镧等稀土元素的水下 LIBS 传感器样机及实验室测试工作。激光拉曼光谱技术目前在深海原位探测领域得到广泛的应用。美国 MBARI 在激光拉曼光谱技术的深海原位探测领域做出了开拓性的工作，研发出国际上首台深海原位激光拉曼光谱仪（DORISS），并且将 DORISS 用于深海渗漏流体的原位拉曼光谱探测中[17]。

（二）国内发展现状

"九五"以来，在国家重点研发计划及相关专项计划的支持下，我国在海洋传感器领域突破了一批关键技术，研发出一批仪器设备，其中部分传感器在海洋经济发展、海洋生态文明建设、海洋权益维护、海洋综合管理及海洋命运共同体构建方面发挥了重要作用。

1. 声学海洋传感器

我国水声传感器技术已进入系统性发展阶段，在新材料的应用、新结构、新工艺方面，优化与提高了传感器的综合技术性能，在几个典型技术方向上取得了系列研究成果，但与国际最高水平相比还有一定的差距。国防科学技术大学、哈尔滨工程大学、杭州应用声学研究所、中国电子科技集团公司第二十三研究所、海军工程大学、中国科学院声学研究所、中国科学院半导体研究所等是国内相关技术的主要研发单位。国内在低频传感器领域研究较多，逐渐提高了传感器的性能。哈尔滨工程大学研制出国内首款球形低频矢量水听器，其工作频率低至 10Hz，灵敏度-174dB@1kHz，于 1998 年进行了国内首次矢量水听器外场试验，在方位分辨和目标跟踪等方面展开了试验测试。进入 21 世纪，我国矢量水听器的应用研究最为活跃，根据 2014 年年底的统计，国际矢量水听器及其应用领域的学术成果近一半来自我国[18]。目前，国内中频声学传感器可实现十几千赫兹带宽的能力，最大声源级可达到193dB；在通信上，杭州应用声学研究所、中国科学院声学研究所可实现 40km 距离的水声通信；在定位上，可实现 8km 范围 5‰精度的超短基线定位能力，已接近国际水平。国内高频宽带传感器的研究并不系统，仅杭州应用声学研究所研制出双匹配层高频宽带传感器[19]，及北京信息科技大学设计出压电复合材料圆环高频宽带传感器[20]。

2. 非声学海洋传感器

（1）海洋光纤传感器。自"十二五"开始，中国科学院半导体研究所在"863 计划"、国家重大装备研制项目、重点研发计划、中国科学院重大科研仪器研制项目、中国科学院战略性先导专项等支持下，系统开展了光纤海底地震光缆、光纤海底地震仪、光纤温盐深传感器核心技术的研发和海洋观测实验研究工作[21]。近年来，中国海洋大学、杭州应用声学研究所也开展了海洋压力和盐度传感器的研究。总体来说，国内在光纤海洋传感器方面缺乏对应的工程化、海试应用等针对性研究。

（2）海洋电磁传感器。目前，国内海洋磁梯度仪几乎全部从国外进口，海洋小型移动平台（如 AUV、Glider、Argo 等）机载磁梯度仪和磁张量仪的研究尚处于起步阶段。近几年，中国科学院上海微系统与信息技术研究所、吉林大学等开展了磁梯度张量测量系统的研制工作。2018 年，在青岛海洋科学与技术国家实验室"问海计划"的支持下，中国海洋大学开始研制水下滑翔机平台磁张量梯度仪，目前正在开展样机的海上试验[22]。

（3）海洋光谱类传感器。中国海洋大学在"863 计划"等课题的资助下，研制出我国首台深海 LIBS 金属离子原位探测系统 LIBSea，并于 2015 年 6 月首次搭载 ROV 进行了深海的海试，获得了南海冷泉区和马努斯热液区的大量海水 LIBS 光谱数据，以及 0～1800m 深度的 LIBS 光谱剖面数据[23]。此外，中国海洋大学开发出国内首套深海自容式激光拉曼光谱探测（DOCARS）系统。经后续改造与升级，DOCARS 系统作为重要观测节点之一，在我国南海海底观测网上实现了长期稳定的工作，获取了大量连续的观测数据。中国科学院海洋研究所研制出国内首套探针式深海激光拉曼光谱探测系统（RiP-Hv），并首次对温度高达 290℃的高温热液流体进行了精确原位定量探测与分析[24, 25]。中国科学院大连化学物理研究所在深海紫外激光拉曼光谱领域进行探索，研发出国际上首台以紫外激光作为激发光源的深海拉曼光谱仪，2017 年成功通过在马里亚纳海沟进行的 7000m 海试验证，创造了最大工作水深世界纪录（7449m），获取了原位光谱数据。

三、重要技术方向展望

稳定、高灵敏度和精确度、低功耗、小型化、模块化、智能化，以及全海深与复杂海洋环境应用的海洋传感器是海洋传感器未来的重要发展方向。

（一）声学海洋传感器

当前水下移动小平台发展很快，已成为海洋环境调查、观测与探测、海洋安全等领域最重要的探查和作业平台，其功能日益完善。适用水下滑翔机、UUV、抛弃式等移动小平台应用需求的超轻量、小体积、高耐压、长续航等水下传感器是声学海洋传感器的重要发展方向。

（二）非声学传感器

1. 海洋光纤传感器

目前，我国面向海洋观测的光纤传感器研究相对较少，远远落后于欧美、日本等发达地区和国家。我国应大力开展海洋观测领域光纤传感器的基础研究，重点攻克高精度光纤传感器的信号检测与传输、高可靠性水下光纤传感器封装、大规模组网等关键科学技术问题，以实现我国光纤海洋传感器的国产化。

2. 海洋电磁传感器

在复杂的海洋环境中，对于海洋传感器来说，海水的不规则运动及随时间变化的天然电磁场都是不定性的干扰因素，微弱电场、磁场信号的探测对传感器的精度、灵敏度、耐久度等提出了很高的要求。在高精度、高灵敏度电场、磁场传感器领域，西方国家一直对我国实施技术封锁，因此我国发展具有自主知识产权的新型海洋电场、磁场传感器势在必行。

3. 海洋光谱类传感器

对于激光诱导击穿光谱技术来说，极端环境应用的 LIBS 半定量探测，LIBS 传感器的小型化和实用化，基于 LIBS 的多技术融合、水下同位素的 LIBS 检测及飞秒（fs）激光器的水下应用将是未来的重要发展方向。在激光拉曼光谱技术方面，各类拉曼光谱增强方法在实验室已有较为成熟的研究基础，但深海复杂环境带来的困难和挑战，导致目前尚无基于以上几种增强技术的深海原位激光拉曼光谱仪；水下多光谱原位综合探测系统，虽然有广阔的应用前景，但目前还未有较多的应用实例。以上两个方向是激光拉曼光谱技术在深海原位探测领域的主要发展方向。

我国不仅要鼓励前沿光谱技术在海洋中的发展及应用，更要加紧推进已产品化的光谱类传感器（包括小型化荧光计及红外光谱传感器等）的国产化进程，实现国内海洋光谱类商业传感器的零突破。

四、结语

国家海洋战略对各类声学和非声学海洋传感器的需求正在迅速增加。近年来，我国在海洋传感器方面已有较大规模的投入，也取得很大进展，但主要是跟踪仿制国外已有产品，各类声学及非声学海洋传感器存在原始创新能力不足、性能指标远不如国外先进水平、价格无优势及核心传感器依赖进口等问题。因此，我国亟须增强科技攻关能力，以解决海洋传感器的"卡脖子"问题，实现海洋传感器的国产化，为海洋装备的国产化提供最重要的基础支撑。随着传感器市场需求的扩大，国产声学及非声学海洋传感器将发生从个别研发到规模化量产的重要变化。预计未来 10～20 年，各类声学及非声学海洋传感器将逐步实现国产化并得到广泛应用。

参 考 文 献

［1］ Mercer J A, Howe B M, Andrew R K, et al. The Long-range Ocean Acoustic Propagation

Experiment (LOAPEX): an overview [J]. The Journal of the Acoustical Society of America, 2006, 120(5): 3020.

[2] Biassoni N, Miller P J O, Tyack P L. Preliminary results of the effects of SURTASS-LFA sonar on singing humpback whales [R]. Woods Hole Oceanographic Institution, 2000.

[3] Campagnaro F, Francescon R, Casari P, et al. Multimodal underwater networks: recent advances and a look ahead [C]. Proceedings of the International Conference on Underwater Networks & Systems. Halifax: ACM, 2017, 4: 1-8.

[4] Wei L, Peng Z, Zhou H, et al. Long island sound testbed and experiments [C]. 2013 OCEANS-San Diego. San Diego: IEEE, 2013: 1-6.

[5] Zieliński A, Zhou L. Precision acoustic navigation for remotely operated vehicles (ROV) [J]. Hydroacoustics, 2005, 8: 255-264.

[6] Launay F X, Lardat R, Bouffaron R, et al. Static pressure and temperature compensated wideband fiber laser hydrophone [J]. Fifth European Workshop on Optical Fibre Sensors. International Society for Optics and Photonics, 2013, 8794: 87940K.

[7] Maas S, Tenghamn R, Pahrez S. Permanent Reservoir Monitoring using Fiber Optic Technology [EB/OL] [2019-12-10]. https://spgindia.org/2008/357.pdf.

[8] Fujihashi K, Aoki T, Okutsu M, et al. Development of seafloor seismic and tsunami observation system [C]. 2007 Symposium on Underwater Technology and Workshop on Scientific Use of Submarine Cables and Related Technologies. Tokyo: IEEE, 2007: 349-355.

[9] Marrec L, Bourgerette T, Datin E, et al. In-situ optical fibre sensors for temperature and salinity monitoring [C]. Europe Oceans 2005. Brest: IEEE, 2005, 2: 1276-1278.

[10] Weaver J T. Magnetic variations associated with ocean waves and swell [J]. Journal of Geophysical Research, 1965, 70(8): 1921-1929.

[11] Pedersen T, Lilley T, Hitchman A. Magnetic signals generated by ocean swells [J]. ASEG Extended Abstracts, 2003, (2): 1.

[12] Lilley F E M, Hitchman A P, Milligan P R, et al. Sea-surface observations of the magnetic signals of ocean swells [J]. Geophysical Journal International, 2004, 159(2): 565-572.

[13] Ruhala S S, Zarnetske J P. Using in-situ optical sensors to study dissolved organic carbon dynamics of streams and watersheds: a review [J]. Science of the Total Environment, 2017, 575: 713-723.

[14] Johnson K S, Coletti L J. In situ ultraviolet spectrophotometry for high resolution and long-term monitoring of nitrate, bromide and bisulfide in the ocean [J]. Deep Sea Research Part I: Oceanographic Research Papers, 2002, 49(7): 1291-1305.

[15] Fietzek P, Kramer S, Esser D. Deployments of the HydroC™(CO_2/CH_4) on stationary and mobile platforms-Merging trends in the field of platform and sensor development [C]. OCEANS 2011. Waikoloa: IEEE, 2011: 1-9.

[16] Thornton B, Takahashi T, Sato T, et al. Development of a deep-sea laser-induced breakdown

spectrometer for in situ multi-element chemical analysis［J］. Deep Sea Research Part I: Oceanographic Research Papers，2015，95: 20-36.

［17］Brewer P G，Malby G，Pasteris J D，et al. Development of a laser Raman spectrometer for deep-ocean science［J］. Deep Sea Research Part I: Oceanographic Research Papers，2004，51(5): 739-753.

［18］孙玉，胡博，王晓春. 国际矢量水听器技术发展态势文献计量分析［J］. 情报探索，2015，(11): 15-17，21.

［19］张凯，唐义政，仲林建，等. 双匹配层高频宽带换能器研究［J］. 声学技术，2017，36(4): 86-88.

［20］王宏伟. 一种高频宽带水声换能器的研制［J］. 传感技术学报，2016，29(5): 665-669.

［21］张文涛，黄稳柱，李芳. 高精度光纤光栅传感技术及其在地球物理勘探、地震观测和海洋领域中的应用［J］. 光电工程，2018，45(9): 90-104.

［22］林智恒，李予国. 海水运动感应磁场的数值计算方法［J］. 中国海洋大学学报(自然科学版)，2019，49(2): 74-78.

［23］Guo J，Lu Y，Cheng K，et al. Development of a compact underwater laser-induced breakdown spectroscopy (LIBS) system and preliminary results in sea trials［J］. Applied optics，2017，56(29): 8196-8200.

［24］Zhang X，Du Z，Zheng R，et al. Development of a new deep-sea hybrid Raman insertion probe and its application to the geochemistry of hydrothermal vent and cold seep fluids［J］. Deep Sea Research Part I: Oceanographic Research Papers，2017，123: 1-12.

［25］Li L，Zhang X，Luan Z，et al. In situ quantitative raman detection of dissolved carbon dioxide and sulfate in deep‐sea high‐temperature hydrothermal vent fluids［J］. Geochemistry, Geophysics, Geosystems，2018，19(6): 1809-1823.

第十五节　海洋电子技术体系

徐志伟　宋春毅　朱世强

（浙江大学）

一、重要意义

海洋监测、探测与通信等信息化方法是应对海洋资源开发激烈争夺、实现海洋有效管理与保障、保证日益复杂条件下海洋安全的必要手段。海洋电子技术是实现海洋信息化的基石，是研究、利用、开发和管控海洋的重要基础。随着陆地资源的日趋枯竭，人类的生存和发展将越来越依赖海洋，因此世界各国围绕海洋资源开发展开了激烈争夺。近几年，我国海域周边资源的争夺不断加剧，海洋安全面临的形式日益复杂。为了应对国际海洋资源争夺的挑战和维护国家安全，我国需加快海洋监测探测、资源开发及海洋管理服务保障等技术的研发，加强海洋遥感探测、通信导航、电子元器件等高技术产品的生产，促进船舶工业、海洋信息产业的快速发展。这些都需要海洋电子技术提供有力的支撑，同时海洋电子技术也为维护国家海洋安全提供技术保障。

"十三五"时期是我国全面建成小康社会的决胜阶段，是实施创新驱动发展战略、建设海洋强国的关键时期。党的十八大提出建设海洋强国战略，提高海洋资源的开发能力，发展海洋经济，保护海洋生态环境，坚决维护国家海洋权益。习近平总书记强调，建设海洋强国必须大力发展海洋高新技术。《"十三五"海洋领域科技创新专项规划》的制定，进一步完善了国家海洋科技创新体系，提升了我国海洋科技创新能力，显著增强了科技创新对提高海洋产业发展的支撑作用。该规划提出，开展全海深潜水器研制及深海前沿关键技术、深海通用配套技术、深远海核动力平台关键技术等研究，开展 1000～7000m 级潜水器作业级应用能力示范，形成 3～5 个国际前沿优势技术方向、10 个以上核心装备系列产品；开展海洋环境监测技术研究，发展近海环境质量监测传感器和仪器系统以及深远海动力环境长期连续观测重点仪器装备。这些对海洋电子技术的发展提出了更高的要求。

"十二五"以来，我国在海洋科学和技术方面取得了巨大的进步，已实现对世界先进水平的全面跟踪。我国初步构建了海洋环境监测技术体系，已具备近海环境监测能力：在雷达探测技术、定点平台观测技术、海洋遥感技术等方面接近国际先进水平；海底观测网、水声传感器、移动平台观测技术等发展较快，已在北海海区构建了区域性海洋灾害预测预警系统并进行了示范应用，在东海海域构建了面向需求、业务化运行的海洋环境立体实时监测网，在南海深水区构建了内波观测试验网[1]。

然而，我国海洋科技整体水平还偏低，海洋电子技术与发达国家有明显差距，尤其是电子元器件、船舶配套电子等远不能满足维护国家海洋安全的需要。我国常规船舶配套率只有 30% 左右，高新技术船舶国产设备配套率只有 20% 左右，其中船舶电子及导航设备配套率仅为 10% 左右。我国海洋监测设备大部分依赖进口，卫星遥感、航空遥感、现场监视等海上监视监测手段相对落后，对海域空间资源的监控能力较低。海洋电子技术的薄弱，导致我国涉海元件、仪器和装备的落后，以及长期以来我国海洋探测、开发、管控能力的不足和海洋装备产业的落后。加快相关技术的开发和研发成果的产业化，有利于缩小与发达国家在海洋电子信息、海洋监测、船舶电子等领域的差距，有利于实现相关设备的国产化，改变大部分设备依赖进口，受制于人的现状，是促进自主创新、维护国家海洋权益与国防安全的必由之路[2]。因此，加快海洋电子技术体系的发展对加强国家海洋安全具有重要的战略意义。

二、国内外发展现状

海洋电子信息的研究始于 20 世纪初。海洋电子信息技术主要用于海上预警、探测与信息传输，已形成包括电子器件、硬件系统、软件系统、集成优化、应用开发、运行维护、标准协议和综合保障等在内的技术体系，为维护海洋权益、保障海洋安全、发展海洋经济提供服务。

（一）国外发展现状

美国通过实施"综合海洋观测系统""海军海洋科学发展计划""海洋数据获取与信息提供能力增强计划"等系列专项，形成了一整套海洋信息获取、传输、处理与应用的体系。通过强化海洋活动中的信息优势，提升海洋数据与信息产品的质量，美国正不断强化其世界第一的海洋霸主地位。

加拿大充分利用社会机构力量，针对科学研究和海洋产业服务开展信息化建设。海洋网络（Ocean Networks）公司在加拿大运输委员会和西方多元化项目的资助下，于2014年联合维多利亚大学与美国国际商用机器公司（IBM）发布了海洋感知与决策系统研发计划。该系统实现了海洋信息的感知、传输、管理、分析与决策的自动化与智能化，为科学研究、政府战略及涉海行业提供了信息和技术支撑。

欧盟集合各成员国的资源和优势科技力量，在资源和生态两方面共同开展海洋信息化建设。爱尔兰、挪威等 13 个国家于 2011～2014 年联合开展 iMarine 计划，研制并建设一套信息化基础设施，旨在促进获取、开放和共享基础性海洋数据，并通过协同分析、处理和挖掘，形成经验知识，以支撑欧盟对海洋资源的开发和生态环境的保护。俄罗斯将海洋信息保障作为海洋活动的决策依据,并将其作为实施国家海洋政策的五大保障之一[3]。

日本的海洋信息化发展更侧重于为资源争夺与开发、战略纵深拓展、战略要道建设等海洋国家战略提供信息服务。

2019 年,世界各国继续推进卫星遥感技术、传感器网络在海洋领域的应用,以进一步提升海洋监测能力。美国的 DARPA "海洋物联网" 项目旨在打造一个浮动传感器网络,以实现对海洋温度、海洋活动的实时监测。英国的 "海洋扫描" 海事监控卫星可提供增强的全球船舶检测和跟踪服务。

无人潜航器正向大型化、自主化、实战化方向发展。美国在研的 "蛇头" (Snakehead) 大型水下无人潜航器,可使敌方水下传感器和水雷失去作用,也可攻击敌方水下平台、水面舰船甚至岸上目标,其原型机已于 2019 年下水。美国 "虎鲸" (Orca) 超大型水下无人潜航器,可远赴数百英里①外执行布雷任务,也可与己方潜艇合作伏击敌方舰艇,将于 2020 年进行海试。俄在研的新型超自主无人潜航器,在不浮起和不使用核能的情况下可续航至少 90 天,其验证机已于 2019 年年底面世。这些均得益于海洋电子技术的进步。

船舶智能化成为全球航运发展的主流趋势。随着传感器技术、船舶技术及大数据、物联网等前沿科技的持续突破,日韩将继续加大对智能船舶的投资与研发力度,以推动船舶智能化的发展。韩国政府将投资 5848 亿韩元(约 5.2 亿美元),用于打造智能自航船舶及航运港口应用服务。日本船企正在研发可在岸上实现对船上应用程序远程分发和管理的新一代船载物联网平台[4]、船岸信息共享系统等,目标是逐步实现整船的智能化与无人化。

在全球海工装备的产业格局中,欧美企业位居第一阵列,主要集中在海洋工程装备的开发、设计、工程总承包及关键配套设备供货方面;韩国和新加坡位于第二阵列,在总装建造领域占据领先地位;中国、阿联酋、巴西、印度和俄罗斯等位于第三阵列,基本处于起步和发展阶段。在设计、制造管理和维护保障阶段,欧、美、日、韩及新加坡的企业较为注重信息技术的具体应用,利用信息技术深化海洋工程装备的精细设计、加强精细管理和促进精益制造,以达到降本增效和提高效率的目的[5]。

---

① 1 英里(mi)≈1609.34 米(m)。

（二）国内发展现状

在海洋强国战略的推动下，我国海洋事业蓬勃发展，海洋信息化建设进程不断加快，海洋信息基础设施不断完善，信息开放共享机制持续健全，信息服务能力明显提升，为支撑海洋强国建设打下了坚实基础[6]。总体来说，我国海洋电子技术进入快速发展期，海洋电子技术和产业已初见规模。

一是海洋数据获取与数据积累不断拓展。通过多年建设，涉海部委、沿海省市、军方及有关企业针对各自的业务需求，初步建立了由海洋卫星、飞机、海洋观（监）测站、调查船等组成的海洋观（监）测网，构建了"数字海洋"信息基础框架。

二是海洋电子信息应用服务能力持续增强。相关涉海机构围绕满足海洋经济运行监测评估、海洋资源开发、海洋防灾减灾、海洋预报、海洋环境保护、海洋渔业、海上交通、海岛（礁）测绘、地质调查、涉海电子政务等领域需求，开展了各具特色的信息应用服务，初步构建了海洋信息共享服务体系。

三是重大海洋信息装备研制取得重要成果。"蛟龙号"载人潜水器成功实施了 7000m 级海试，"海燕号"水下滑翔机最大下潜深度 8000 多 m，"海斗号"无人潜水器突破万米，深海探测装备的研发和工程化、船舶通信导航系统的研制和产业化、海洋高端装备制造以及海洋跨平台信息系统建设均取得重要成果。

四是海洋电子信息科技创新能力建设取得重要进展。国家积极推动物联网、云计算、大数据、人工智能等新兴信息技术在海洋领域的发展和应用，启动一批重大课题研究并取得了重大创新成果，天地波一体化海洋环境探测技术、水声通信网络节点及组网关键技术等涉海重大信息科技创新研究取得突破。

然而，我国目前的海洋温、盐、深、流速等物理传感器技术已近 20 年没有更新换代，其响应时间慢、体积大、功耗大、重量大、成本高、非环保等缺点已经阻碍了海洋观测的发展和许多新应用的开展。此外，我国在海洋化学传感器、海洋微生物传感器上也存在一些不能与时俱进的问题，目前尚不具备全面、完整的微生物数据库；在适合长期海洋监测的便携、低功耗、原位、实时、快速、准确的海洋微生物传感器方面，也未有相关产品问世。

目前，国内90%的海洋传感器依赖进口。国内的研究机构和企业经历了从依靠购买国外的主要元器件从事系统集成，到模仿国外的技术路径从事国产化制造的过程。虽然在过去的 20 多年里也做出了样机，但因海洋应用的特殊性（包括应用环境复杂恶劣、能源供给困难、海上信息交互和远程通信难度较大、安全问题突出等），我国海洋传感器的性能尤其是稳定性还没有达到国际水平，缺乏国际竞争力 [7]。

三、重要技术发展方向展望

海洋电子信息技术是为了满足海洋开发、监测、管理和服务等应用及涉海省市智慧管理对信息系统的需求，运用体系思想和系统方法，进行系统设计、软件编制、硬件选装、集成联调、应用开发及维保服务，为客户提供信息体系设计与系统集成服务[8]，具体包括海洋信息感知技术、海洋信息传输技术和海洋电子元器件技术。

（一）海洋信息感知技术

1. 海洋传感器

经过多年的发展，我国在海洋环境监测传感器技术方面取得长足进步，与国际先进水平的差距正在缩小，有的已达到甚至代表国际先进水平。例如，在传统物理海洋传感器方面，我国部分测量要素技术（如船用高精度 CTD 等）的研发水平已接近国际先进水平[9]；在基于新方法和新原理的物理海洋传感器方面，我国也已有部分技术基础。

2. 海洋高分遥感技术

海洋高分遥感技术在海岸地形测量领域的应用主要集中在提取海岸线、海岸地物分类及属性信息、近海养殖区等海域使用的专题信息，以及海图修测和海岸带变化监测等领域。随着后续海洋卫星的发展，海洋高分遥感立体观测体系将会更加完善，使我国认识海洋和经略海洋的能力进一步增强，为海洋资源探查、海洋环境保护、海洋防灾减灾等提供有力支撑。

3. 声呐相控阵技术

我国的多波束测量技术起步较晚，还处于初级阶段。目前，我国有少量浅水多波束测深声呐实现了产品化，但性能与国外有差距，市场占有率非常低；在应用于海底地形探测的多波束测深声呐方面进行了一定的研究，而利用多波束声呐进行水体成像的研究目前基本是一片空白。因此，研究多波束声呐测深及成像方法，实现多波束声呐水下测深与成像声呐探测系统的模拟，开发出高准确度的多波束声呐仿真系统，对发展水下探测技术具有极其重要的意义[10]。

4. 声、光、电磁层析技术

目前，国内主要开展了一些与声层析相关的理论研究和模拟仿真工作，并取得了一定的成果。我国的沿海声层析观测在观测规模、观测手段、观测数据的反演方面处于国际先进水平，在水声传感网的某些单项技术上与国外水平相当，但深海声层析的实验工作停留在起步阶段，需进一步加强。

5. 雷达海洋目标探测技术

我国高度重视海洋雷达技术的研究与应用，海洋雷达监测技术已形成具有完整自主知识产权的技术体系，培养了一支稳定的技术队伍，已逐步走出跟踪国外技术的节奏，形成了自己的特色，甚至在个别技术上已走在国际前列，如利用海洋回波的雷达通道定标技术、天地波一体化混合组网技术、外辐射源雷达海洋回波接收技术，以及基于干涉合成孔径原理的地波雷达天线小型化技术等。未来，我国需要在海洋雷达技术探测覆盖范围的广域化、观测能力的机动化和观测结果的精细化等方面进行研究，尽早把我国建设成海洋强国[11]。

（二）海洋信息传输技术

1. 海气跨介通信技术

抗干扰能力强的跨介质传输是当前世界各国研究的主流跨介质通信方式。在激光通信领域，中国已和美国同属于第一集团，在全世界首先完成星地高速相干激光通信实验，而跨介质对潜蓝绿激光通信技术的突破，标志着中国很可能会成为世界上第一个实现核潜艇水下跨介质蓝绿激光通信的国家[12]。我国需继续在蓝绿激光海气跨介通信技术的装备化和产业化上加大投入，最终让中国潜艇完全实现"静默航行"。

2. 声电协同海洋信息传输

声电协同海洋信息传输网络，利用无线电链路相对多余的空闲链路资源，特别是将相对冗余的无线电资源，辅助水下网络组网和传输数据，以实现水声链路和无线电链路的协同协作，是克服性能失配、提高海洋信息传输网络性能的一个新思路。海洋信息传输网络虽然是一个声、电链路混合的网络，但目前科学家还是把无线电网络和水声网络分开进行研究。海洋信息无线实时传输的关键是实现跨水-空气界面的信息交换，而拥有水声和无线电通信接口的水-空气界面网关是连接水上无线电网络和水声网络的重要桥梁，因此，水下-水面接口与网关将是我国声电协同的重点研究方向之一[13]。

（三）海洋电子元器件技术

我国海洋探测元器件技术与发达国家相比还比较落后，因此对海洋传感器技术的研究格外重要。

海洋传感器的种类主要有：近岸监视雷达，合成孔径雷达（SAR），可见光视频监控设备，以及覆盖气、热、力、湿、磁、光、声等物理参量的传感器。海洋传感器可对海陆内波、海面风场、浪场进行实时监测和预报，可及时发现溢油排污、赤潮、浒苔等突发污染事件[14]。

海洋电子元器件需要重点发展微型化、集成化、智能化的海洋生物和化学传感器，开发具有无线通信、传感、数据处理功能的无线传感器；需要推进传感器由多片向单片集成方向发展，减小产品体积、降低功耗，大力推进海洋监测传感器、水下传感器、海洋风传感器、防撞报警器的研发；需要大力发展硅材料、化合物半导体材料、氮化镓和碳化硅等半导体材料，积极发展海洋电子半导体、发光二极管（LED）等海洋电子元器件[2]。

未来，我国将基于创新的光电集成芯片技术和光学传感原理，依靠发展成熟的集成电路的制造设备与工艺和已国产化的集成电路芯片制造工艺，利用已搭建起的芯片产业链，通过国内外的密切合作，开发出具有自主知识产权的芯片级海洋物理、化学和微生物传感器，并实现其微型化，同时推进"两用"研究，进一步将海洋传感器应用到高端智能装备的制造领域，加速实现"中国制造2025"所依托的高端智能传感器芯片的国产化[7]。

总之，海洋的开发与管控水平依赖于海洋信息技术的发展，而海洋电子技术是推动海洋信息技术进步的原动力。21世纪发生在海洋上的竞争，本质上就是各国在海洋科学理论、海洋工程技术、海洋电子技术等方面的博弈。为确保和平开发与利用海洋资源，我国需要建设海洋信息基础设施，构筑海洋信息系统，发展海洋电子信息技术，推动海洋信息产业的发展。这是实现我国海洋战略最为有效的途径。

参 考 文 献

[1] 国家科技部. "十三五"海洋领域科技创新专项规划 [EB/OL] [2018-10-03]. https://wenku.

baidu.com/view/b901641d1fb91a37f111f18583d049649b660ee5.html.

［2］佚名.舟山创建国家海洋电子信息产业基地三年行动方案（2013—2015）（初稿）［EB/OL］［2016-11-06］. http://www.doc88.com/p-6641539432623.html.

［3］李晋，蒋冰，姜晓轶，等. 海洋信息化规划研究［J］. 科技导报，2018，36（14）: 57-62.

［4］陶晓玲. 2018 年世界前沿科技发展态势及 2019 年趋势展望——海洋篇［EB/OL］［2019-02-11］. http://aoc.ouc.edu.cn/92/8e/c9824a234126/page.htm.

［5］佚名. 2017 年中国海工装备领域竞争格局分析［图］［EB/OL］［2017-07-26］. http://www.chyxx.com/industry/201707/544532.html.

［6］佚名.海洋信息化工作进展情况［EB/OL］［2014-03-25］. https://wenku.baidu.com/view/573469f8fd0a79563d1e723e.html.

［7］佚名.海洋传感器的发展脉络及重要意义［EB/OL］［2019-04-01］. https://sensor.ofweek.com/2019-04/ART-81006-8470-30316236.html.

［8］佚名. 海洋电子信息技术［EB/OL］［2019-07-30］. https://baike.baidu. com/item/%E6%B5%B7%E6%B4%8B%E7%94%B5%E5%AD%90%E4%BF%A1%E6%81%AF%E6%8A%80%E6%9C%AF/15972197.

［9］李红志，贾文娟，任炜，等. 物理海洋传感器现状及未来发展趋势［J］. 海洋技术学报，2015，34（3）: 43-47.

［10］万广南. 基于激光和超声的水下目标探测方法研究［D］. 哈尔滨：哈尔滨工业大学硕士学位论文，2017.

［11］吴雄斌，张兰，柳剑飞，等. 海洋雷达探测技术综述［J］. 海洋技术学报，2015，34（3）: 8-15.

［12］佚名.潜艇的通讯难题：我国即将突破蓝绿激光通讯技术　遥遥领先展实力［EB/OL］［2017-02-17］. https://www.toutiao.com/a6382671411689259266/.

［13］官权升，陈伟琦，余华，等. 声电协同海洋信息传输网络［J］. 电信科学，2018，34(6): 20-28.

［14］潘红军，朱世强，候志凌，等. 我国海洋电子技术发展现状与对策［J］. 浙江海洋学院学报（自然科学版），2018，37（1）:76-80.

第十六节　水下无人平台集群技术

焦国华　周志盛　陈　巍　张　亮

（中国科学院深圳先进技术研究院）

一、重要意义

随着国际海洋开发形势的变化和海洋科技的发展，海洋资源成为许多国家的战略重点，各海洋军事强国在"海平面以下"的明争暗斗更加激烈，促进了水下无人平台的发展。20 余年来，以美国为代表的西方发达国家不断加大新型无人潜航器的创新研发投入，使水下武器装备的作战应用逐步得到验证和发展。预计未来 15 年内，水下冲突的可能性将逐步增大，水下无人平台将从秘密探测器和追踪器，转变为水下攻击武器和协同作战系统。随着相关技术的突破和水下战术研究的深入，水下无人平台集群作战将成为可能[1]。

水下无人平台集群是指可在深远海自主航行并通过相互协同来完成某一特定任务的未来海洋装备，是未来海洋作战力量的重要发展方向，将成为执行水下侦测、打击等任务的重要手段。将不同功能的智能化无人作战平台进行混合编组，形成集侦察探测、电子干扰、网络攻击、火力打击等于一体的作战集群，可实现水下长时间自主航行、协同作业、灵活回收或攻击后自毁。这种集群部署在某一特定任务海域时，可根据战场形势自行组织实施作战计划。

水下无人平台集群具有很好的应用前景，未来将更多地取代潜艇，在作战一线承担情报侦察、反潜、反舰等任务。未来，进行协同作战的水下无人平台集群具有容错能力强、配置灵活、网络拓扑结构可动态调整的特点，可有效降低成本、扩大能力、提高效率和探测概率；在集群中配备不同的任务单体，群体间可通过资源共享来弥补单体能力的不足，扩大执行任务范围；合理规划集群探测路径，可以缩短作业时间，覆盖更大的工作区域；集群组成分布式、可灵活快速布放的水下探测网，可以多角度、多方位提高远程目标探测概率与精度；集群具有的并行性和冗余性，提供了较强的容错能力，提高了系统的鲁棒性；集群相互配合，智能化程度高，获取信息量丰富，能够使水下战场更加透明，控制区域向前推进上百千米[2]。

水下无人平台集群的关键技术已取得一些突破，但没有形成完全的作战能力。深远海能源供给、组网通信、导航定位、弱通信条件下任务如何完成，是未来水下无人平台集群亟待解决的核心问题。

二、国内外发展现状

无人水下航行器的研制最早始于 20 世纪 50 年代末，主要用于海洋科学的研究。20 世纪 70 年代，无人水下航行器开始利用遥控方式来执行搜探失事潜艇、反水雷等军事任务。20 世纪 80 年代以来，随着小型化组合导航、远程水下通信、高性能计算等技术的突破，无人水下航行器开始在民用领域得到广泛应用。此外，还出现了具备反水雷等功能的军用无人水下航行器[3]。21 世纪以来，无人水下航行器的自主控制和推进动力等技术的水平进一步提高，其任务开始向反水雷、情报监视侦察、反潜、港口保护等领域扩展，主要发展方向是提升无人水下航行器的精确打击、编队"蜂群"作战等能力。

（一）国外发展现状

2000 年，美国海军综合考虑未来 50 年的需求，制定了一个中远期发展规划，即《无人水下航行器（UUV）总体规划》，确定了未来 UUV 的优先发展方向[4]。2004 年，美国海军对该规划进行修订，将 UUV 的任务进行调整，并提出了多 UUV 的概念[5]。2007 年，美国国防部发布《2007~2032 年无人系统发展路线图》，首次提出地面、水下、空中统一的无人系统总体发展战略规划，并表示未来 25 年美国将逐步建立一支完善而先进的无人作战部队[6]。2009 年、2011 年、2013 年，美国国防部又先后对无人系统发展路线图进行修订，进一步强调了陆海空各无人系统的协同工作能力。2016 年 10 月，美国国防科学委员会发布《下一代水下无人系统》报告，对在下一个 10 年及以后如何维持水下优势提出重要建议，从战略、部署、装备和技术等方面推动水下无人自主系统的发展，并加快实战化的运用[7]。由美国制定的系列发展规划可以看出，美国已基本解决单个 UUV 技术，正在向多 UUV 自主集群协同及海陆空集群协同发展。此外，2018 年，美国在先进海军技术演习期间，演示了无人潜航器-无人机跨域协同作战能力，这标志着不同介质间无人作战平台协同运用取得新突破[8, 9]。

俄罗斯（包括苏联）无人水下航行器的研究始于 20 世纪 60 年代末期，先后研制出 MT-88（1988 年）和"管道海狮"（1994 年）等，主要用于深海水下搜索或海图绘制。20 世纪 90 年代之后，由于经济原因停止了相关研发，直到 2012 年才重新宣布研发为水下特种作战的无人水下航行器[10]。2017 年，俄罗斯先期研究基金会资助俄罗斯海军研制水下自航式机器人集群。俄罗斯的新型机器人将搭载研制的新一代水声和声呐系统、能够探测现代化潜艇的其他探测技术、核动力装置、先进导航通信系统。新技术能够使俄罗斯海军的作战效能提升到一个新水平[11]。

欧洲针对无人水下航行器的研究一直在进行，一些关键技术的研究优先于美国。2010 年，欧洲防务局（European Defense Agency，EDA）发布《海上无人系统方法与协调路线图》，提出协调欧洲各国力量，共同促进无人水下航行器等系统的发展[12]。欧洲主要有挪威、英国、法国、德国及瑞典等国在研制无人水下航行器，在锂离子电池、导航等关键技术领域与美国水平相当或接近。2011年 4 月至 2014 年 3 月，欧盟资助了"群体认知机器人学"（Collective Cognitive Robotics）计划（又称 CoCoRo Project），致力研发能够分工执行、相互通信、协同完成任务的自主型水下无人载具群集（AUV swarm）[13]。自主型水下无人载具群集共由 41 台自主型机器人组成，是目前世界上规模最大的水下无人载具群集[14]。

（二）国内发展现状

近年来，我国水下无人平台技术的研究已取得突破性进展。中国科学院沈阳自动化研究所、西北工业大学、哈尔滨工程大学、上海交通大学、天津大学等单位都在该领域进行了大量研究，在集群协同方面的研究还处于起步阶段[15]。中国科学院沈阳自动化研究所研制的"探索者号"航行器、CR 系列航行器、"潜龙"系列航行器等，为我国海底资源调查和勘探提供了先进手段[16-18]。哈尔滨工程大学在"十二五""863 计划"支持下，完成了 300kg 级小型自主水下航行器（智水-Ⅳ）的研制工作[19]。西北工业大学在"十一五""十二五"期间分别研制出用于海洋环境探测和水下观测的远程智能水下航行器[20, 21]。天津大学研制的"海燕号"水下滑翔机，采用变浮力滑翔、螺旋桨推进的混合运动模式，创造了中国水下滑翔机无故障航程最远、时间最长、剖面运动最多、工作深度最大等诸多纪录[22]。

三、重要技术发展方向展望

水下无人平台集群将成为海洋防卫的重要装备系统，当今各军事大国都在加紧研究和开发，其未来研究方向及重点发展趋势集中在以下几方面：人工智能技术、仿生技术、水下远距离通信及组网技术、多传感器信息融合技术等。

（一）人工智能技术

近年来，随着人工智能等科学技术的不断发展及各国对战场低伤亡率的不断追求，海军无人作战系统在海上战争中将发挥越来越重要的作用，将带来海上作战模式的变革，发展前景十分广阔。现役的无人潜航器基本处于初级智能阶段，大多数还需要操作人员对任务执行过程进行实时监视控制，在紧急情况下，还需要人工操作来改变任务模式或使其返回[23]。目前，各国正在研发及试验的水下无人平台都采用先进的人工智能技术，应用先进避障、自主导航和感知等技术高效地探测和识别水下环境和物体，并在多个无人平台之间共享信息，可像"蜂群"一样集群行动，从而执行更为复杂的工作，能在险恶的战术环境下生存，进而主宰水下战场[24]。

（二）仿生技术

鱼类具有高效率、高机动、高加速度、低噪声、水下适应性良好等特点，因此仿生机器鱼可极大提升水下无人平台的效率、性能和复杂环境的适应能力，完成长期水下监控和作业任务。水下仿生无人平台因具有仿生特性不易被探测出，在战时侦察、收集情报、探雷与灭雷、潜艇战与反潜战、诱敌和扰敌等方面极具优势。目前，仿生技术在水下无人平台的应用主要有：利用仿生海豚的声呐定位系统来实现水下导航和探测目标，利用仿生鲨鱼的尾鳍驱动来实现超静音航行，利用仿生间谍鱼潜伏在鱼群中来实现隐蔽侦察，以及利用仿生裸背鳗实现基于电场检测的环境障碍识别与避障等。

（三）水下远距离通信及组网技术

水下远距离通信技术一直是制约水下装备技术发展的瓶颈，其中宽带、高速率水下通信技术是实现海-空-天的宽频段、网络化通信，以及有人-无人系统通信和联合作战的关键。目前，水下远距离通信主要采用水下声通信技术，经过多年发展，已由单载波发展到多载波，由点对点通信发展到网络通信。通信速率不断提高，通信距离不断增大。但目前水下通信技术仍面临巨大挑战，需要解决由水声信道的时变性和空变性带来的强干扰，以及军用中信息传递安全和多址接入等核心问题。因受环境影响很大，远距离水声通信只能采用低传输率进行[25]。未来远距离水声通信主要研究先进的信号处理技术、多信道接收机制、水下组网协议优化等。除了声学通信外，光通信和电磁通信等非声通信技术也是研究的热点，在特殊场合可作为声学通信的补充手段。

（四）多传感器信息融合技术

从水下无人平台集群角度来说，数据融合是指水下无人平台之间的数据交换和情报共享；一旦发现目标，集群可进行跟踪监视，并将收集的信息进行有效融合、处理，生成情报信息后再发送到网络的所有节点，以达到更有效的目标定位、跟踪与攻击。从整个体系而言，数据融合包括集群对海、对岸、对空天整个作战信息网的数据交互。目前，水下无人平台集群的数据融合技术的研究重点是：多个自主式节点传感器信息进行时空统一、数据关联、数据融合的方法，网络信息进行自动检测融合、分类融合和跟踪融合的方法，以及网络探测和识别方式等。

总之，未来的海洋战场属于水下无人平台，集群是未来的主要作战模式。在无人与自主系统高速发展的今天，集群技术面临着需要从理论向应用转化的关键时期。我国亟须直面挑战，制定适当的政策方针，加强计划性投资，促进水下无人平台集群技术在国防领域的应用发展，稳步推进水下无人平台集群作战的试验、原型开发、概念迭代和技术研发，以实现水下无人平台集群技术的跨越式发展，提升战斗力，为国家发展提供安全保障和战略支撑，为维护世界和平与地区稳定做出应有贡献。

参 考 文 献

[1] 丁天成. 无人水下航行器推进系统总线通信技术研究 [D]. 大连：大连海事大学硕士学位论文，2017.

[2] 周宏坤，葛锡云，邱中梁，等.UUV 集群协同探测与数据融合技术研究 [J]. 舰船科学技术，2017，39(12):70-75.

[3] 代威，张雯，张沥，等. 国外海洋无人航行器的发展现状及趋势 [J]. 兵器装备工程学报，2018，39(7):33-35.

[4] Department of the Navy, United States of America. The Navy Unmanned Undersea Vehicle (UUV) Master Plan [R]. Department of the Navy, 2000.

[5] Department of the Navy, United States of America. The Navy Unmanned Undersea Vehicle (UUV) Master Plan [R]. Department of the Navy, 2004.

[6] Department of Defense. Unmanned Systems Roadmap 2007-2032 [R]. Department of Defense, 2007.

[7] Office of the Under Secretary of Defense for Acquisition, Technology and Logistics. Next-Generation Unmanned Undersea Systems [R]. USD, 2016.

[8] 常书杰，张双喜，陈骁. 集群作战：美要打造智能化军事体系 [N]. 中国国防报，2019-02-25.（第 4 版：国际）.

[9] 潘光，宋保维，黄桥高，等. 水下无人系统发展现状及其关键技术 [J]. 水下无人系统学

报，2017，25(2):44-51.

[10] 国外舰船装备与技术发展报告编写组. 国外舰船武器装备与技术发展报告 2013:海上无人系统（无人潜航器）[R]. 北京：中国船舶重工集团公司，2014.

[11] 佚名. 俄为海军研制水下自航式机器人集群 [J]. 现代军事，2017，(9):21.

[12] 钟宏伟. 国外无人水下航行器装备与技术现状及展望 [J]. 水下无人系统学报，2017，25(4):215-225.

[13] Mintchev S，Donati E，Marrazza S，et al. Mechatronic design of a miniature underwater robot for swarm operations [C]. 2014 IEEE International Conference on Robotics and Automation (ICRA). Hong Kong：IEEE，2014: 2938-2943.

[14] Schmickl T，Thenius R，Moslinger C，et al. CoCoRo-the self-aware underwater swarm [C]. 2011 Fifth IEEE Conference on Self-Adaptive and Self-Organizing Systems Workshops. Ann Arbor：IEEE，2011: 120-126.

[15] 李硕，刘健，徐会希，等. 我国深海自主水下机器人的研究现状 [J]. 中国科学:信息科学，2018，48(9):1152-1164.

[16] 李一平，封锡盛. "探索者"号无缆自治水下机器人的信息系统 [J]. 高技术通讯，1996，6(6):13-16.

[17] 李一平，封锡盛. "CR-01" 6000m 自治水下机器人在太平洋锰结核调查中的应用 [J]. 高技术通讯，2001，(1):85-87.

[18] 彭科峰. 中科院沈阳自动化所研发的"潜龙二号"通过验收 [J]. 军民两用技术与产品，2016，(15):25.

[19] 刘畔. 智能水下机器人路径规划方法研究与改进 [D]. 哈尔滨：哈尔滨工程大学硕士学位论文，2012.

[20] 高剑，徐德民，严卫生，等. 欠驱动自主水下航行器轨迹跟踪控制 [J]. 西北工业大学学报，2010，28(3): 404-408.

[21] 严卫生，徐德民，李俊，等. 远程自主水下航行器建模研究 [J]. 西北工业大学学报，2004，22(4):500-504.

[22] 张建新. 3619.6 千米! 国产水下滑翔机"海燕"再次刷新续航里程纪录 [J]. 科技传播，2019，(1):9.

[23] 李经. 水下无人作战系统装备现状及发展趋势 [J]. 舰船科学技术，2017，39(1):1-5.

[24] 金建海，陈伟华，张波，等. UUV 集群技术概述 [C]. 2018 年水下无人系统技术高峰论坛论文集，2018: 92-96.

[25] 王晓静. 欧洲水下声通信技术发展综述 [EB/OL] [2017-06-27]. http://www.sohu.com/a/152381176_358040.

附　录

附录 1　德尔菲调查问卷

"支撑创新驱动转型关键领域技术预见
与发展战略研究"海洋领域
第二轮德尔菲调查问卷

中国未来 20 年技术预见研究组
中国海洋领域技术预见研究组
2018 年 1 月

一、邀请函

尊敬的专家：

您好！

　　首先感谢您参与中国科学院组织的海洋领域的第一轮德尔菲调查工作，也谢谢您提出的宝贵、细致的意见。对您的意见，专家组都进行了认真的学习与讨论。第一轮调查问卷中每个技术课题专家选择的统计结果，请见发给您问卷的邮件中的附件，供您在本轮（第二轮，即最后一轮）填写问卷中参考。

　　得益于各位专家学者的大力支持，第一轮德尔菲调查取得了很好的效果，问卷回收率高，谢谢您。非常希望您再次抽出宝贵的时间参与本次（第二轮）德尔菲调查，您的支持将进一步提升技术预见的效果。第一轮调查中没来得及填写问卷的专家学者，也希望您支持我们的第二轮调查。我们将把调查的结果反馈给您，并在最后的公开报告中对参与调查的专家学者公开致谢。

　　本次技术预见项目由中国科学院科技战略咨询研究院（原中国科学院科技政策与管理科学研究所）穆荣平研究员担任预见研究组组长，中国科学院海洋研究所孙松研究员和中国海洋大学于志刚教授担任专家组组长，邀请国内著名专家担任领域专家组成员。拟通过两轮德尔菲调查（技术预见通常两轮），遴选出海洋领域2035年前的重要技术领域和关键技术，并绘制出关键技术发展路线图。研究成果将提供给国家发展和改革委员会、科技部、中国科学院、国家自然科学基金委员会等部门参考，并将通过研究报告、媒体报道等方式向社会公布。

　　期望您收到问卷后在两周内填写并反馈。您的问卷个人信息保密，问卷仅对技术预见课题研究组成员和课题专家组成员可见。关于本次技术预见项目情况的了解，您有疑问可随时联系×××老师（电话：×××），您如果有调查问卷方面的疑问，请随时联系×××老师（电话：×××）。

　　感谢您的参与！

中国未来20年技术预见研究组

中国海洋领域技术预见研究组

研究组组长：穆荣平研究员 （中国科学院科技战略咨询研究院）

专家组组长：孙松研究员 （中国科学院海洋研究所）

于志刚教授（中国海洋大学）

2018年1月

二、背景资料

1. 为什么要开展技术预见工作

限于知识结构和研究领域所限，个人很难准确把握未来技术发展趋势，预测其社会经济的影响，进而对国家制定科技发展战略和政策提供系统而全面的建议。技术预见（technology foresight）就是要通过集体智慧最大限度地克服这种局限性，运用科学的方法选择出未来优先发展的技术领域和技术课题，为科技和创新决策提供支撑。开展国家技术预见行动计划已经成为各国遴选优先发展技术领域和技术课题的重要活动。日本继 1971 年完成第一次大规模技术预见活动之后，每五年组织一次，至今已经完成十次大型德尔菲调查，并将预见结果和科技发展战略与政策的制定紧密结合起来。荷兰率先在欧洲实施国家技术预见行动计划，德国于 1993 年效仿日本组织了第一次技术预见，英国、西班牙、法国、瑞典、爱尔兰等国继之而动。此外，澳大利亚、新西兰、韩国、印度、新加坡、泰国、土耳其及南非等大洋洲、亚洲和非洲国家也纷纷开展技术预见活动。

2. 中国科学院第一次技术预见活动

中国科学院于 2003 年启动了第一次技术预见活动，全国 2000 余位专家对技术课题的重要性、可行性、实现时间、制约因素等进行了独立判断。该技术预见项目在深入分析全面建设小康社会的重大科技需求的基础上，针对信息、通信与电子技术，先进制造技术，生物技术与药物技术，能源技术，化学与化工技术，资源与环境技术，空间科学与技术，材料科学与技术 8 个技术领域，邀请国内 70 余位著名技术专家组成 8 个领域专家组，400 余位专家组成 63 个技术子领域专家组，遴选出 737 项重要技术课题并进行了两轮德尔菲调查。调查结果在国内外产生了广泛的影响，出版了《中国未来 20 年技术预见》《中国未来 20 年技术预见（续）》《技术预见报告 2005》和《技术预见报告 2008》等学术著作，为科学技术发展政策的制定提供了有力的参考。

三、专家信息调查

请您在问卷调查回函时留下您的联系方式，以便我们与您联系。另外，请填写您的基本信息，以便我们了解问卷作答人的特征。该信息保密。

专家姓名							性　别		所属部门				研究方向
年龄段	20~30岁	31~40岁	41~50岁	51~60岁	61~70岁	71岁以上	男	女	高等院校	政府部门	企业	其他	电话
请选择"√"													E-mail
通信地址							邮编						传真

四、技术子领域调查

请您分别判断各子领域在 2018~2020 年和 2021~2035 年对中国*的重要性，并在"对促进经济增长的重要程度""对保障国家安全的重要程度"三栏内，根据您的判断，选择填写 A、B、C、D 四种答案：A. 很重要；B. 重要；C. 一般；D. 不重要。

重要程度 ＼ 技术子领域		海洋环境保障	海洋开发	海洋防灾减灾	海洋信息化	海洋探测
2018~2020年	对促进经济增长的重要程度					
	对提高生活质量的重要程度					
	对保障国家安全的重要程度					
2021~2035年	对促进经济增长的重要程度					
	对提高生活质量的重要程度					
	对保障国家安全的重要程度					

* 此处的中国仅指中国大陆（内地），不包括香港、澳门和台湾地区。

填表须知：（1）在"对促进经济增长的重要程度""对提高生活质量的重要程度""对保障国家安全的重要程度"三栏内，请根据您的判断，选择填写 A、B、C、D 四种答案：A. 很重要；B. 重要；C. 一般；D. 不重要。

（2）除上述三栏外，请在各栏目相应的空格内画"√"或做具体说明。

五、技术课题调查

请仅对您了解的及感兴趣的技术课题作答，无须全部作答。

（1）在"对促进经济增长的重要程度""对提高生活质量的重要程度""对保障国家安全的重要程度"三栏内，请根据您的判断，选择填写A、B、C、D四种答案：A.很重要；B.重要；C.一般；D.不重要。

（2）除上述三栏外，请在各栏目相应的空格内画"√"或做做具体说明。

范例：

技术课题编号	您对该技术课题的熟悉程度				在中国①预计实现时间（仅选择一项）						对促进经济增长的重要程度	对提高生活质量的重要程度	对保障国家安全的重要程度	当前中国①的研究开发水平（仅选择一项）			技术水平领先国家（地区）（可多选）					当前制约该技术课题发展的因素（可做多项选择）					
	很熟悉	熟悉	一般	不熟悉	2020年前	2021~2025年	2026~2030年	2031~2035年	2035年以后②	无法预见				国际领先	接近国际水平③	落后国际水平	美国	日本	欧盟	俄罗斯	其他（请填写）	技术可能性	商业可行性	法规、政策和标准	人力资源	研究开发投入	基础设施
		√				√					C	C	A			√	√							√	√	√	

注：①此处仅指中国大陆（内地），不含香港、澳门、台湾地区情况。

②即2036~2040年。

③这里"国际水平"指国际先进水平，下同。

德尔菲调查问卷正文：

技术子领域	技术课题编号	技术课题	您对该技术课题的熟悉程度			在中国预计实现时间（仅选择一项）						对促进经济增长的重要程度	对提高生活质量的重要程度	对保障国家安全的重要程度	当前中国的研究开发水平（仅选择一项）			技术水平领先国家（地区）（可多选）					当前制约该技术课题发展的因素（可多选）					
			很熟悉	一般熟悉	不熟悉	2020年前	2021~2025年	2026~2030年	2031~2035年	2035年以后	无法预见				国际领先	接近国际水平	落后国际水平	美国	日本	欧盟	俄罗斯	其他（请填写）	技术可能性	商业可行性	法规、政策和标准	人力资源	研究开发投入	基础设施
海洋环境保障	II-1	全水深监测实时通信技术得到实际应用																										
	II-2	深海环境模拟预报关键技术开发成功																										
	II-3	静止轨道海洋水色及合成孔径雷达卫星得到实际应用																										
	II-4	海洋激光和三维成像微波遥感技术得到实际应用																										
	II-5	全球海洋环境噪声预报技术得到实际应用																										
	II-6	基于地球系统的天气气候海洋一体化模拟和同化技术开发成功																										
	II-7	中尺度海洋现象的环境保障技术得到实际应用																										
	II-8	北极区域大气-海冰-海洋环境保障技术得到广泛应用																										

续表

技术子领域	技术课题编号	技术课题	您对该技术课题的熟悉程度			在中国预计实现时间（仅选择一项）						对促进经济增长的重要程度	对提高生活质量的重要程度	对保障国家安全的重要程度	当前中国的研究开发水平（仅选择一项）			技术水平领先国家（地区）（可多选）					当前制约该技术课题发展的因素（可多选）					
			很熟悉	一般熟悉	不熟悉	2020年前	2021~2025年	2026~2030年	2031~2035年	2035年以后	无法预见				国际领先	接近国际水平	落后国际水平	美国	日本	欧盟	俄罗斯	其他（请填写）	技术可能性	商业可行性	法规、政策和标准	人力资源	研究开发投入	基础设施
海洋环境保障	II-9	陆地和水下米级分辨率地形的测绘及无缝对接技术得到实际应用																										
	II-10	"海底充电桩"技术开发成功																										
	II-11	深远海智能自主移动观测平台研发成功																										
	II-12	面向防灾减灾的高海况低成本快速自组网技术开发成功																										
	II-13	海洋多尺度和多圈层过程表征及其厄尔尼诺模拟和预报技术得到实际应用																										
	II-14	自身再生能源为固定和移动平台提供能量源的技术得到实际应用																										
	II-15	机动式深远海立体观测技术得到实际应用																										

续表

技术子领域	技术课题编号	技术课题	您对该技术课题的熟悉程度			在中国预计实现时间（仅选择一项）						对促进经济增长的重要程度	对提高生活质量的重要程度	对保障国家安全的重要程度	当前中国的研究开发水平（仅选择一项）			技术水平领先国家（地区）（可多选）					当前制约该技术课题发展的因素（可多选）					
			很熟悉	一般熟悉	不熟悉	2020年前	2021~2025年	2026~2030年	2031~2035年	2035年以后	无法预见				国际领先	接近国际水平	落后国际水平	美国	日本	欧盟	俄罗斯	其他（请填写）	技术可能性	商业可行性	法规、政策和标准	人力资源	研究开发投入	基础设施
海洋开发	II-16	深水油气开采技术得到广泛应用																										
	II-17	海洋天然气水合物开采技术得到广泛应用																										
	II-18	深海铁锰氧化物资源评价及探采技术得到实际应用																										
	II-19	海底热液硫化物资源探测、评价与开采技术得到实际应用																										
	II-20	海洋稀土矿物调查、评价开发技术开发成功																										
	II-21	海洋生物组学及其转化技术得到实际应用																										
	II-22	集约化、智能化绿色海水养殖技术得到实际应用																										
	II-23	近海渔业资源养护及智能化海洋牧场技术得到广泛应用																										

续表

技术子领域	技术课题编号	技术课题	您对该技术课题的熟悉程度				在中国预计实现时间（仅选择一项）						对促进经济增长的重要程度	对提高生活质量的重要程度	对保障国家安全的重要程度	当前中国的研究开发水平（仅选择一项）			技术水平领先国家（地区）（可多选）					当前制约该技术课题发展的因素（可多选）					
			很熟悉	熟悉	一般	不熟悉	2020年前	2021~2025年	2026~2030年	2031~2035年	2035年以后	无法预见				国际领先	接近国际水平	落后国际水平	美国	日本	欧盟	俄罗斯	其他（请填写）	技术可能性	商业可行性	法规、政策和标准	人力资源	研究开发投入	基础设施
海洋开发	II-24	海洋生物基资源炼制技术得到广泛应用																											
	II-25	深远海与极地重要生物资源勘采技术得到广泛应用																											
	II-26	高造水比（≥16）低温多效海水淡化技术得到实际应用																											
	II-27	大型反渗透海水淡化技术及成套装备得到广泛应用																											
	II-28	环境友好型海水循环冷却技术得到广泛应用																											
	II-29	海水化学资源精准提取和深加工技术得到实际应用																											
	II-30	膜蒸馏及冷能淡化技术得到实际应用																											

续表

技术子领域	技术课题编号	技术课题	您对该技术课题的熟悉程度			在中国预计实现时间（仅选择一项）						对促进经济增长的重要程度	对提高生活质量的重要程度	对保障国家安全的重要程度	当前中国的研究开发水平（仅选择一项）			技术水平领先国家（地区）（可多选）					当前制约该技术课题发展的因素（可多选）					
			很熟悉	一般熟悉	不熟悉	2020年前	2021~2025年	2026~2030年	2031~2035年	2035年以后	无法预见				国际领先	接近国际水平	落后国际水平	美国	日本	欧盟	俄罗斯	其他（请填写）	技术可能性	商业可行性	法规、政策和标准	人力资源	研究开发投入	基础设施
海洋防灾减灾	II-31	海底中深部地层长期监测技术得到实际应用																										
	II-32	海水入侵与土壤盐渍化一体化监测预警系统得到实际应用																										
	II-33	海底滑坡风险预测关键技术得到实际应用																										
	II-34	海洋地震模型构建技术得到实际应用																										
	II-35	海洋天然气水合物开采环境检测与保护技术得到实际应用																										
	II-36	风暴潮长期预测预报技术得到实际应用																										
	II-37	全方位海洋溢油遥感探测技术开发成功																										
	II-38	海上溢油污染微生物修复及分子生物学诊断技术得到实际应用																										

续表

技术子领域	技术课题编号	技术课题	您对该技术课题的熟悉程度				在中国预计实现时间（仅选择一项）						对促进经济增长的重要程度	对提高生活质量的重要程度	对保障国家安全的重要程度	当前中国的研究开发水平（仅选择一项）			技术水平领先国家（地区）（可多选）					当前制约该技术课题发展的因素（可多选）					
			很熟悉	熟悉	一般	不熟悉	2020年前	2021~2025年	2026~2030年	2031~2035年	2035年以后	无法预见				国际领先	接近国际水平	落后国际水平	美国	日本	欧盟	俄罗斯	其他（请填写）	技术可能性	商业可行性	法规政策和标准	人力资源	研究开发投入	基础设施
海洋防灾减灾	II-39	赤潮生物相关基因利用技术开发成功																											
	II-40	生物信息技术在生态灾害防控中得到实际应用																											
	II-41	近海生态灾害长效预测预报技术开发成功																											
	II-42	近海关键生态功能区恢复与生态廊道保护技术得到广泛应用																											
海洋信息化	II-43	海洋数据标准化与云存储技术得到实际应用																											
	II-44	海洋数据高效压缩与智能搜索技术得到广泛应用																											
	II-45	水下非声导航定位技术开发成功																											
	II-46	水下声通信组网技术得到实际应用																											

续表

技术子领域	技术课题编号	技术课题	您对该技术课题的熟悉程度			在中国预计实现时间（仅选择一项）						对促进经济增长的重要程度	对提高生活质量的重要程度	对保障国家安全的重要程度	当前中国的研究开发水平（仅选择一项）			技术水平领先国家（地区）（可多选）					当前制约该技术课题发展的因素（可多选）					
			很熟悉	一般熟悉	不熟悉	2020年前	2021~2025年	2026~2030年	2031~2035年	2035年以后	无法预见				国际领先	接近国际水平	落后国际水平	美国	日本	欧盟	俄罗斯	其他（请填写）	技术可能性	商业可行性	法规、政策和标准	人力资源	研究开发投入	基础设施
海洋信息化	II-47	水下激光通信技术得到实际应用																										
	II-48	海洋大数据智能挖掘与知识发现技术得到广泛应用																										
	II-49	"透明海洋"及高感知度海洋信息可视化技术得到实际应用																										
	II-50	多源海洋数据融合与无缝集成技术开发成功																										
	II-51	海洋"互联网+"关键技术开发成功																										
	II-52	海洋信息一体化智能系统开发成功																										
	II-53	全球海洋观测信息流技术得到实际应用																										
海洋探测	II-54	全海深综合运载与作业系统得到实际应用																										

续表

技术子领域	技术课题编号	技术课题	您对该技术课题的熟悉程度			在中国预计实现时间（仅选择一项）						对促进经济增长的重要程度	对提高生活质量的重要程度	对保障国家安全的重要程度	当前中国的研究开发水平（仅选择一项）			技术水平领先国家（地区）（可多选）					当前制约该技术课题发展的因素（可多选）					
			很熟悉	一般	不熟悉	2020年前	2021~2025年	2026~2030年	2031~2035年	2035年以后	无法预见				国际领先	接近国际水平	落后国际水平	美国	日本	欧盟	俄罗斯	其他（请填写）	技术可能性	商业可行性	法规、政策和标准	人力资源	研究开发投入	基础设施
海洋探测	II-55	AUV自主作业技术得到实际应用																										
	II-56	海洋能驱动长期高频定域立体观测系统得到实际应用																										
	II-57	水下直升机开发成功																										
	II-58	基于水下无线技术的海洋立体观测网络系统得到实际应用																										
	II-59	全海深智能化工作站得到实际应用																										
	II-60	基于多光谱联合的多参数同步原位探测技术得到实际应用																										
	II-61	面向深海微生物监测的显微观测系统开发成功																										
	II-62	声学及非声学海洋传感器国产化并得到广泛应用																										

续表

技术子领域	技术课题编号	技术课题	您对该技术课题的熟悉程度			在中国预计实现时间（仅选择一项）						对促进经济增长的重要程度	对提高生活质量的重要程度	对保障国家安全的重要程度	当前中国的研究开发水平（仅选择一项）			技术水平领先国家（地区）（可多选）					当前制约该技术课题发展的因素（可多选）					
			很熟悉	一般熟悉	不熟悉	2020年前	2021~2025年	2026~2030年	2031~2035年	2035年以后	无法预见				国际领先	接近国际水平	落后国际水平	美国	日本	欧盟	俄罗斯	其他（请填写）	技术可能性	商业可行性	法规、政策和标准	人力资源	研究开发投入	基础设施
海洋探测	II-63	深海海底钻探装备得到广泛应用																										
	II-64	海洋电子技术体系形成并得到广泛应用																										
	II-65	水下无人平台集群开发成功																										

尊敬的专家:

感谢您回答"支撑创新驱动转型关键领域技术预见与发展战略研究"生命健康领域第二轮德尔菲调查问卷。

如果您对本研究部分内容的撰写与设计有何建议或意见,请不吝赐教!再次向您表示衷心的感谢!

您的建议和意见(包括对技术课题的建议和对本次德尔菲调查的建议):

附录2 德尔菲调查问卷回函专家名单

安 伟	包木太	毕建强	卞林根	卜志国	蔡夕方	曹立华	曾志刚
常 旭	陈 丹	陈方炯	陈 坚	陈建新	陈劲松	陈丽芳	陈令新
程 恩	程玉胜	崔廷伟	崔维成	戴海平	董连福	杜德文	杜 军
杜栓平	杜 岩	费建芳	符力耘	付东洋	付元宾	高金城	高延铭
宫在晓	郭惠平	郭良浩	郭小钢	韩桂军	韩国忠	何宜军	何远信
侯朝焕	侯志强	胡敦欣	黄冬梅	黄 健	黄 娟	黄良民	黄良沛
纪志永	贾永刚	姜晓轶	金 波	金 焱	雷 波	冷科明	冷 宇
黎明碧	李才文	李超伦	李 丁	李会元	李家彪	李 萍	李 琪
李启虎	李 强	李清亮	李清平	李 硕	李向民	李向阳	李 阳
栗春雷	连 琏	廖安平	林明森	凌育进	刘保华	刘保忠	刘昌岭
刘东艳	刘 峰	刘洪军	刘怀山	刘 健	刘开周	刘乐军	刘立平
刘平香	刘少军	刘守全	刘书明	刘晓东	刘英杰	刘 鹰	刘永学
刘长发	陆斗定	栾振东	罗续业	骆文于	吕颂辉	吕咸青	吕晓龙
吕振波	马启敏	马厦飞	毛志华	孟 洲	莫喜平	穆景利	那 平
潘 光	潘长明	彭朝晖	齐义泉	齐雨藻	邱振戈	瞿逢重	任 平
阮国岭	施 平	石 强	石晓伟	宋士吉	宋文鹏	宋秀贤	苏跃朋
孙 超	孙慧玲	孙金生	孙培艳	孙 松	陶春辉	陶 军	万步炎
汪东平	汪 俊	王爱民	王 兵	王 波	王海斌	王积鹏	王坚红
王江涛	王金霞	王克斌	王嘹亮	王其茂	王清印	王树新	王小民
王晓惠	王岩峰	王玉广	王 志	王宗灵	翁立新	邬长斌	吴鸿云
吴礼光	吴立新	吴时国	相建海	相文玺	肖 波	肖国林	谢 强
谢书鸿	谢永和	谢正辉	邢克智	邢孟道	徐 皓	徐景平	徐著华
许惠平	许 强	许伟杰	薛群山	鄢社锋	阎 军	阳 宁	杨 波
杨灿军	杨德森	杨桂朋	杨红生	杨华勇	杨静然	杨坤德	杨 鸣
杨胜雄	杨士莪	杨维东	杨秀庭	杨燕明	杨益新	业渝光	叶 娜

印　萍　　于广利　　于洪军　　于明超　　俞志明　　张艾群　　张春华　　张　琼
张群飞　　张仁和　　张　涛　　张晓理　　张　鑫　　张秀梅　　张训华　　仇天宇
赵航芳　　赵明辉　　赵南京　　赵铁虎　　赵玉山　　赵　越　　郑荣儿　　周建平
周名江　　周　青　　周士弘　　周学军　　周　勇　　朱　海　　朱　敏　　庄志猛
邹　斌　　邹亚荣